华为网络运维与安全攻防系列教材

Windows 网络与安全

主编　韩少云

西安电子科技大学出版社

内 容 简 介

本书以信息技术(IT)企业的实际用人要求为导向，总结近几年国家应用型本科及高职院校相关专业教学改革经验及达内集团在IT培训行业十多年的经验，由达内集团诸多具有丰富的开发经验及授课经验的一线讲师编写而成。

本书内容包括网络配置基础、交换机与路由器的基本配置、Windows 系统安装、Windows 基本操作、Windows Server 2016 与 Windows 的远程控制、Windows 的账户与权限管理、Windows 的磁盘与文件管理、Windows 的安全策略、Windows 的共享管理、FTP 服务的配置与访问、DNS 与 Web 服务的配置、邮件服务的配置与应用、Windows 的活动目录、上网行为管理、计算机木马与病毒、PE 工具与 Windows 故障排查。

本书可作为应用型本科院校和高等职业院校计算机应用技术专业的专业课教材，也可作为网络系统运维人员的学习和参考用书。

图书在版编目(CIP)数据

Windows 网络与安全 / 韩少云主编. —西安：西安电子科技大学出版社，2021.11
ISBN 978-7-5606-6200-8

Ⅰ. ①W… Ⅱ. ①韩… Ⅲ. ①Windows 操作系统—教材 ②计算机网络—安全技术—教材 Ⅳ. ①TP316.7 ②TP393.08

中国版本图书馆 CIP 数据核字(2021)第 211391 号

策划编辑 陈 婷
责任编辑 刘志玲 陈 婷
出版发行 西安电子科技大学出版社(西安市太白南路 2 号)
电 话 (029)88202421 88201467 邮 编 710071
网 址 www.xduph.com 电子邮箱 xdupfxb001@163.com
经 销 新华书店
印刷单位 陕西精工印务有限公司
版 次 2021 年 11 月第 1 版 2021 年 11 月第 1 次印刷
开 本 787 毫米×1092 毫米 1/16 印张 18.5
字 数 435 千字
印 数 1～3000 册
定 价 45.00 元
ISBN 978-7-5606-6200-8 / TP
XDUP 6502001-1

《Windows 网络与安全》

编委会

前　　言

自20世纪计算机问世以来的几十年里，相继出现了计算机安全、网络安全、信息安全、网络空间安全等安全问题。近几年，网络安全事件接连爆发，如美国大选信息泄露，WannaCry 勒索病毒一天内横扫 150 多个国家，Intel 处理器出现惊天漏洞，等等。

2019 年 6 月 30 日，《国家网络安全产业发展规划》正式发布，至此网络安全正式上升到了国家战略地位。同年 9 月 27 日，工信部发布《关于促进网络安全产业发展的指导意见(征求意见稿)》，明确提出到 2025 年培育形成一批年营收超过 20 亿元的网络安全企业，网络安全产业规模超过 2000 亿元的发展目标，从而确立了网络安全产业的发展规划。

随着我国网络安全产业规模的高速增长，满足产业发展的人才需求将呈现出空前增长的态势。据工信部预测，未来 3 至 5 年将是我国网络安全人才需求相对集中的时期，每年将出现数十万产业人才的缺口。面对巨大的产业人才发展需求，需要大力提高我国网络安全产业人才的培养速度。

基于网络安全这样的大环境，达内集团的教研团队策划的“华为网络运维与安全攻防系列教材”应运而生，以帮助读者快速成长为符合企业需求的网络运维与安全工程师。

本书是该系列教材之一，全书分为 16 章，具体安排如下：

- 第 1、2 章介绍网络配置基础、交换机与路由器的基本配置，旨在使读者掌握基本的网络知识。
- 第 3、4 章介绍 VMware Workstation 的安装与操作、Windows 10 系统的安装与基本操作，旨在使读者掌握最基础的 Windows 系统操作。
- 第 5～13 章介绍 Windows Server 2016 与 Windows 的远程控制，

Windows 的账户与权限管理、磁盘与文件管理、安全策略、共享管理，FTP 服务的配置与访问，DNS 与 Web 服务的配置，邮件服务的配置与应用，Windows 的活动目录，旨在使读者掌握 Windows 系统管理。

- 第 14～16 章介绍上网行为管理、计算机木马与病毒、PE 工具与 Windows 故障排查，旨在使读者掌握安全方面的技能与排查故障的工具及方法。

本书配有微课视频等数字化教学资源，读者可以关注微信公众号查看。

韩少云担任本书主编。

由于时间仓促，书中难免存在不妥之处，恳请读者批评指正。

编　者

2021 年 8 月

目　　录

第 1 章　网络配置基础

本章目标

- 理解 TCP/IP 协议、IP 地址，学会配置 IP 地址参数；
- 了解网卡、网线、交换机等介质和设备；
- 熟悉 eNSP 网络模拟平台，学会组建交换机网络。

问题导向

- IP 地址是如何分类的，具体包括哪些类别？
- 哪些 IP 地址属于保留/私有 IP 地址？
- 双绞线与光缆的特点是什么？
- 交换机的作用是什么？

1.1　TCP/IP 协议及配置

1.1.1　TCP/IP 协议

TCP/IP 是传输控制协议/网络互联协议(Transmission Control Protocol/Internet Protocol)的简称。TCP/IP 是一系列协议的集合，支持跨网络架构、跨操作系统平台的数据通信。

1. IP 地址概述

互联网上连接的网络设备和计算机都用唯一的地址来标识，即 IP 地址。IP 地址由 32 位二进制数组成，通常分成四段，每段八位，中间用圆点隔开。但为了便于用户理解和记忆，通常采用点分十进制标记法(即将每八位二进制数转换成十进制数)来表示，如 200.10.2.3。

IP 地址由两部分组成：网络部分(NetID)和主机部分(HostID)。网络部分用于标识不同的网络，主机部分用于标识一个网络中的特定主机。

IP 地址的网络部分由 IANA(Internet Assigned Numbers Authority，Internet 地址分配机构)统一分配。为了便于分配和管理，IANA 将 IP 地址分为 A、B、C、D、E 五类，如图 1.1 所示。

微课视频 001

图 1.1　IP 地址的分类

1) A 类地址

A 类地址=网络部分+主机部分+主机部分+主机部分。

对 A 类地址来说，它的第 1 个八位组的范围就是 00000000～01111111，换算成十进制就是 0～127，其中 127 又是一个比较特殊的地址，我们用于本机测试的地址就是 127.0.0.1。

A 类地址的网络部分的范围为 1～126，全世界只有 126 个 A 类地址。

2) B 类地址

B 类地址 = 网络部分 + 网络部分 + 主机部分 + 主机部分。

B 类地址的网络部分的范围是 10000000.00000000～10111111.11111111，其中第 1 个八位组换算成十进制就是 128～191。

3) C 类地址

C 类地址=网络部分+网络部分+网络部分+主机部分。

C 类地址的网络部分的范围是 11000000.00000000.00000000～11011111.11111111.11111111，其中第 1 个八位组换算成十进制就是 192～223。

另外，为了满足用户使用私有网络的需求，从 A、B、C 这三类地址中分别划出一部分地址供企业内部网络使用，这部分地址称为私有地址。私有地址是不能在 Internet 上使用的。私有地址包括以下三组。

(1) A 类：10.0.0.0～10.255.255.255。

(2) B 类：172.16.0.0～172.31.255.255。

(3) C 类：192.168.0.0～192.168.255.255。

2. 子网掩码(Netmask)

与 IP 地址一样，子网掩码也是由 32 个二进制位组成的，对应 IP 地址的网络部分用 1 表示，对应 IP 地址的主机部分用 0 表示，通常也用四个点分开的十进制数表示。

对 A、B、C 这三类地址，它们都有默认的子网掩码。

(1) A 类地址的默认子网掩码是 255.0.0.0。

(2) B 类地址的默认子网掩码是 255.255.0.0。

(3) C 类地址的默认子网掩码是 255.255.255.0。

3. 默认网关

默认网关是一个网络连接另一个网络的“关口”，通常是路由器、防火墙或接入服务器的地址，如图 1.2 所示。

图 1.2　默认网关

微课视频 002

1.1.2　配置 IP 地址参数

1. 查看 IP 地址参数

依次点击“设置”→“网络和 Internet”→“以太网”，点击“本地连接”或“Ethernet0”，即可查看 IP 地址参数，如图 1.3～1.5 所示。

图 1.3　查看 IP 地址参数(1)

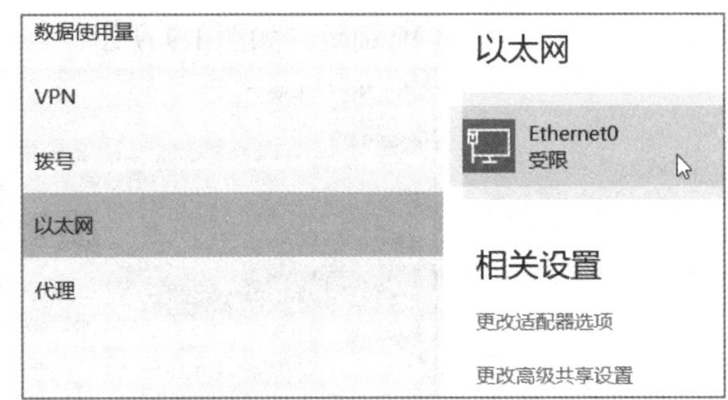

图 1.4　查看 IP 地址参数(2)

图 1.5　查看 IP 地址参数(3)

此外，还可以执行 ipconfig/all 命令，获得 IP 地址、子网掩码、默认网关等更多信息，如图 1.6 所示。

```
C:\Users\ntd> ipconfig /all

Windows IP 配置

   主机名  . . . . . . . . . . . . . : DESKTOP-7CEAQ2P
   主 DNS 后缀 . . . . . . . . . . . :
   节点类型  . . . . . . . . . . . . : 混合
   IP 路由已启用 . . . . . . . . . . : 否
   WINS 代理已启用 . . . . . . . . . : 否
   DNS 后缀搜索列表  . . . . . . . . : localdomain

以太网适配器 Ethernet0:

   连接特定的 DNS 后缀 . . . . . . . : localdomain
   描述. . . . . . . . . . . . . . . : Intel(R) 82574L Gigabit Network Connection
   物理地址. . . . . . . . . . . . . : 00-0C-29-4E-4E-BD
   DHCP 已启用 . . . . . . . . . . . : 是
   自动配置已启用. . . . . . . . . . : 是
   本地链接 IPv6 地址. . . . . . . . : fe80::d1af:243c:b7d0:a3ec%5(首选)
   IPv4 地址 . . . . . . . . . . . . : 192.168.70.133(首选)
   子网掩码  . . . . . . . . . . . . : 255.255.255.0
   获得租约的时间  . . . . . . . . . : 2017年11月11日 11:35:00
   租约过期的时间  . . . . . . . . . : 2017年11月11日 12:34:58
   默认网关. . . . . . . . . . . . . : 192.168.70.2
```

图 1.6　执行 ipconfig/all 命令

2. 配置 IP 地址

配置 IP 地址的步骤为：首先依次点击“设置”→“网络和 Internet”→“以太网”→“更改适配器选项”，如图 1.7 所示；再双击“Ethernet0”，点击“属性”；然后双击“Internet 协议版本 4(TCP/IPv4)”，默认为“自动获得 IP 地址”，如图 1.8 所示。若没有 DHCP 服务器，管理员可以手动指定 IP 地址，如图 1.9 所示。

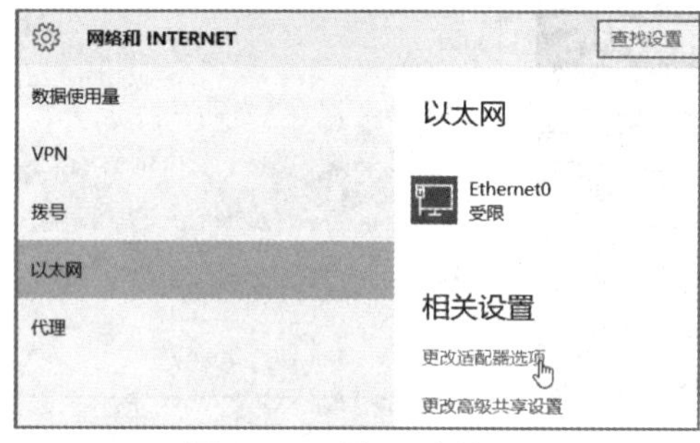

图 1.7　配置 IP 地址(1)

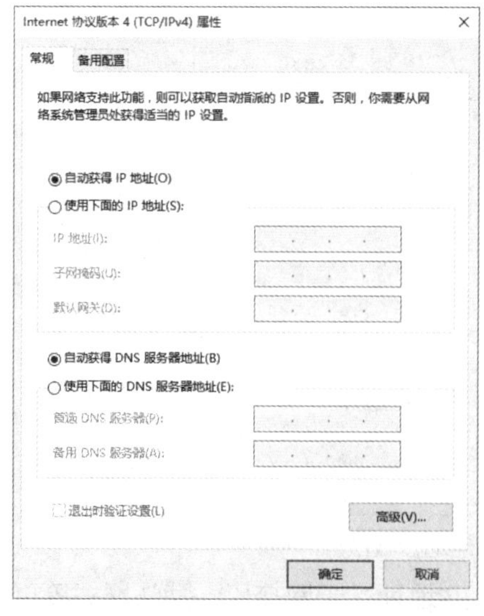

图 1.8　配置 IP 地址(2)

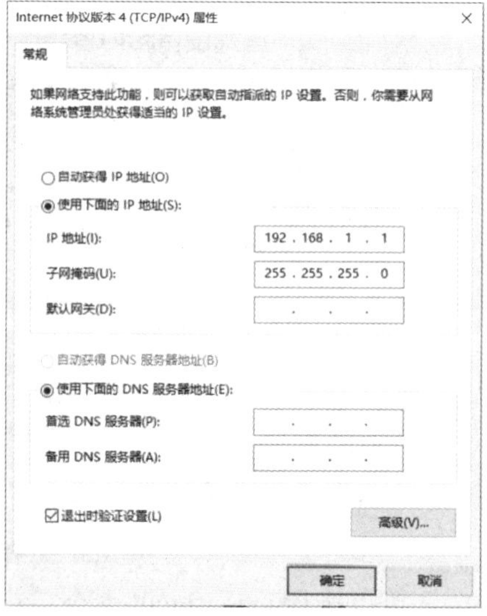

图 1.9　配置 IP 地址(3)

3. 配置并测试网络案例

要求在 Windows10 系统中配置网络，相关说明如下：

(1) 为 pc1 配置 IP 及掩码为 192.168.1.1/24。

(2) 为 pc2 配置 IP 及掩码为 192.168.1.2/24。

(3) 测试 pc1 与 pc2 的连通性。

为了避免网络障碍，建议关闭 Windows 防火墙服务。

(1) 关闭 pc1、pc2 的防火墙服务。

关闭 pc1、pc2 的防火墙服务的步骤为：依次点击“开始”图标→“设置”→“网络和 Internet”→“以太网”→“Windows 防火墙”，打开防火墙配置界面，如图 1.10 所示。从图 1.10 中可以看到，防火墙默认是启用的，这会影响其他计算机访问本机。

图 1.10　关闭防火墙(1)

单击左侧的“启用或关闭 Windows 防火墙”，进入“自定义设置”界面，之后在“专用网络设置”和“公用网络设置”处都勾选“关闭 Windows 防火墙”，如图 1.11 所示。点击“确定”后即将 Windows 防火墙服务停用，如图 1.12 所示。

图 1.11　关闭防火墙(2)

图 1.12　关闭防火墙(3)

(2) 为虚拟机 pc1 手动配置 IP 地址参数。

点击“设置”→“网络和 Internet”→“以太网”→“更改适配器选项”，双击“Ethernet0”，点击“属性”，然后双击“Internet 协议版本 4(TCP/IPv4)”，打开配置对话框，如图 1.13 所示。之后设置 IP 地址及子网掩码为 192.168.1.1/24，再单击“确定”。

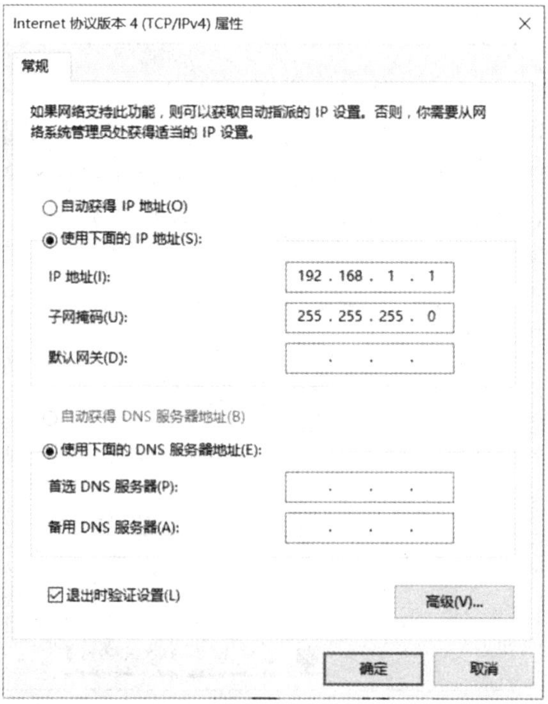

图 1.13　配置 IP 地址

(3) 测试 pc1 与 pc2 的连通性。

在 pc1 上使用 ping 工具访问 pc2 新配置的 IP 地址，可以实现连通(注意关闭 pc1、pc2 双方的防火墙)。

```
C:\Users\ntd>ping   192.168.1.2
正在 ping 192.168.1.2 具有 32 字节的数据：
来自 192.168.1.2 的回复：字节=32  时间<1ms TTL=128
来自 192.168.1.2 的回复：字节=32  时间<1ms TTL=128
来自 192.168.1.2 的回复：字节=32  时间<1ms TTL=128
来自 192.168.1.2 的回复：字节=32  时间=1ms TTL=128
192.168.1.2 的 ping 统计信息：
数据包：已发送=4，已接收=4，丢失=0(0%丢失)、
往返行程的估计时间(以毫秒为单位)：
最短 = 0 ms，最长 = 1 ms，平均 = 0 ms
```

1.2　联网介质及设备

微课视频 003

1.2.1　网线

1. 双绞线

双绞线将一对互相绝缘的金属导线按逆时针方向绞合在一起，用来抵御一部分电磁波干扰，扭线越密，其抗干扰能力就越强，“双绞线”由此而得名。双绞线由多对铜线组成并被包在一个绝缘电缆套管里，典型的双绞线由四对铜线组成。

双绞线可以分为屏蔽双绞线(STP)和非屏蔽双绞线(UTP)，如图 1.14 所示。屏蔽双绞线通常用于有电磁干扰的工作环境中，如室外环境。非屏蔽双绞线通常应用在布线工程中。

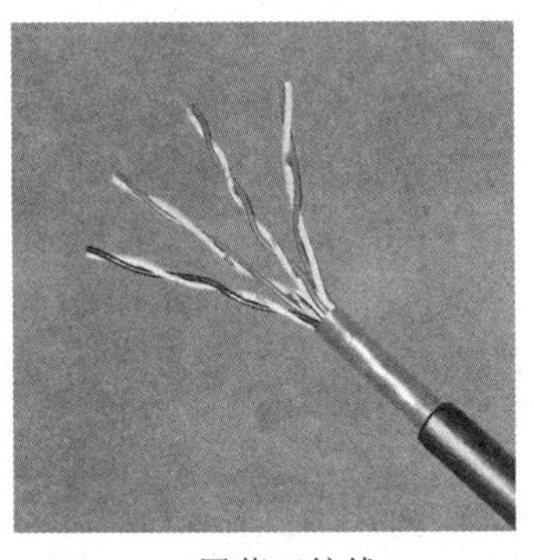

(a) 屏蔽双绞线

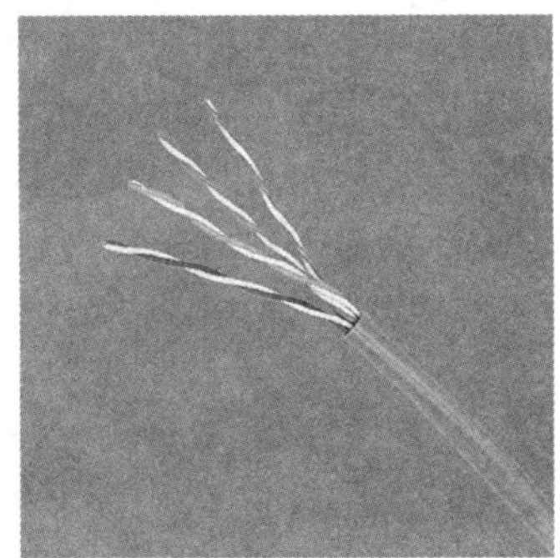

(b) 非屏蔽双绞线

图 1.14　屏蔽双绞线与非屏蔽双绞线

双绞线的类型以及支持的传输速率如表 1-1 所示。

表 1-1　双绞线的类型以及传输速率

类型	标识	传输速率/(Mb/s)
五类	Cat5	100
超五类	Cat5e	100
六类	Cat6	1000
七类	Cat7	10 000

2. 光纤

随着光通信技术的飞速发展，现在人们已经实现了利用光导纤维(简称光纤)来传输数据。

按照传输模式的不同，光纤可分为单模光纤和多模光纤。

如果光纤纤芯的直径较大，则光纤中可能存在多种入射角度，具有这种特性的光纤称为多模光纤(Multimode Fiber)。如果将光纤纤芯直径减小到只有光波波长大小，则光纤中只能传输一种“模”的光，这样的光纤称为单模光纤(Singlemode Fiber)，如图 1.15 所示。

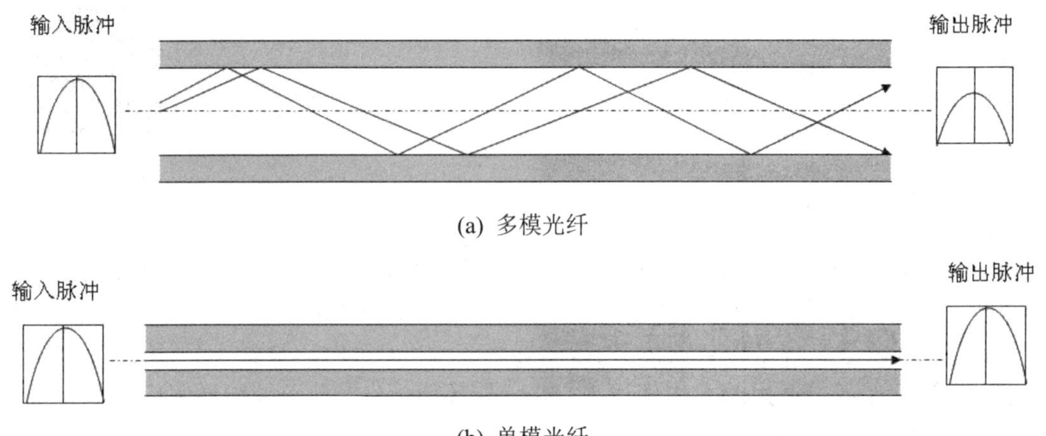

(a) 多模光纤

(b) 单模光纤

图 1.15　多模光纤和单模光纤

单模光纤通常用于高速度、长距离传输，而多模光纤用于低速度、短距离传输。

光纤跳线是指用来连接光网卡、光交换/光猫设备的成品光缆线。由于收/发信号需要由不同光纤完成，因此跳线一般成对出现，如图 1.16 所示。

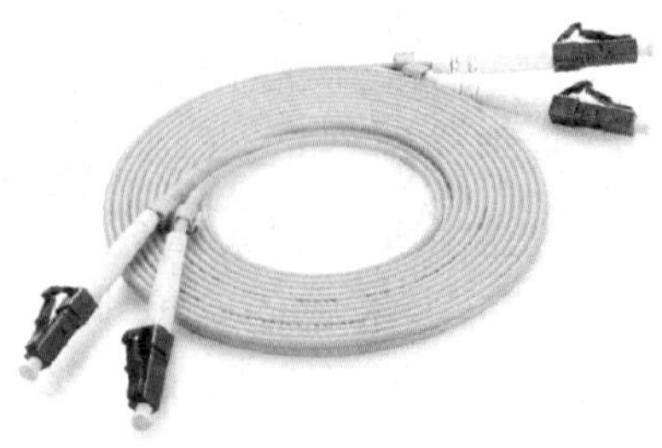

图 1.16　光纤跳线

1.2.2　网卡

网络接口卡(Network Interface Card，NIC)简称网卡，是网络中必不可少的基本设备，它为计算机之间的通信提供物理连接，如图 1.17 所示。

图 1.17　网卡

每一台计算机接入网络都需要安装网卡。网卡一般安装在计算机主板的扩展插槽上，还有一些网卡直接集成在计算机的主板上，不需要另外安装。

按照网卡所支持的总线接口不同，可分为 ISA 网卡、PCI 网卡和 USB 网卡；按照速率可分为 10 Mb/s、100 Mb/s、1000 Mb/s 和 10 000 Mb/s 网卡；按照提供的线缆接口类型可分为 RJ-45 接口、光纤网卡等。还有一种无线网卡通常属于笔记本自带，其通过无线信号传输数据到网络中。

1.2.3　交换机

交换机(Switch)是用来集中多条网络线路的一种设备，大量计算机通过网线连接到交换机，由交换机负责为其中任意两个计算机提供独享线路进行通信，如图 1.18 所示。

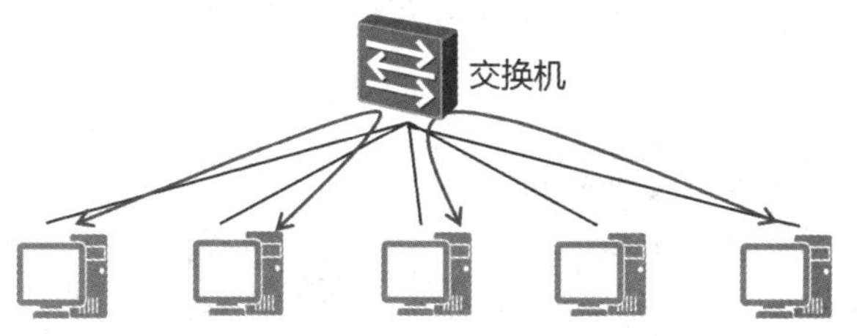

微课视频 004

图 1.18　交换机

1. 非网管型交换机

非网管型交换机(如图 1.19 所示)也称为傻瓜交换机，即插即用，无须(也不支持)对设备进行配置，使用简单，价格便宜(数百元)。

图 1.19　非网管型交换机

2. 网管型交换机

网管型交换机(如图 1.20 所示)也称为智能交换机，能够实现网段划分、流量控制等更多高级功能，支持对设备进行高级配置，价格比非网管型交换机贵一些(数千元)。

图 1.20　网管型交换机

1.3　交换机组网

1.3.1　eNSP 模拟器

1. eNSP 网络仿真平台

eNSP 网络仿真平台是华为公司推出的一款图形化网络仿真平台，平台中提供了大量网络设备的仿真模拟，便于 ICT(信息通信技术)从业者和客户快速熟悉华为产品。通过 eNSP 模拟器，可以实现企业网络规划、建设、运维等相关操作，帮助使用者了解并掌握相关操作和配置。

2. 安装 eNSP 平台

首先从华为官网下载最新版 eNSP 安装包文件，如 eNSP V100R002C00B510 Setup.zip，然后双击压缩包中的执行文件，根据提示完成 eNSP 程序安装，如图 1.21 和图 1.22 所示。

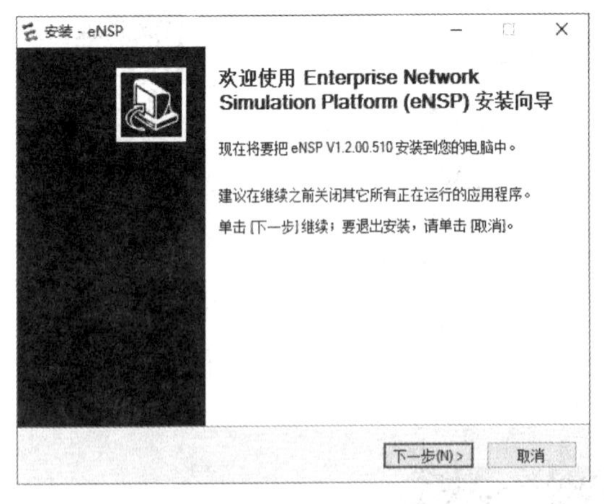

图 1.21　安装 eNSP 平台(1)

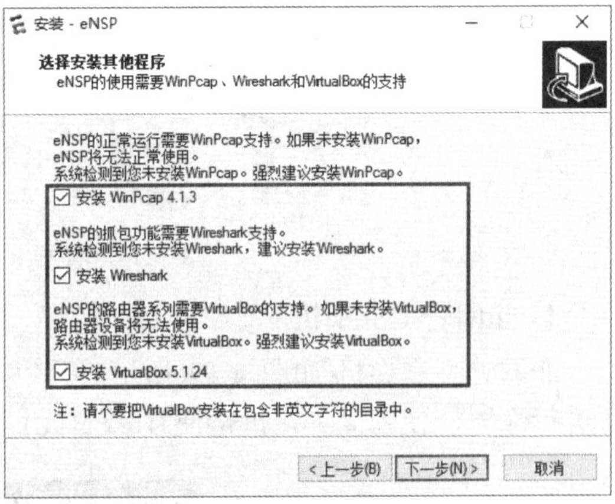

图 1.22　安装 eNSP 平台(2)

3. 使用 eNSP

eNSP 的使用非常方便，具体如下：

(1) 启动 eNSP 模拟器，如图 1.23 所示。

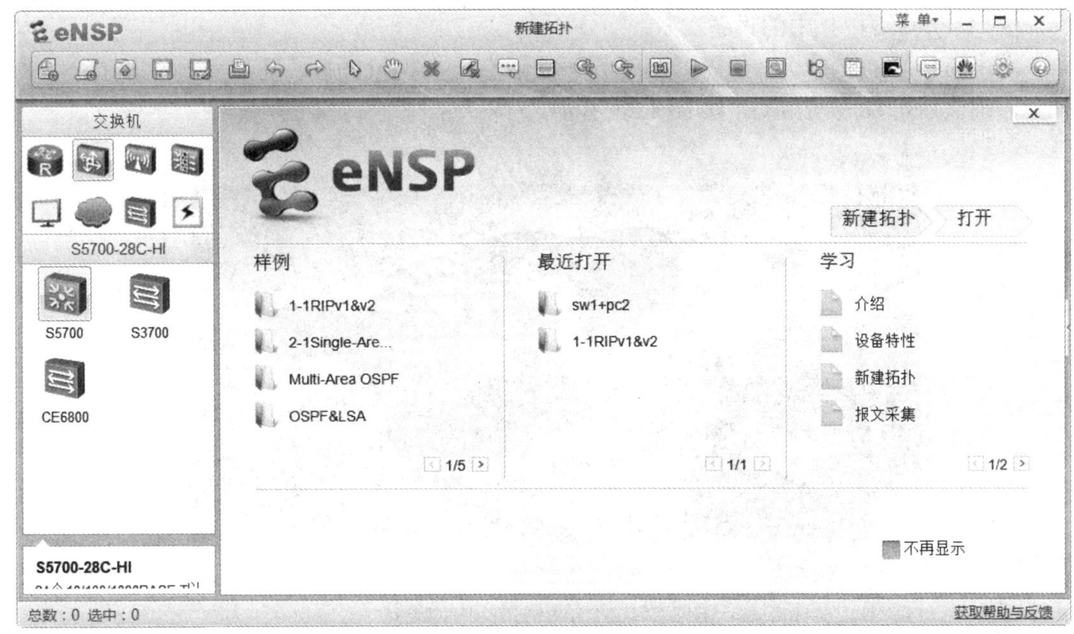

图 1.23　启动 eNSP 模拟器

(2) 新建网络拓扑。

从“新建拓扑”界面的左侧找到 S5700 交换机、PC、双绞线图标，通过拖曳和单击点选的方式绘制一个简单的网络拓扑图，如图 1.24 所示。

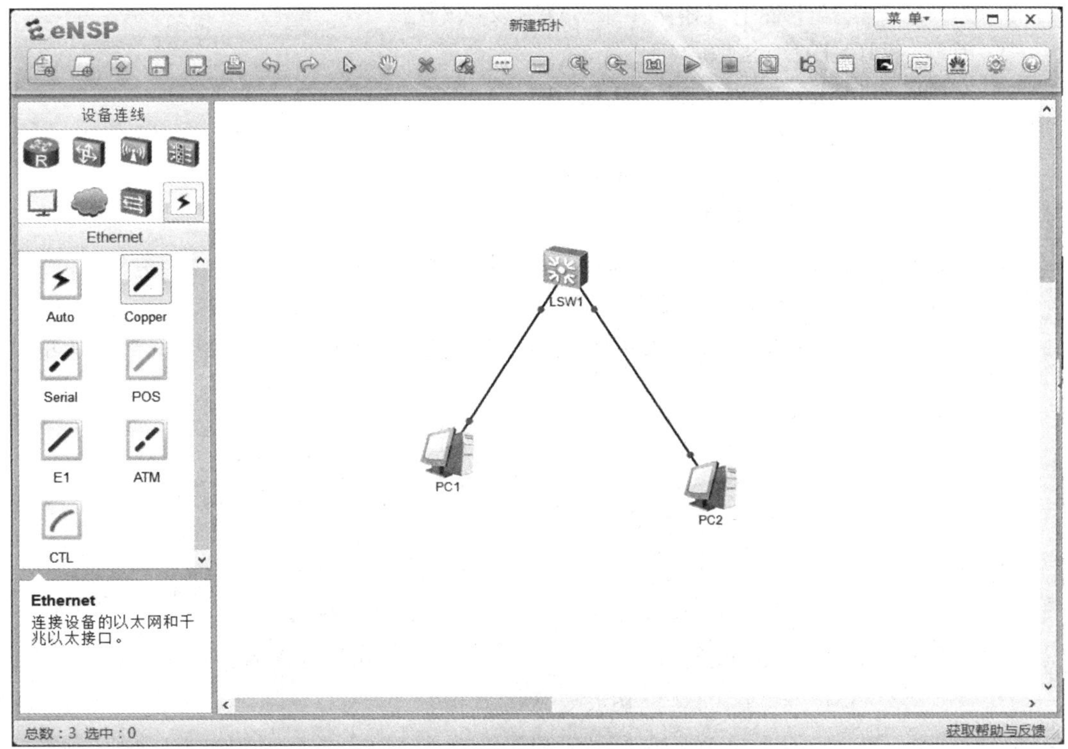

图 1.24　新建网络拓扑

(3) 启动网络拓扑中的设备。

右击拓扑中的交换机，选择“启动”，然后双击交换机图标，可以看到设备的命令行界面，确认后可以成功启动，如图 1.25 所示。

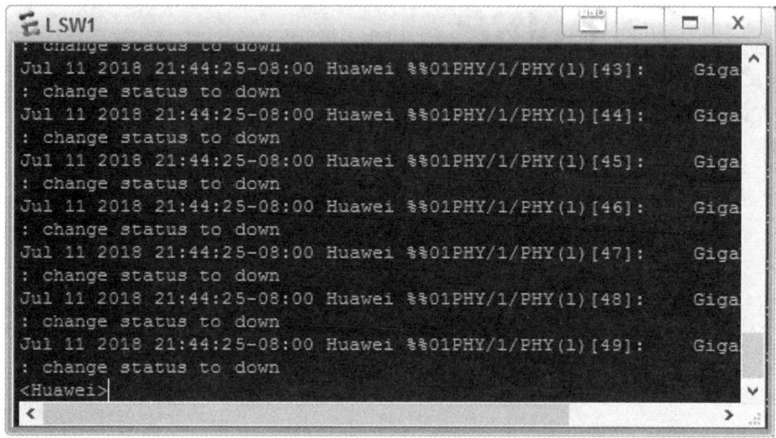

图 1.25　启动网络拓扑中的设备

1.3.2　交换组网示例

本例要求组建两个独立的交换网络。

(1) 在 eNSP 模拟平台中组建第 1 个 S5700 交换网络。

① 教学部网段 192.168.1.0/24。

② 两台计算机 pc1-1、pc1-2：192.168.1.1/24、192.168.1.2/24。

③ 确保从 pc1-1 能 ping 通 pc1-2 的 IP 地址。

(2) 在上一个拓扑中增加第 2 个独立交换网络。

① 市场部网段：192.168.2.0/24。

② 两台计算机 pc2-1、pc2-2：192.168.2.1/24、192.168.2.2/24。

③ 确保从 pc2-1 能 ping 通 pc2-2 的 IP 地址。

(3) 确认拓扑正确且可用后，保存配置好的拓扑文件。网络拓扑构成如图 1.26 所示。

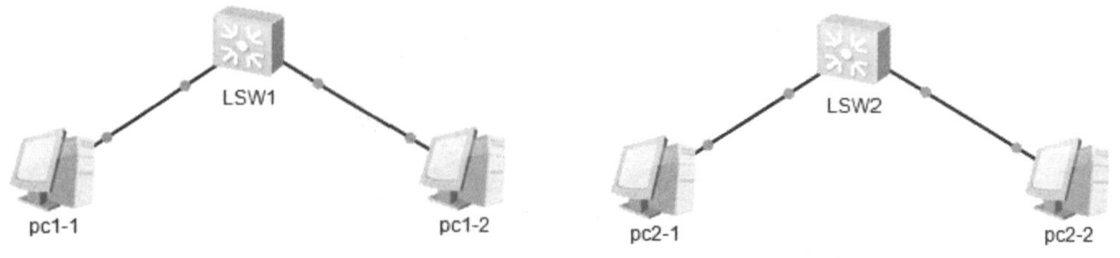

(a) 教学部局域网拓扑　　(b) 市场部局域网拓扑

图 1.26　网络拓扑

实现此案例需要按照如下步骤进行。

(1) 组建教学部网络。

① 绘制网络拓扑，启动设备(LSW1、pc1-1、pc1-2)，如图 1.27 所示。

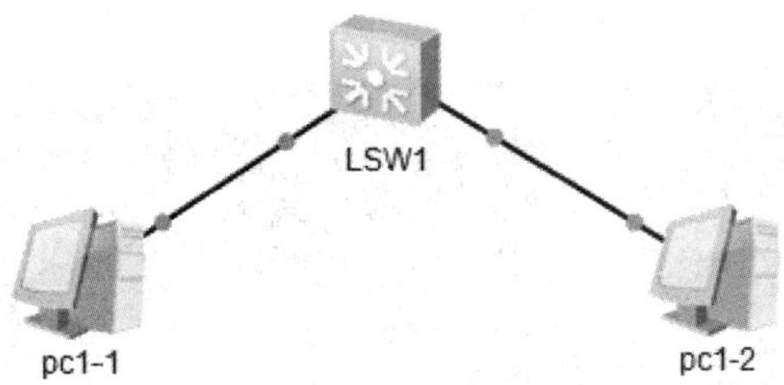

图 1.27　教学部局域网拓扑

② 配置 pc1-1，如图 1.28 所示。

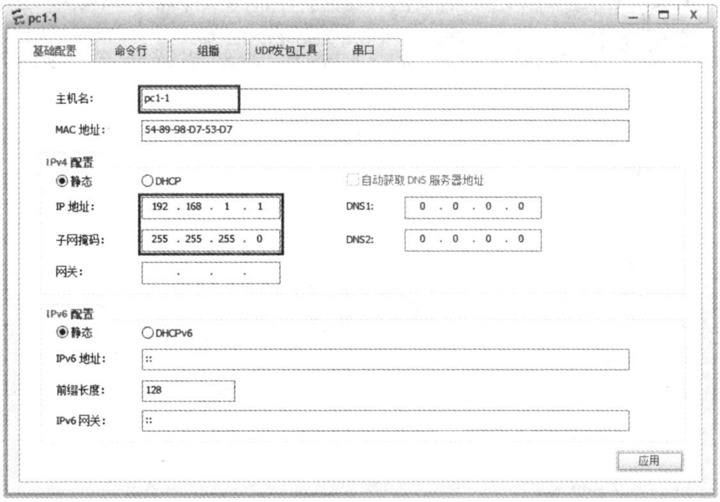

pc1-1

基础配置 | 命令行 | 组播 | UDP发包工具 | 串口

主机名：pc1-1

MAC 地址：54-89-98-D7-53-D7

IPv4 配置

◉静态　○DHCP　□自动获取 DNS 服务器地址

IP 地址：192 . 168 . 1 . 1　DNS1：0 . 0 . 0 . 0

子网掩码：255 . 255 . 255 . 0　DNS2：0 . 0 . 0 . 0

网关：

IPv6 配置

◉静态　○DHCPv6

IPv6 地址：::

前缀长度：128

IPv6 网关：::

应用

图 1.28　配置 pc1-1

③ 配置 pc1-2，如图 1.29 所示。

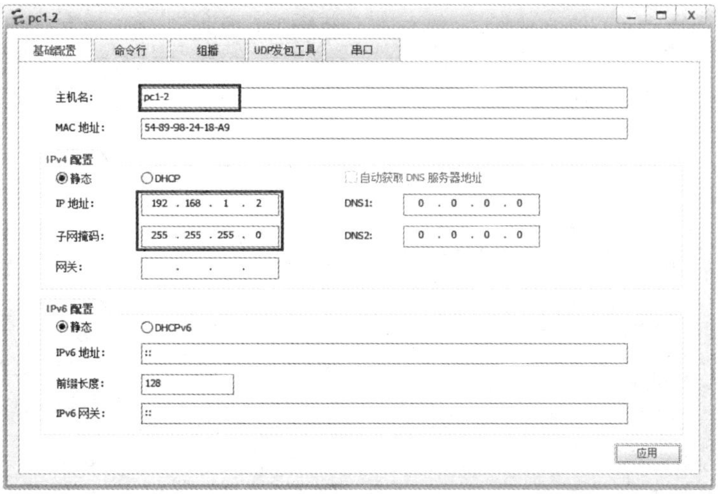

pc1-2

基础配置 | 命令行 | 组播 | UDP发包工具 | 串口

主机名：pc1-2

MAC 地址：54-89-98-24-18-A9

IPv4 配置

◉静态　○DHCP　□自动获取 DNS 服务器地址

IP 地址：192 . 168 . 1 . 2　DNS1：0 . 0 . 0 . 0

子网掩码：255 . 255 . 255 . 0　DNS2：0 . 0 . 0 . 0

网关：

IPv6 配置

◉静态　○DHCPv6

IPv6 地址：::

前缀长度：128

IPv6 网关：::

应用

图 1.29　配置 pc1-2

④ 从 pc1-1 主机 ping pc1-2 主机，如图 1.30 所示。

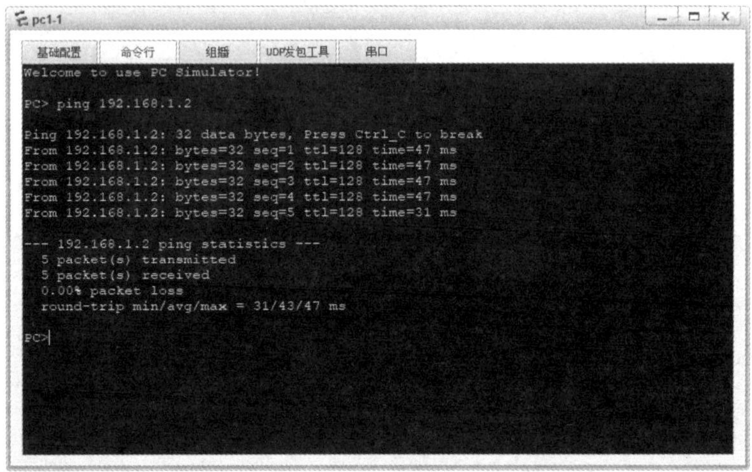

图 1.30　ping 测试

(2) 组建市场部网络。

① 绘制网络拓扑，启动设备(LSW2、pc2-1、pc2-2)，如图 1.31 所示。

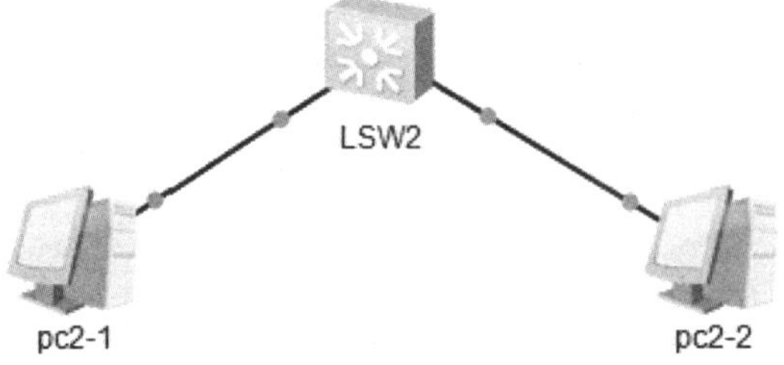

图 1.31　市场部局域网拓扑

② 配置 pc2-1，如图 1.32 所示。

图 1.32　配置 pc2-1

③ 配置 pc2-2，如图 1.33 所示。

图 1.33　配置 pc2-2

④ 从 pc2-1 主机 ping pc2-2 主机，如图 1.34 所示。

图 1.34　ping 测试

(3) 保存网络拓扑文件，例如保存为“交换组网.topo”，以便于下次打开使用。

本 章 总 结

(1) IP 地址由两部分组成：网络部分(netID)和主机部分(hostID)。网络部分用于标识不同的网络，主机部分用于标识在一个网络中特定的主机。

(2) 与 IP 地址一样，子网掩码也是由 32 个二进制位组成的，对应 IP 地址的网络部分用 1 表示，对应 IP 地址的主机部分用 0 表示，通常也是用四个点分开的十进制数表示。

(3) 默认网关是从一个网络连接另一个网络的“关口”，通常是一台路由器，或者防火墙/接入服务器的地址。

(4) 双绞线可以分为屏蔽双绞线(STP)和非屏蔽双绞线(UTP)。屏蔽双绞线通常用于有电磁干扰的工作环境中，如室外环境。非屏蔽双绞线通常用于布线工程中。

(5) 按照传输模式的不同，光纤可分为单模光纤和多模光纤。单模光纤用于高速度、长距离传输，而多模光纤用于低速度、短距离传输。

(6) 交换机(Switch)是用来集中多条网络线路的一种设备，大量计算机通过网线连接到交换机，由交换机负责为其中任意两个计算机提供独享线路进行通信。

习　　题

1. 在 Internet 中，IP 地址由(　　)组成。

A. 用户账号和主机号　　B. 网络号和主机号

C. 域名和国家代码　　D. 源地址和目的地址

2. 下列可以给计算机用作 IP 地址的是(　　)。

A. 202.101.0.256　　B. 128.89.0.1

C. 272.65.87.0　　D. 11.211.300.254

3. 以下 IP 地址中，(　　)属于私有地址。

A. 193.168.0.1　　B. 11.0.0.1

C. 172.22.102.98　　D. 172.32.55.104

4. 关于子网掩码的作用，(　　)的描述是正确的。

A. 子网掩码与 IP 地址具有相同的作用

B. 子网掩码与 IP 地址不能同时共存

C. 子网掩码用于区分 IP 地址的网络位与主机位

D. 子网掩码只能是 8 位、16 位、24 位，不能是其他

5. 非屏蔽双绞线的标识是(　　)。

A. STP　　B. UTP　　C. NTP　　D. RDP

扫码看答案

第 2 章　交换机与路由器的基本配置

本章目标

- 学会华为智能交换机的基本配置操作；
- 理解路由的基本概念，学会路由器组网及基本配置；
- 学会远程管理交换机、路由器设备。

问题导向

- 如何进入交换机系统视图，如何快速返回用户视图？
- 路由器的作用是什么？
- 在华为交换机上如何配置管理 IP 地址？
- 路由器/交换机上如何配置远程管理？

2.1　交换机的基本配置

2.1.1　认识配置视图

1. 建立配置连接

在配置一台交换机之前，首先要进行硬件连接，可以使用台式计算机 COM 口或笔记本 USB 口连接 Console 线，然后连接交换机的 Console 口，如图 2.1 所示。然后进行软件连接。下面以 SecureCRT 为例介绍建立配置连接的具体步骤。

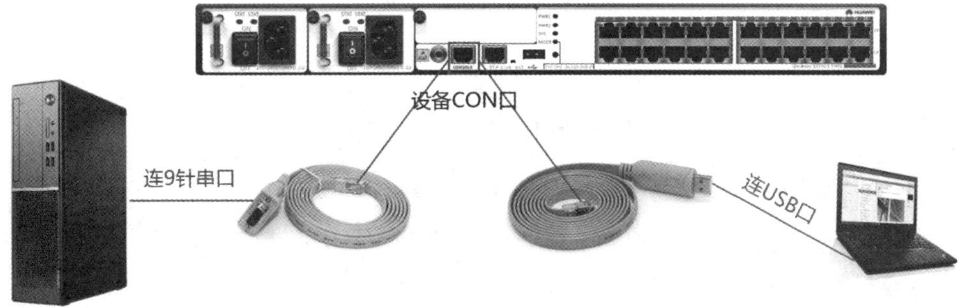

图 2.1　连接交换机

(1) 打开 SecureCRT 软件，点击“快速连接”按钮，可以快捷地与设备建立连接，如图 2.2 所示。

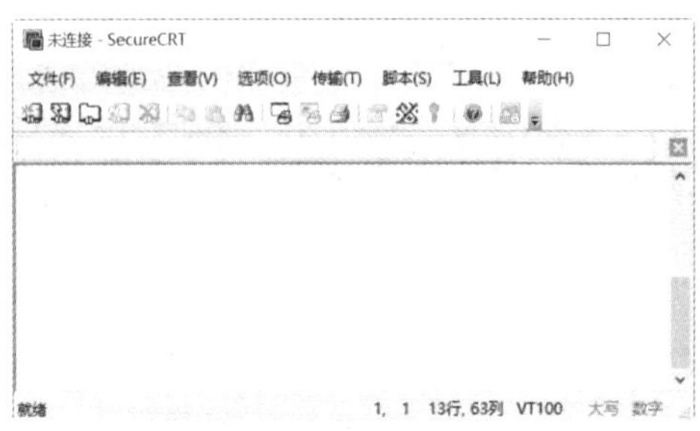

图 2.2　使用 SecureCRT 软件(1)

(2) 在出现的“快速连接”界面中，可以选择配置设备时采用的方式，选择“Serial”方式就可以实现本地 Console 接口的配置，如图 2.3 所示。

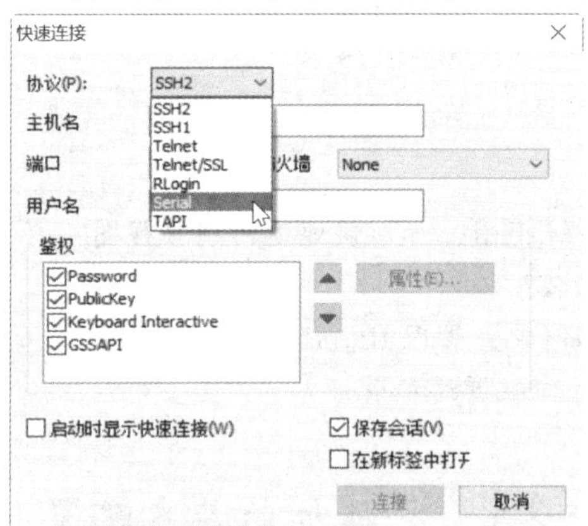

图 2.3　使用 SecureCRT 软件(2)

(3) 进行具体参数的配置，选择正确的 COM 接口“COM2”，波特率选择“9600”，单击“连接”按钮就可以对设备进行配置，如图 2.4 所示。

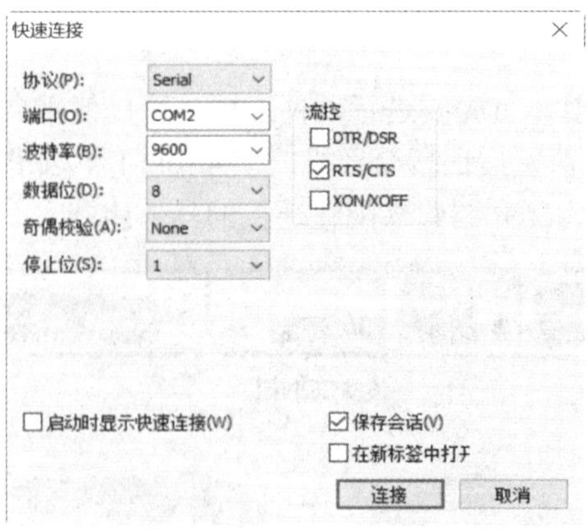

图 2.4　使用 SecureCRT 软件(3)

2. 命令行配置视图

命令行配置视图包括用户视图、系统视图、接口视图、协议视图，不同的视图能够配置不同的命令，实现不同的功能，如图 2.5 所示。

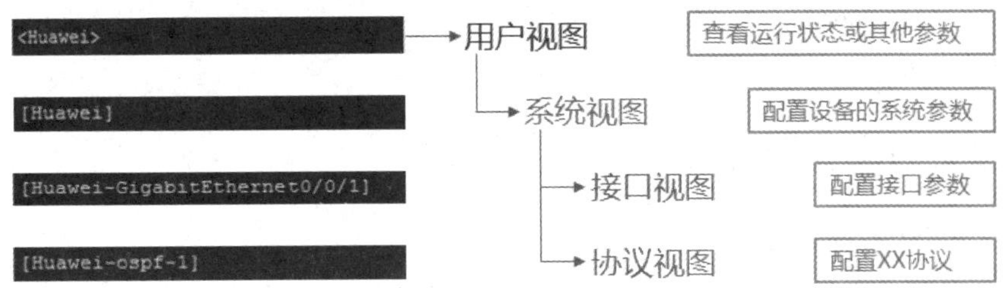

图 2.5　命令行配置视图

3. 切换不同视图

(1) 进入命令行终端时，默认在用户视图，可以通过 system-view、interface 命令进行切换。

```
<Huawei>                                   //用户视图
<Huawei> system-view                       //切进系统视图
[Huawei]                                   //系统视图
[Huawei] interface GigabitEthernet 0/0/1   //切进接口视图
[Huawei-GigabitEthernet0/0/1]              //接口视图
```

其中，GigabitEthernet 表示接口类型为千兆以太网；0/0/1 中的第一个“0”表示槽位，第二个“0”表示子卡，“1”表示网络接口。

(2) 视图回退操作。退回到前一个视图使用 quit 命令；快速返回到用户视图使用 return 命令，或按下快捷键“Ctrl+Z”。

```
[Huawei-GigabitEthernet0/0/1] quit
[Huawei] quit
<Huawei>
```

4. 命令行特性

命令可简写，按 TAB 键自动补全。命令不区分大小写，按“？”能获取帮助信息。

(1) TAB 补全：

```
<Huawei>sys<TAB>                           //输入 sys 后按 TAB 键
<Huawei>system-view                        //自动补全完整命令
```

(2) 命令简写：

```
<Huawei>sys                                //进系统视图的简写
[Huawei]
[Huawei]int g0/0/1                         //进接口模式的简写
[Huawei-GigabitEthernet0/0/1]
```

(3) ？帮助的用法：

```
[Huawei-GigabitEthernet0/0/1]display ver?  //在命令后加？会提示用法
  version
[Huawei-GigabitEthernet0/0/1]display versio
[Huawei-GigabitEthernet0/0/1]display version ?
```

```
    slot    Slot
    |       Matching output
<cr>
```

2.1.2　命令行的基本操作

1. 查看 VRP 系统的版本

通常使用 display version 命令来查看 VRP 系统的版本。例如：

```
<Huawei>display version
Huawei Versatile Routing Platform Software
VRP (R) software, Version 5.110 (S5700 V200R001C00)
Copyright (c) 2000-2011 HUAWEI TECH CO., LTD

Quidway S5700-28C-HI Routing Switch uptime is 0 week, 0 day,
1 hour, 46 minutes
```

2. 配置设备名

配置设备名应使用 sysname 命令。配置设备名需要在系统视图下执行。例如：

```
<Huawei> system-view
Enter system view, return user view with Ctrl+Z.
[Huawei] sysname lsw1                          //将设备名设置为 lsw1
[lsw1]
```

微课视频 005

3. 启用/禁用接口

交换机接口在连入计算机后默认自动开启，必要时可以手动关闭。

在指定接口的配置视图下，执行 shutdown 命令可手动禁用此接口，执行 undo shutdown 命令可恢复启用此接口。例如：

```
[lsw1-GigabitEthernet0/0/1] shutdown
Jul 12 2018 13:31:05-08:00 lsw1 %%01PHY/1/PHY(l)[0]:
GigabitEthernet0/0/1: change status to down          //此接口状态为 down

[lsw1-GigabitEthernet0/0/1] undo shutdown
Jul 12 2018 13:31:31-08:00 lsw1 %%01PHY/1/PHY(l)[1]:
    GigabitEthernet0/0/1: change status to up        //此接口状态为 up
```

4. 保存交换机的配置

保存当前配置使用 save 命令，查看当前配置使用 display　current-configuration 命令。例如：

```
<lsw1> save                                    //保存当前配置
The current configuration will be written to the device.
Are you sure to continue?[Y/N]Y                //输入 Y 确认
...
```

```
Save the configuration successfully.
[lsw1] display current-configuration        //查看当前配置
#
sysname lsw1
...
```

2.1.3 实用配置技巧

1. 设置终端密码

交换机终端登录默认无须密码，必要时可以进终端界面进行配置，添加认证密码。例如：

```
<lsw1> system-view
[lsw1] user-interface console 0              //进终端进行配置
[lsw1-ui-console0] set authentication password cipher Taren1
                                             //设置终端登录密码为 Taren1
[lsw1-ui-console0]authentication-mode password
                                             //启用密码认证


Please Press ENTER.
Login authentication
Password:                                    //再次进终端时，要求密码验证
<lsw1>
```

2. 更改自动退出超时

终端会话闲置 10 分钟后会自动退出，必要时可以延长超时时间(比如 24 小时)。

```
[lsw1-ui-console0] idle-timeout 1440         //将闲置超时设为 1440 分钟
```

3. 取消终端提示信息

默认情况下，配置命令会被终端界面显示的一些“提示信息”打断，初学者可以暂时取消这些“提示信息”。

```
<lsw1>undo terminal monitor
Info: Current terminal monitor is off.
```

注：只对当前终端有效，用户重新登录则自动取消。

4. 恢复出厂设置

恢复出厂设置适用于系统配置紊乱/错误、修复不便等情况，在用户视图运行命令 reset saved-configuration，然后 reboot 即可。

```
<lsw1> reset saved-configuration
Warning: The action will delete the saved configuration in the device.
The configuration will be erased to reconfigure. Continue? [Y/N]:Y
                                             //提示是否恢复选 Y
<lsw1> reboot
```

```
Warning: All the configuration will be saved to the configuration file for the
  next startup:, Continue?[Y/N]:N                //提示是否保存选 N
System will reboot! Continue?[Y/N]:Y             //提示是否重启选 Y
...
<Huawei>                                         //重启完毕，即已恢复出厂
```

2.2 路由器组网

微课视频 006

2.2.1 路由器的应用

1. 路由器

路由器是实现网络互连的最核心设备。图 2.6 为华为 AR2200 系列路由器。

图 2.6　华为 AR2200 系列路由器

在现实的网络中，主机之间的通信往往需要跨越多个网段，如图 2.7 所示，路由器负责连接这些网段，负责在不同网络之间转发数据，并决定最佳路径。另外，路由器也为直连网络的主机充当“网关”的角色。

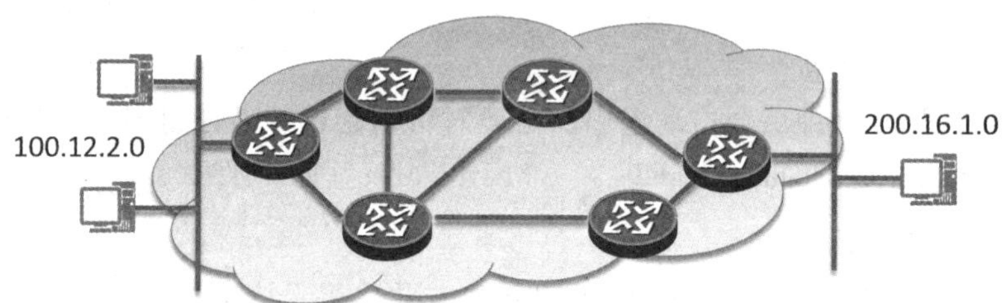

图 2.7　路由器的作用

2. 路由器工作原理简述

如图 2.8 所示，每台路由器都维护着一张路由表，这是转发数据包的关键。每条路由记录都指明了到达某个子网或主机应从路由器的哪个端口发送，通过此端口可到达该路径的下一个路由器的地址(或直接相连网络中的目标主机地址)。

```
[ar1] display ip routing-table
.. ..
Destination/Mask    Proto  Pre Cost Flags  NextHop        Interface
  127.0.0.0/8       Direct  0    0    D    127.0.0.1      InLoopBack0
  192.168.1.0/24    Direct  0    0    D    192.168.1.254  GigabitEthernet 0/0/1
  192.168.1.254/32  Direct  0    0    D    127.0.0.1      GigabitEthernet 0/0/1
```

图 2.8　路由表

路由器的工作过程简述如下：

(1) 检查数据包的目标 IP 地址。

(2) 在路由表中查找到达目标的路线，并选择最佳路线。

(3) 按照最佳路线转发数据包。

2.2.2　路由器的基本配置

1. 配置设备名

使用 sysname 命令配置设备名。例如：

```
<Huawei>system-view                                    //进系统视图
[Huawei]sysname  ar1                                   //配置设备名为 ar1
[ar1]
```

2. 配置接口地址

使用 ip address 命令配置接口地址。例如：

```
[ar1]interface g0/0/1                                  //进接口 g0/0/1
[ar1-GigabitEthernet0/0/1] ip address 192.168.1.254 24  //配 IP 地址
```

3. 查看路由表

使用 display ip routing-table 命令查看路由表。例如：

```
[ar1] display ip routing-table
...
Destination/Mask     Proto   Pre Cost  Flags   NextHop         Interface
   127.0.0.0/8       Direct  0    0     D      127.0.0.1       InLoopBack0
   192.168.1.0/24    Direct  0    0     D      192.168.1.254   GigabitEthernet  0/0/1
   192.168.1.254/32  Direct  0    0     D      127.0.0.1       GigabitEthernet  0/0/1
   192.168.1.255/32  Direct  0    0     D      127.0.0.1       GigabitEthernet  0/0/1
   192.168.2.0/24    Direct  0    0     D      192.168.2.254   GigabitEthernet  0/0/2
   192.168.2.254/32  Direct  0    0     D      127.0.0.1       GigabitEthernet  0/0/2
   192.168.2.255/32  Direct  0    0     D      127.0.0.1       GigabitEthernet  0/0/2
...
```

4. 保存路由器配置

使用 save 命令，大多数通用操作与交换机配置相同。例如：

```
<ar1> save
   The current configuration will be written to the device.
   Are you sure to continue? (y/n)[n]:y          //提示继续时选 y
   It will take several minutes to save configuration file, please wait...
   Configuration file had been saved successfully
   Note: The configuration file will take effect after being activated
```

2.2.3　实现多网段互通

本例要求以第 1 章的案例为基础，继续完善网络配置，添加一台 AR2200 路由器。AR2200 路由器通过 g0/0/1、g0/0/2 接口分别连两台交换机的 g0/0/24 接口，实现路由器连接的两个网段之间能够相互通信，如图 2.9 所示。

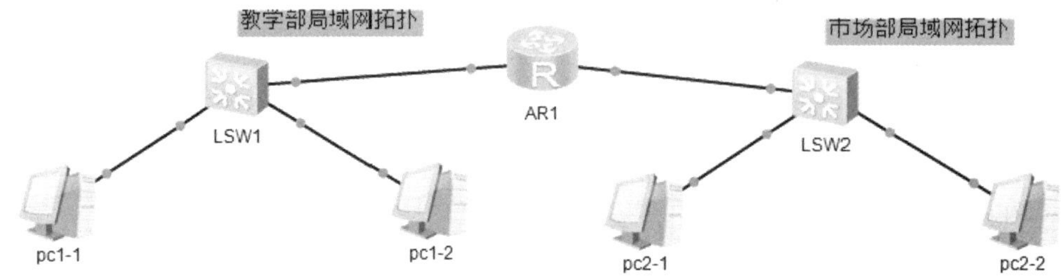

图 2.9　网络拓扑

相关说明如下：

(1) 将路由器的 g0/0/1 接口的 IP 地址设为 192.168.1.254/24。

(2) 将路由器的 g0/0/2 接口的 IP 地址设为 192.168.2.254/24。

(3) 将教学部主机 pc1-1、pc1-2 的默认网关设为 192.168.1.254。

(4) 将市场部主机 pc2-1、pc2-2 的默认网关设为 192.168.2.254。

(5) 再次从教学部主机 pc1-1 测试 ping 市场部主机 pc2-1。

实现此案例需要按照如下步骤进行。

1. 为路由器接口配置 IP 地址

(1) 配置设备名。

```
<Huawei>system-view                                     //进系统视图
[Huawei]sysname  ar1                                    //配置设备名为 ar1
```

(2) 将路由器的 g0/0/1 接口的 IP 地址设为 192.168.1.254/24。

```
[ar1]interface g0/0/1                                   //进接口 g0/0/1
[ar1-GigabitEthernet0/0/1] ip address 192.168.1.254 24  //配置 IP 地址
...on the interface GigabitEthernet0/0/1 has entered the UP state.
[ar1-GigabitEthernet0/0/1] quit                         //返回系统视图
```

(3) 将路由器的 g0/0/2 接口的 IP 地址设为 192.168.2.254/24。

```
[ar1]int g0/0/2                                         //进接口 g0/0/2
[ar1-GigabitEthernet0/0/2] ip address 192.168.2.254 24  //配置 IP 地址
...on the interface GigabitEthernet0/0/2 has entered the UP state.
```

(4) 确认路由表信息。

```
[ar1] display ip routing-table
...
Destination/Mask      Proto   Pre  Cost  Flags  NextHop         Interface
    127.0.0.0/8       Direct  0    0     D      127.0.0.1       InLoopBack0
    192.168.1.0/24    Direct  0    0     D      192.168.1.254   GigabitEthernet  0/0/1
```

```
192.168.1.254/32  Direct  0  0  D  127.0.0.1      GigabitEthernet  0/0/1
192.168.1.255/32  Direct  0  0  D  127.0.0.1      GigabitEthernet  0/0/1
192.168.2.0/24    Direct  0  0  D  192.168.2.254  GigabitEthernet  0/0/2
192.168.2.254/32  Direct  0  0  D  127.0.0.1      GigabitEthernet  0/0/2
192.168.2.255/32  Direct  0  0  D  127.0.0.1      GigabitEthernet  0/0/2
...
```

2. 为两个网段的 pc 机正确配置默认网关地址

(1) 将教学部主机 pc1-1、pc1-2 的默认网关设为 192.168.1.254，如图 2.10 所示。

图 2.10　配置教学部主机的默认网关

(2) 将市场部主机 pc2-1、pc2-2 的默认网关设为 192.168.2.254，如图 2.11 所示。

图 2.11　配置市场部主机的默认网关

3. 测试网段间通信

从教学部主机 pc1-1 测试 ping 市场部主机 pc2-1，此时已经可以连通。

4. 保存路由器配置、保存拓扑

(1) 保存路由器配置。

```
<ar1> save
  The current configuration will be written to the device.
  Are you sure to continue? (y/n)[n]:y                //按 y 确认继续
  It will take several minutes to save configuration file, please wait...
  Configuration file had been saved successfully
  Note: The configuration file will take effect after being activated
```

(2) 保存 eNSP 拓扑。

保存拓扑可以方便以后使用，例如保存为“多网段互通.topo”。

2.3 设备的远程管理

2.3.1 远程管理交换机

根据要求配置好交换机以支持 telnet 远程管理，从路由器 AR1 上远程管理交换机 LSW1，如图 2.12 所示。

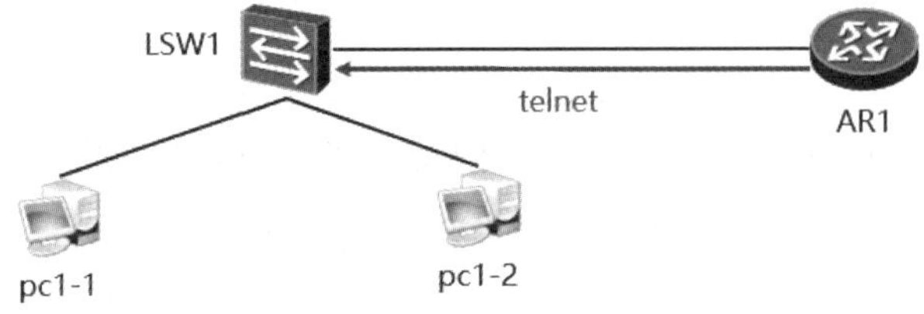

图 2.12　远程管理交换机

配置步骤如下所述。

1. 为 vlan1 接口配置 IP 地址

交换机的接口默认不能配置 IP 地址，为方便管理，需要使用虚接口 vlan1。

```
[lsw1]interface vlan1                               //进虚接口 vlan1 配置
[lsw1-Vlanif1]ip address 192.168.1.251 24           //设置 IP 地址
```

2. 配置远程登录

远程管理需要配置 VTY 接口，VTY 虚拟终端是一种网络设备远程连接的方式，vty 0 4 表示可同时打开 5 个会话。

```
[lsw1]user-interface vty 0 4                                   //进入远程登录配置视图
[lsw1-ui-vty0-4]set  authentication  password cipher Taren1    //设置登录密码
[lsw1-ui-vty0-4] user  privilege  level  3                     //设置权限级别，默认为 0
```

关于权限级别的解释如下所述。

0：参观，可执行 ping、tracert、telnet、display、quit 等命令。

1：监控，可执行 0 级命令、reboot、reset、undo、debugging 等。

2：系统配置，可执行 0、1 级命令、所有配置命令(管理级的命令除外)。

3～15：管理，可执行所有命令。

3. 远程连接测试

需要支持 telnet 的客户端软件，第三方软件，如 SecureCRT、Putty、Xshell 等，路由器、交换机自带 telnet 命令。

```
<ar1> telnet 192.168.1.251                                    //连接指定地址的交换机
Trying 192.168.1.251...
Press CTRL+K to abort
Connected to 192.168.1.251...

Login authentication

Password:                                                     //输入正确的密码 Taren1
Info: The max number of VTY users is 5, and the number
of current VTY users on line is 1.
<lsw1>                                                        //成功连接
```

2.3.2　远程管理路由器

根据要求配置好路由器以支持 telnet 远程管理，从交换机 lsw1 上远程管理路由器 ar1，如图 2.13 所示。

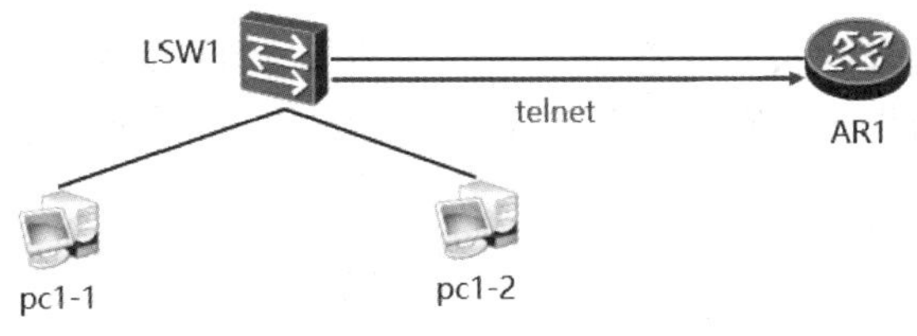

图 2.13　远程管理路由器

配置步骤如下所述。

1. 基本配置

交换机已经配置 vlan1 的 IP 地址 192.168.1.251/24，路由器配置接口的 IP 地址为 192.168.1.254/24。

2. 配置远程登录

配置远程登录如下所示：

```
[ar1]user-interface vty 0 4                                   //进入远程登录配置视图
[ar1-ui-vty0-4]set  authentication  password cipher Taren1    //设置登录密码
[ar1-ui-vty0-4] user  privilege  level  3                     //设置权限级别，默认为 0
```

3. 远程连接测试

远程连接测试如下：

```
<lsw1>telnet    192.168.1.254                                   //连接指定地址的路由器
Trying 192.168.1.254 ...
Press CTRL+K to abort
...
Password:                        //输入正确的密码 Taren1
<ar1>                            //成功连接
```

本 章 总 结

(1) 在配置一台交换机之前，首先要进行硬件连接，可以使用台式计算机 COM 口或笔记本 USB 口连接 Console 线，然后连接交换机的 Console 口。

(2) 华为 VRP(Versatile Routing Platform，通用路由平台)是华为数据通信产品操作系统平台，运行 VRP 操作系统的华为产品包括路由器、交换机、防火墙等。

(3) 命令行配置视图包括用户视图、系统视图、接口视图、协议视图，不同的视图能够配置不同的命令，实现不同的功能。

(4) 交换机接口在连入计算机后默认会自动开启，必要时可以手动关闭。

(5) 路由器负责连接这些网段，负责在不同网络之间转发数据，并决定最佳路径。另外，路由器也为直连网络的主机充当“网关”的角色。

(6) 每台路由器都维护着一张路由表，每条路由记录都指明了到达某个子网或主机应从路由器的哪个端口发送，通过此端口可到达该路径的下一个路由器的地址(或直接相连网络中的目标主机地址)。

(7) 交换机的接口默认不能配置 IP 地址，为方便管理，需要使用虚接口 vlan1。

(8) 远程管理需要配置 VTY 接口，VTY 虚拟终端是一种网络设备远程连接的方式。

习　　题

1. 关于用户视图与系统视图之间的切换，正确的切换命令是(　　)。

A. <huawei>enable
　[huawei]

B. <huawei>system-name
　[huawei]

C. [huawei]exit
　<huawei>

D. [huawei]quit
　<huawei>

2. 华为网络设备修改主机名的命令是(　　)。

A. sysname　　B. hostname　　C. conf-name　　D. display

3. 以下是关于路由器原理的描述：

(a) 检查数据包的目标 IP 地址

(b) 按照最佳路线转发数据包

(c) 在路由表中查找到达目标的路线，并选择最佳路线

正确的顺序是(　　)。

A. (a)(b)(c)　　B. (a)(c)(b)　　C. (c)(b)(a)　　D. (c)(a)(b)

4. 网络项目维护过程中，关于设备的管理方式描述正确的是(　　)。

A. 交换机只能通过 console 的方式管理

B. 路由器支持本地 console 和远程管理，仅支持 telnet 协议

C. 交换机不能配置 IP 地址，所以不支持远程管理

D. 路由器支持 Telnet 等远程管理方式

扫码看答案

第 3 章 Windows 系统安装

本章目标

- 学会使用 VMware 软件；
- 掌握 Windows 系统的安装步骤；
- 掌握虚拟机的管理。

问题导向

- 虚拟机快照与克隆的作用是什么？
- VMware Tools 有什么作用？
- VMWare 提供了几种网络工作模式？

3.1 VMware Workstation 的安装与操作

VMware Workstation 是应用较为广泛的虚拟化平台，在一台真机上可以创建并使用多个虚拟机，常被用在各种教学、实验环境中。

微课视频 007

3.1.1 安装 VMware Workstation

VMware Workstation 15Pro 的安装比较简单，根据安装向导的提示进行安装即可。在安装过程中或安装完毕后，要输入 VMware 公司的许可证密钥(License Key)。

1. 在安装过程中输入许可密钥

在 VMware Workstation 的安装向导完成后，会出现“许可证”按钮，点击后的界面如图 3.1 所示，需输入许可证密钥，并单击“输入”按钮继续安装。

如果不想此时输入许可证密钥，也可以单击“跳过”按钮，待安装完成之后再输入许可证密钥。

2. 安装完毕后输入许可证密钥

如果在安装过程中跳过了输入许可证密钥的步骤，可以在安装完成之后，选择“帮助”→“输入许可证密钥”，在打开的对话框中输入许可证密钥，如图 3.2 所示。

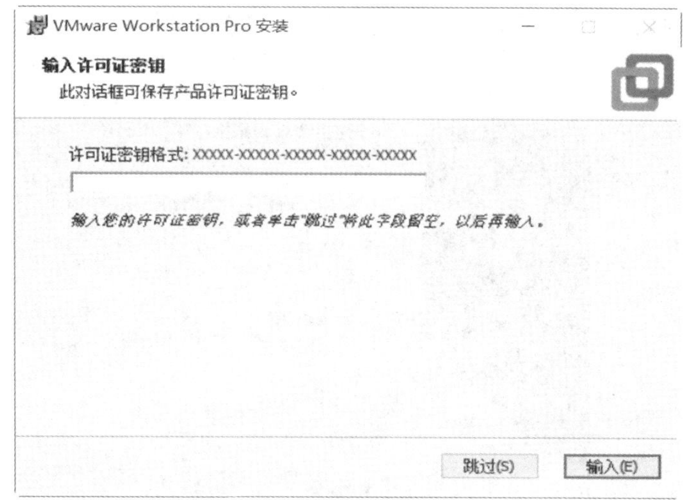

图 3.1　在安装过程中输入许可密钥

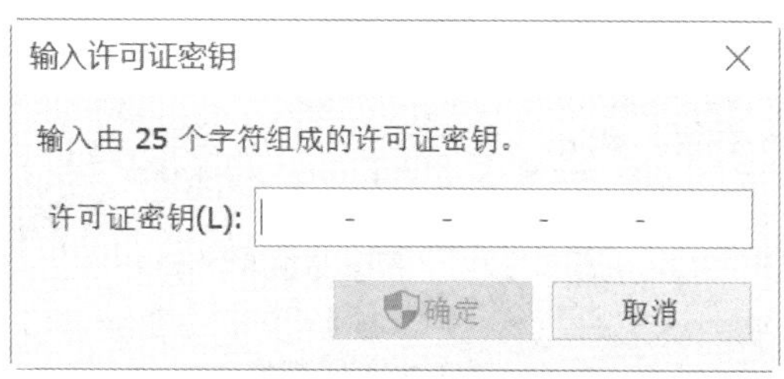

图 3.2　安装完成后输入许可证密钥

3.1.2　新建虚拟机

使用 VMware Workstation 可以创建、管理多个虚拟机。创建虚拟机的步骤如下所述。

(1) 选择“文件”→“新建虚拟机”，或单击主界面上的“创建新的虚拟机”图标，如图 3.3 所示。

图 3.3　新建虚拟机

(2) 在新建虚拟机向导中点选“典型(推荐)”，单击“下一步”按钮，如图 3.4 所示。

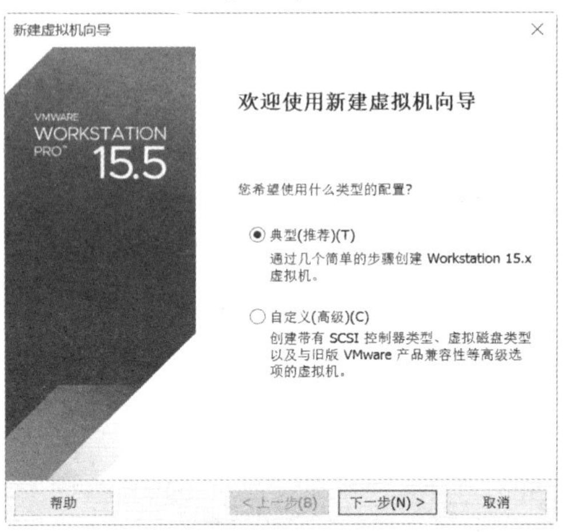

图 3.4　新建虚拟机向导(1)

(3) 点选“稍后安装操作系统”，然后单击“下一步”按钮，如图 3.5 所示。

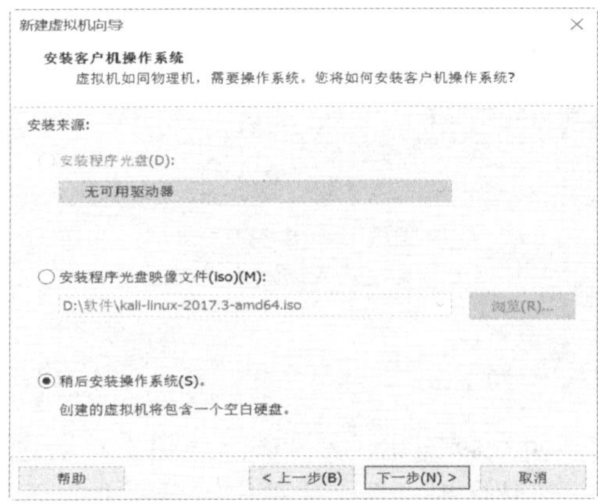

图 3.5　新建虚拟机向导(2)

(4) 选择操作系统“Microsoft Windows”以及具体的版本“Windows 10×64”，然后单击“下一步”按钮，如图 3.6 所示。

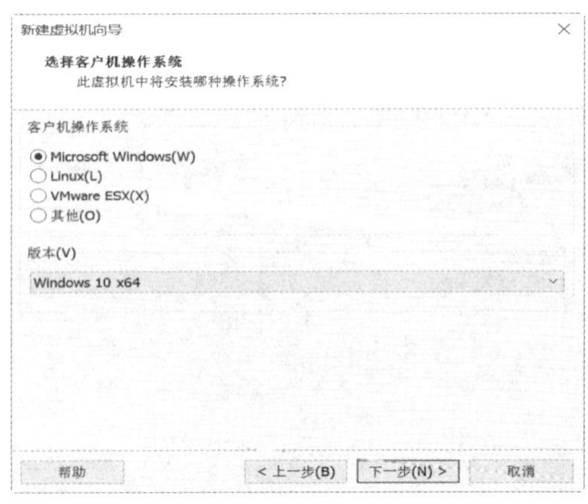

图 3.6　新建虚拟机向导(3)

(5) 为虚拟机指定一个名称，并指定虚拟机的存储路径，然后单击“下一步”按钮，如图 3.7 所示。

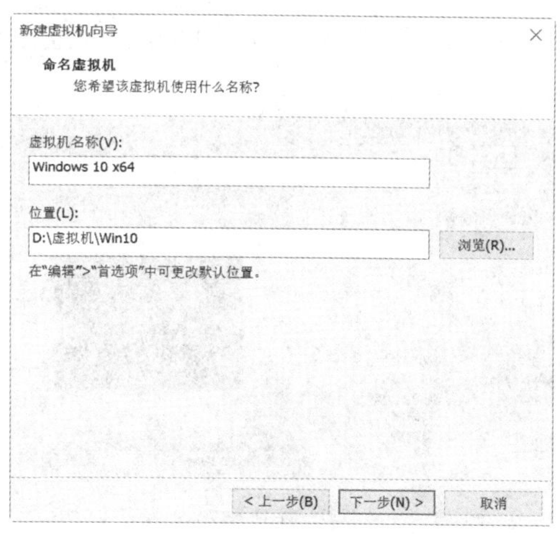

图 3.7　新建虚拟机向导(4)

(6) 为虚拟机指定合适的磁盘容量，单击“下一步”按钮，出现的界面如图 3.8 所示。

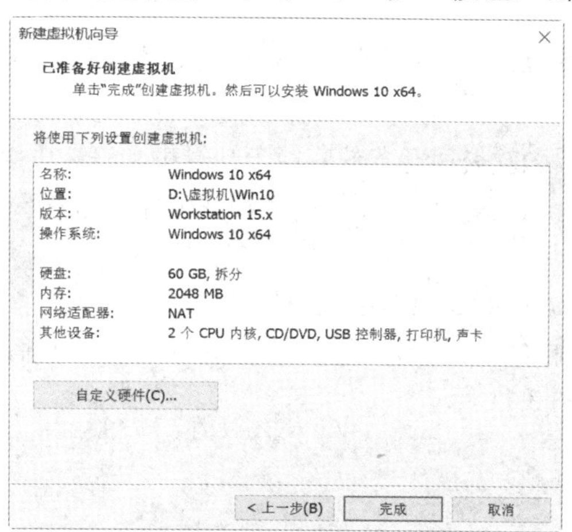

图 3.8　新建虚拟机向导(5)

(7) 确认名称、路径等设置无误后，单击“完成”按钮，完成虚拟机的建立。新建的虚拟机如图 3.9 所示。

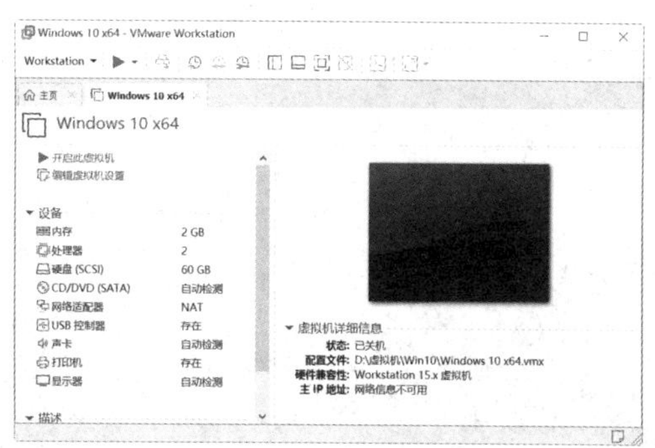

图 3.9　新建完成的虚拟机

3.1.3　启动和停止虚拟机

可以通过“开启此虚拟机”选项启动虚拟机，也可以通过工具栏上的按钮启动和停止虚拟机，如图 3.10 所示。

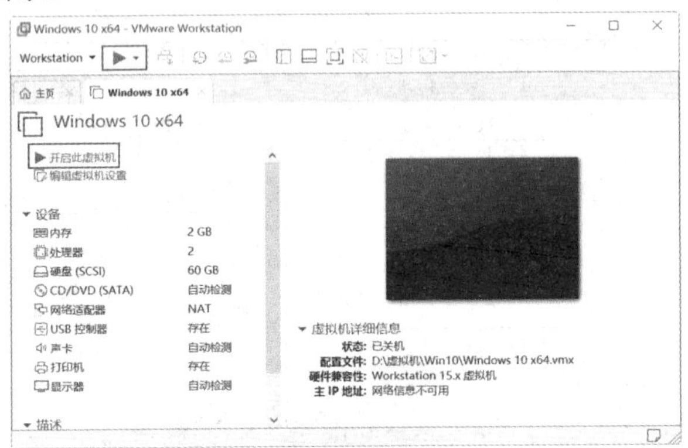

图 3.10　启动和停止虚拟机

3.2　Windows 10 系统的安装

Windows 10 是由美国微软公司开发的应用于计算机和平板电脑的操作系统，于 2015 年 7 月 29 日发布。Windows 10 操作系统在易用性和安全性方面有了极大的提升，是目前最流行的桌面操作系统。

在虚拟机中安装 Windows 10 操作系统的步骤如下所述。

(1) 点击虚拟机设备栏的“CD/DVD(SATA)自动检测”，然后浏览找到 Windows 10 系统的安装 ISO 文件，如图 3.11 所示。

图 3.11　指定 ISO 镜像文件

(2) 开启虚拟机，自动从已准备的光盘镜像引导，成功后可看到 Windows 10 系统的安装欢迎界面，如图 3.12 所示。

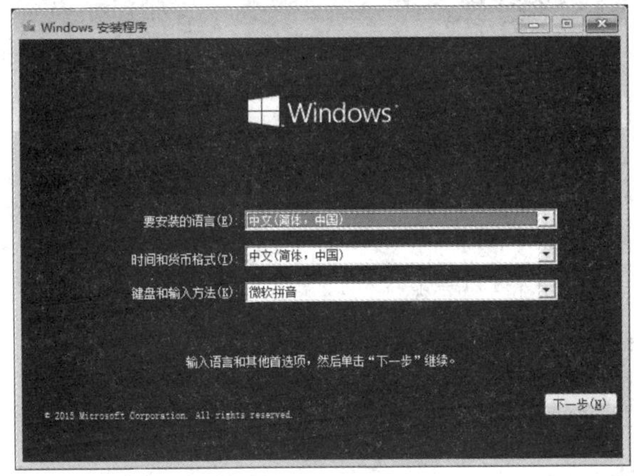

图 3.12　安装欢迎界面

在欢迎界面中确认选择语言“中文(简体，中国)”，然后单击下一步。

(3) 在提示安装还是修复计算机界面中，单击“现在安装”按钮，如图 3.13 所示。

图 3.13　开始安装

(4) 启用安装程序后，会出现输入产品密钥的提示，如图 3.14 所示。若暂时不方便输入密钥，也可以单击右下角的“跳过”以继续。

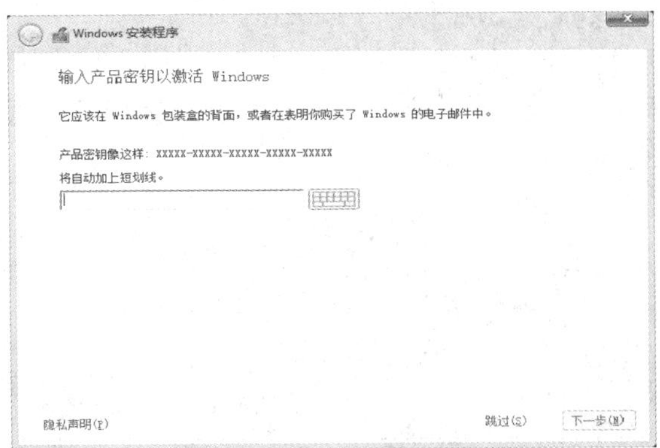

图 3.14　产品密钥

(5) 阅读许可条款，并勾选“我接受许可条款”，如图 3.15 所示，再单击下一步。

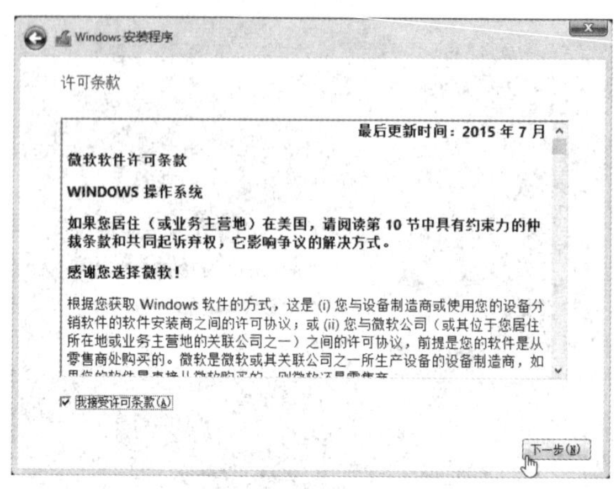

图 3.15　许可条款

(6) 选择“自定义安装”，如图 3.16 所示。

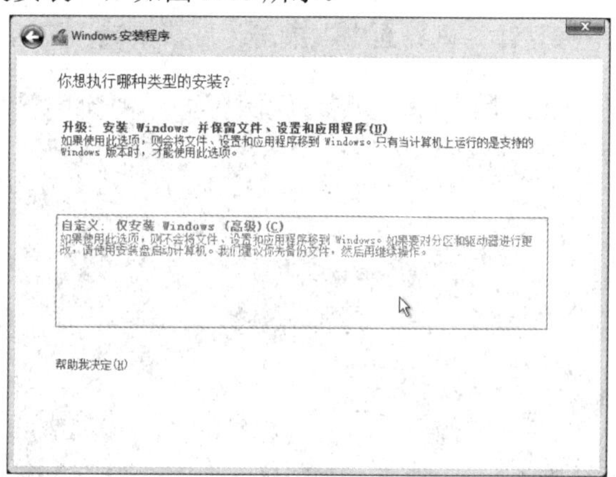

图 3.16　自定义安装

(7) 进入到选择安装位置的界面，如图 3.17 所示，新的磁盘尚未分区。这里可以手动建立分区，也可以单击下一步让系统自动建立分区。

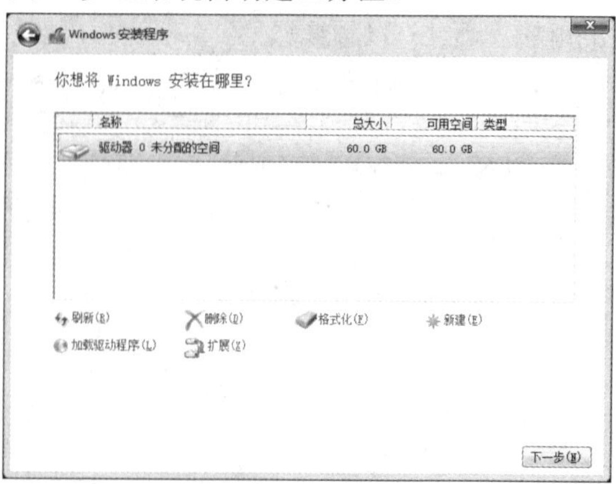

图 3.17　安装位置

(8) 进入正式安装过程，需要耐心等待(期间会自动重启)，如图 3.18 所示。

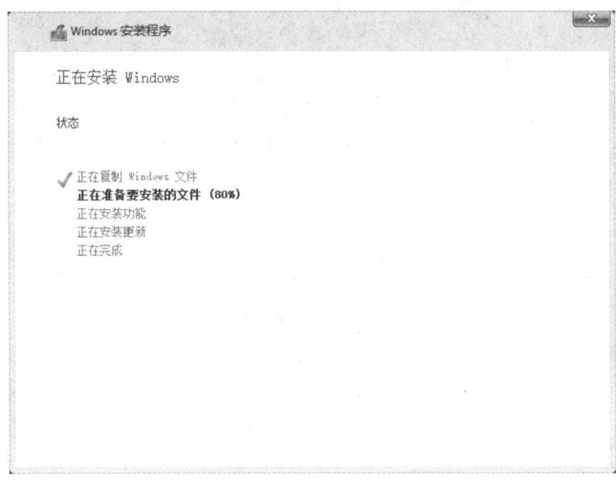

图 3.18　安装过程

(9) 若第一次要求密钥时没有输入，此时会再次提示，如图 3.19 所示。此处可以输入正确的产品密钥，或者单击左下方的“以后再说”。

图 3.19　输入产品密钥

(10) 出现提示用户进行初始化设置的界面，如图 3.20 所示，选择“使用快速设置”。

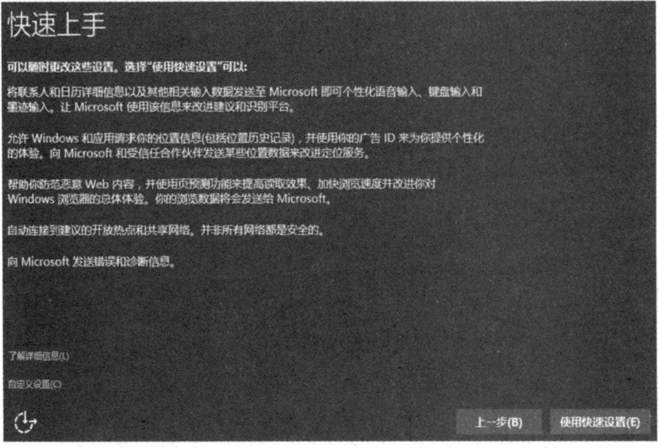

图 3.20　快速设置

在个性化设置界面点击“跳过此步骤”，如图 3.21 所示。

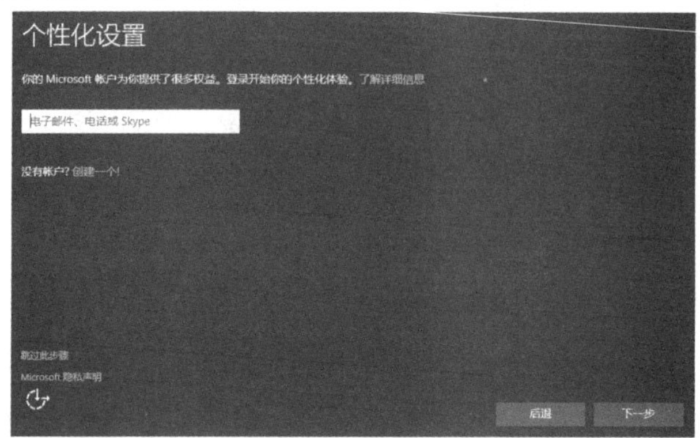

图 3.21　个性化设置

(11) 根据提示为此系统创建一个用户账号，例如用户名为“ntd”，密码为“tedu.cn1234”，如图 3.22 所示。

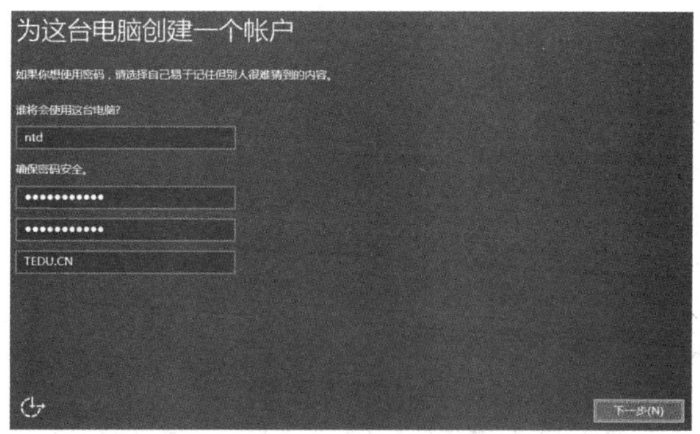

图 3.22　创建用户账号

(12) 继续等待一段时间，最后进入到桌面环境。如果出现选择网络的提示，请选择“是”，如图 3.23 所示。

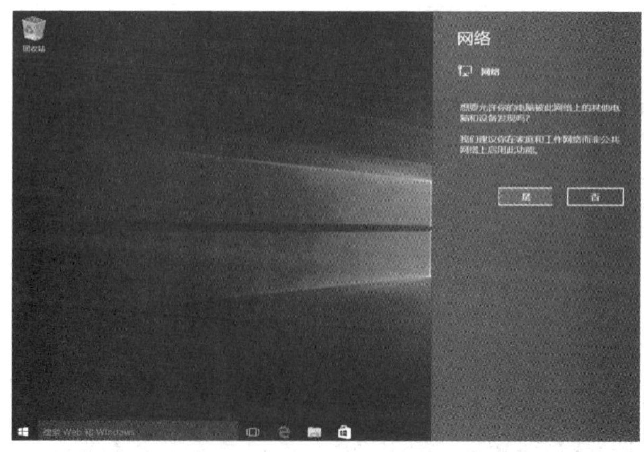

图 3.23　网络设置

(13) 选择好网络之后，Windows 10 系统就安装完成了。

为了后续使用方便，建议适当调整一下桌面显示。依次单击左下角的“开始”图标

→“设置”→“个性化”→“主题”→“桌面图标设置”，如图 3.24 所示。

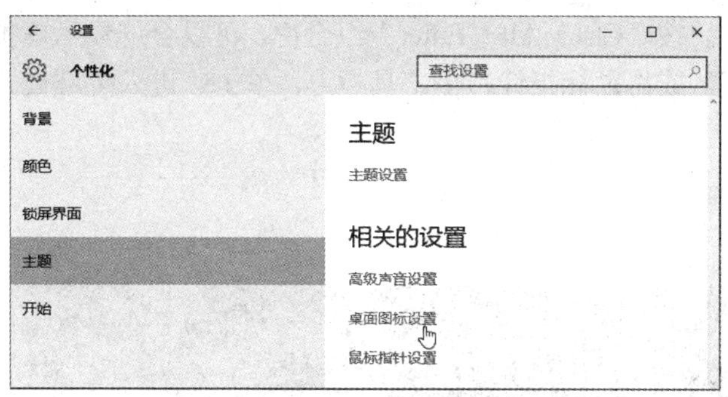

图 3.24 桌面图标设置(1)

勾选“计算机”“网络”两项，然后单击“确定”，如图 3.25 所示。

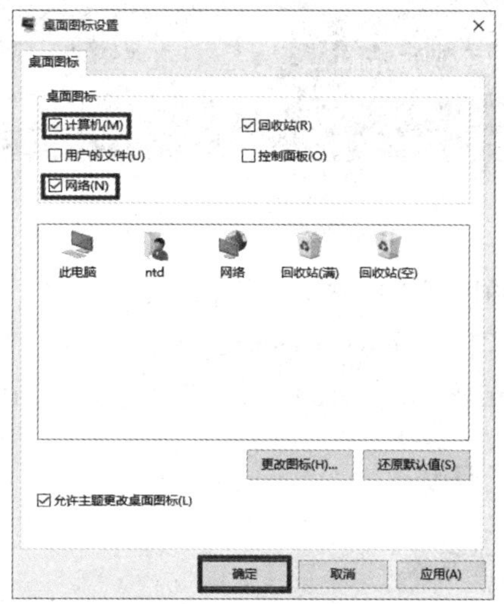

图 3.25 桌面图标设置(2)

完成上述设置后，会在桌面环境出现“此电脑”“网络”图标，方便访问本机文档及网络中其他计算机的文档。

3.3 管理虚拟机

3.3.1 虚拟机和宿主机切换

1. 切换至虚拟机

在虚拟机显示画面的任意位置单击鼠标，即可切换至虚拟机，可以使用键盘和鼠标操作虚拟机。

2. 切换至宿主机

在操作虚拟机的过程中，可以随时按“Ctrl+Alt”组合键切换至宿主机，恢复对宿主机的操作。

3. 全屏显示虚拟机

激活虚拟机窗口，按“Ctrl + Alt + Enter”组合键，可以全屏显示虚拟机，再次按该组合键，则退出全屏模式。或将鼠标指针移至工具栏上，单击“进入全屏模式”按钮，如图 3.26 所示。

图 3.26　进入全屏模式

4. 在虚拟机中使用“Ctrl + Alt + Delete”组合键

当需要在虚拟机中使用“Ctrl + Alt + Delete”组合键时，为避免与宿主机冲突，可以选择“虚拟机”→“发送 Ctrl + Alt + Delete”，或者使用“Ctrl + Alt + Insert”组合键。

3.3.2　使用虚拟机增强工具集

微课视频 008

1. 安装 VMware Tools 工具集

(1) 打开虚拟机，通过 VMware 菜单启用安装源，点击“虚拟机”→“安装 VMware Tools”。

(2) 进入虚拟机系统内，点击“VMware Tools”光盘设备，运行其中的 setup64.exe 程序，如图 3.27 所示，然后根据提示完成安装即可。

图 3.27　安装 VMware Tools

2. 测试增强功能

安装好 VMware Tools 后，将虚拟机重启一次，默认会激活图形显示增强功能。

(1) 在宿主机、虚拟机之间用鼠标瞬切。将鼠标指针从虚拟机切出/切入时，不需要按“Ctrl + Alt”进行切换。

(2) 在宿主机、虚拟机之间通过复制/粘贴操作，可方便地传递文件资料。

(3) 通过“查看”→“立即适应客户机”调整显示窗口大小，虚拟机桌面的分辨率会随 VMware Workstation 的窗口大小自动调整。

3.3.3　虚拟机快照

在使用虚拟机做实验的过程中，如果虚拟机操作系统出现故障，无须费时费力地重新安装，VMware Workstation 的快照功能可以轻松地将系统恢复到稳定的状态。

(1) 制作快照。依次单击菜单中的“虚拟机”→“快照”→“拍摄快照”，然后在弹出的对话框中指定快照名称并点击“拍摄快照”即可，如图 3.28 所示。

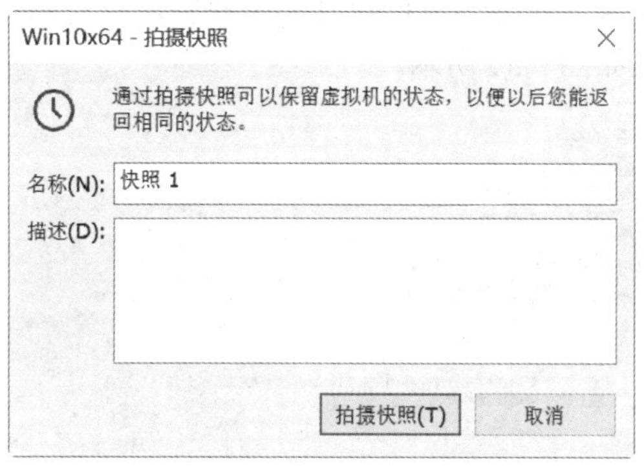

图 3.28　拍摄快照

(2) 恢复快照。依次单击菜单中的“虚拟机”→“快照”，选择恢复到指定的某个快照名，如图 3.29 所示。

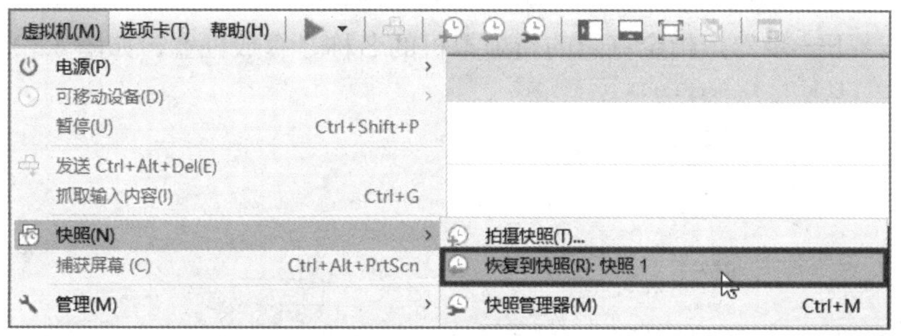

图 3.29　恢复快照

3.3.4　虚拟机克隆

在使用虚拟机做实验的过程中，如果需要多台虚拟机，不必从头安装，可以使用克隆功能来快速生成。虚拟机 pc1 克隆 pc2 的步骤如下所述。

(1) 确认 pc1 已处于关机状态，然后依次单击菜单中的“虚拟机”→“管理”→“克隆”，即可打开虚拟机克隆向导，如图 3.30 所示。

图 3.30　虚拟机克隆(1)

(2) 点击“下一步”，在弹出的界面先选择“虚拟机中的当前状态”，然后点击“下一步”选择克隆方法。克隆方法分为链接克隆和完整克隆，可以根据实际情况选择。我们选择“创建链接克隆”，如图 3.31 所示。

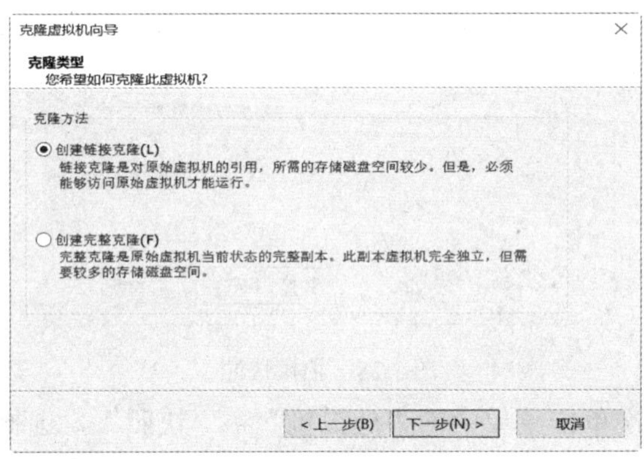

图 3.31　虚拟机克隆(2)

(3) 点击“下一步”，指定克隆的新虚拟机的名称、存放位置，如图 3.32 所示。

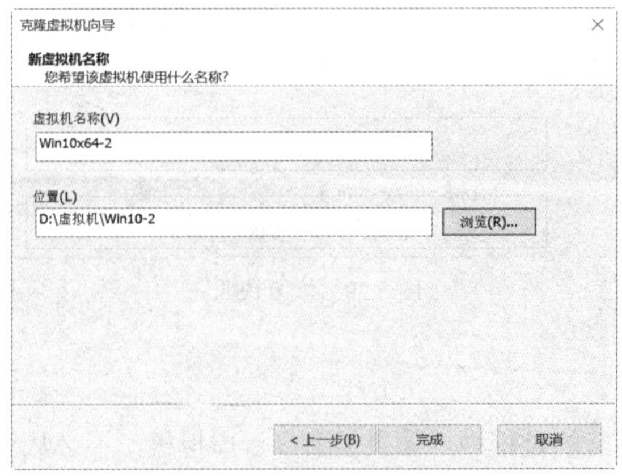

图 3.32　虚拟机克隆(3)

3.3.5　虚拟机的网络连接模式

VMWare 提供了桥接模式、NAT 模式、自定义等网络工作模式，如图 3.33 所示。

图 3.33　网络工作模式

(1) 在桥接(bridged)模式下，VMWare 虚拟机就像局域网中的一台独立的主机，它可以访问网络内任何一台机器。

(2) 在 NAT 模式下可以使虚拟机访问互联网。

(3) 自定义虚拟网络，可以使不同的虚拟机处于相同的虚拟网络中，通常适应于实验环境中。

本 章 总 结

(1) VMware Workstation 是应用较为广泛的虚拟化平台，在一台真机上可以创建并使用多个虚拟机，常被用在各种教学、实验环境中。

(2) 在虚拟机中安装 Windows 10 操作系统，安装完成后进行适当优化。

(3) 在操作虚拟机的过程中，可以随时按“Ctrl+Alt”组合键切换至宿主机，恢复对宿主机的操作。

(4) 当需要在虚拟机中使用“Ctrl+Alt+Delete”组合键时，为避免与宿主机冲突，可以选择“虚拟机”→“发送 Ctrl+Alt+Delete”，或者使用“Ctrl+Alt+Insert”组合键。

(5) 在使用虚拟机做实验的过程中，如果虚拟机操作系统出现故障，无须费时费力地重新安装，VMware Workstation 的快照功能可以轻松地将系统恢复到稳定的状态。

(6) 在使用虚拟机做实验的过程中，如果需要多台虚拟机，不必从头安装，可以使用克隆功能来快速生成。

(7) VMWare 提供了桥接模式、NAT 模式、自定义等网络工作模式。

习　题

1. 按(　　)组合键，可以全屏显示虚拟机。

A. Ctrl + Alt + Delete　　B. Ctrl + Alt + Insert

C. Ctrl + Alt + Enter　　D. Ctrl + Alt + End

2. 当需要在虚拟机中使用 Ctrl + Alt + Delete 组合键时，为避免与宿主机冲突，可以使用(　　)组合键代替。

A. Ctrl + Alt + Home　　B. Ctrl + Alt + Insert

C. Ctrl + Alt + Enter　　D. Ctrl + Alt + End

3. VMWare 提供了桥接模式、NAT 模式、仅主机模式、自定义模式等网络工作模式，要使虚拟机访问互联网，通常可以使用(　　)模式。

A. 桥接模式　　B. NAT 模式

C. 仅主机模式　　D. 自定义模式

扫码看答案

第 4 章　Windows 基本操作

本章目标

- 掌握 Windows 系统中常用快捷键的操作和命令行的应用；
- 学会优化 Windows 系统的启动/运行速度。

问题导向

- 如何快速打开 Windows 10 系统的设置程序？
- ipconfig、ping 命令的作用和用法是怎样的？
- 如何优化 Windows 10 的启动任务？

4.1　Windows 快捷键操作

4.1.1　文档及窗口管理

1. 选择文档对象

微课视频 009

要选择一个文档，用鼠标单击即可；要选择多个文档，可以用鼠标框选。另外，选择文档对象时，可以配合快捷键进行操作。

(1) 选择连续的多个文档。其操作是：按住“Shift”键，再用鼠标点选起止项，如图 4.1 所示。

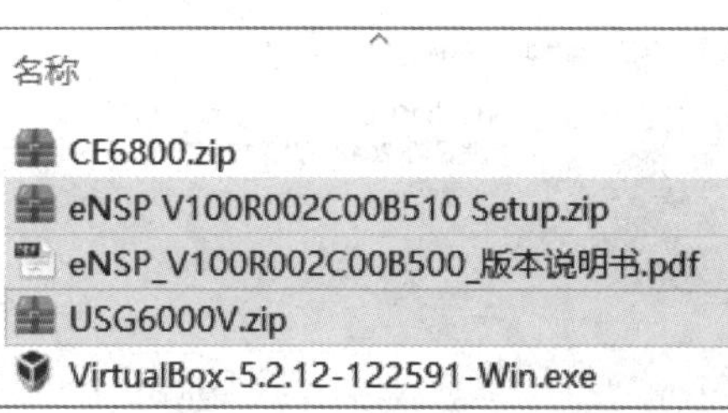

图 4.1　选择连续的多个文档

(2) 选择不连续的多个文档。其操作是：按住“Ctrl”键，再用鼠标点选，如图 4.2 所示。

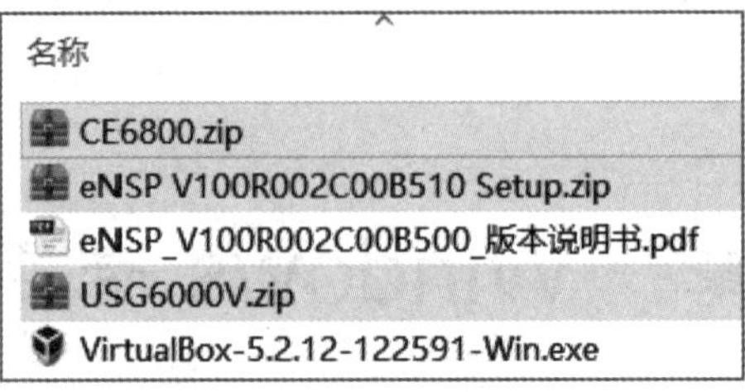

图 4.2　选择不连续的多个文档

(3) 选择目录下的所有文档。其操作是：按快捷键“Ctrl+A”，如图 4.3 所示。

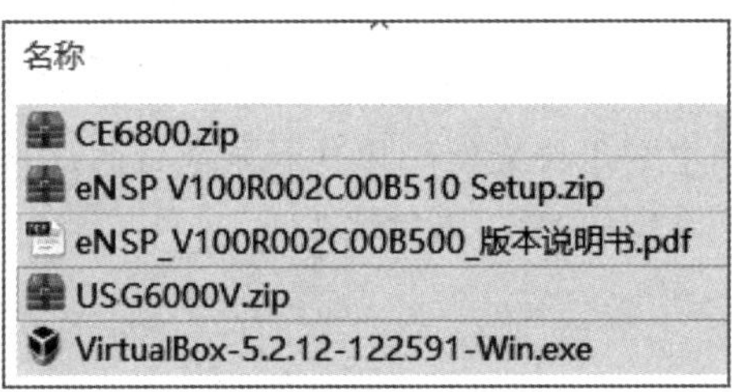

图 4.3　选择目录下的所有文档

2. 重命名对象

为选中的单个文档对象改名有如下两种方法：

(1) 按快捷键“F2”后即可编辑名称。

(2) 右击后选择“重命名”，也可以直接编辑名称，如图 4.4 所示。

图 4.4　重命名对象

3. 彻底删除文档对象

平时我们在删除选中的文档对象时，并没有彻底删除，而是暂存到“回收站”，是可以进行恢复的。如果要直接彻底删除，可以按快捷键“Shift+Delete”，这样删除时不再暂存到“回收站”，而是直接彻底删除，如图 4.5 所示。

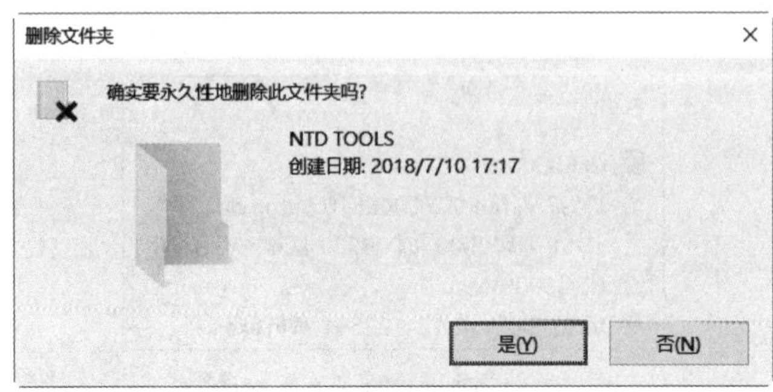

图 4.5　彻底删除文档对象

4.1.2　浏览及编辑

1. 放大/缩小显示

(1) 要放大字号及图标大小，可使用 Ctrl+鼠标前滚轮操作，如图 4.6 所示。

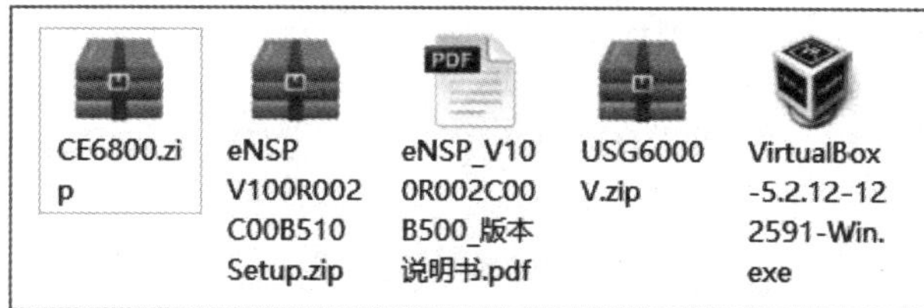

图 4.6　放大显示

(2) 要缩小字号及图标大小，可使用 Ctrl+鼠标后滚轮，如图 4.7 所示。

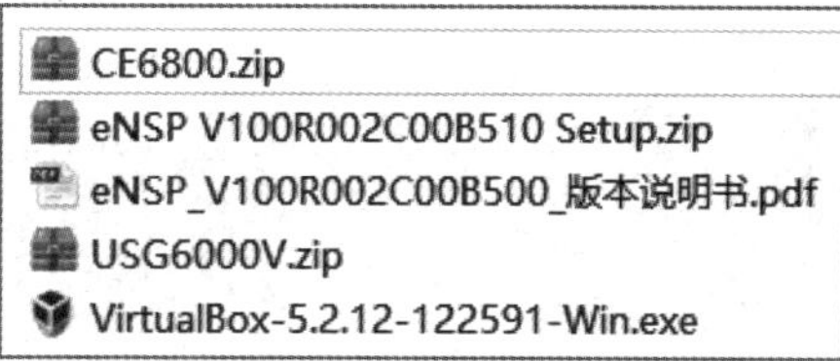

图 4.7　缩小显示

2. 复制/粘贴/剪切/存盘

(1) 复制选中的内容使用快捷键“Ctrl + C”，然后使用“Ctrl + V”可以粘贴已复制的内容。如果是操作文件，新文件会自动重新命名，如图 4.8 所示。

tmp - 副本.pptx
tmp.pptx

图 4.8　复制粘贴文件

(2) 剪切选中的内容使用快捷键“Ctrl + X”，然后可以使用“Ctrl + V”粘贴内容。

(3) 保存当前网页或文件内容使用快捷键“Ctrl + S”。

例如，在浏览器中访问网站 http://www.tmooc.cn，如图 4.9 所示，使用“Ctrl + S”保存网页，会出现提示，如图 4.10 所示。

图 4.9　访问网站

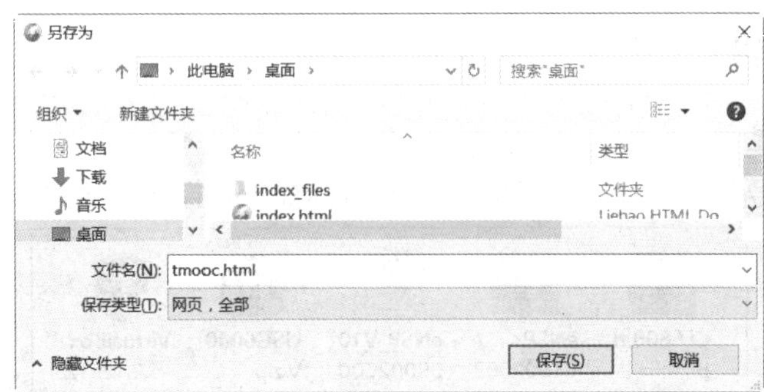

图 4.10　“另存为”界面

3. 查找/撤销

(1) 查找文档或网页内容使用快捷键“Ctrl + F”，如查找关键词“Linux”，如图 4.11 所示。

图 4.11　查找内容

(2) 撤销编辑操作使用“Ctrl + Z”。

例如，在编辑文档时误删除了一部分内容，可以使用“Ctrl + Z”撤销操作，恢复误删除的内容。

4.1.3　Win 键的快速调用

微课视频 010

1. 显示/隐藏桌面

最小化所有活动窗口，显示桌面，可以按快捷键“Win + D”，再按一次即恢复原有状态，如图 4.12 和图 4.13 所示。

图 4.12　快捷键 Win

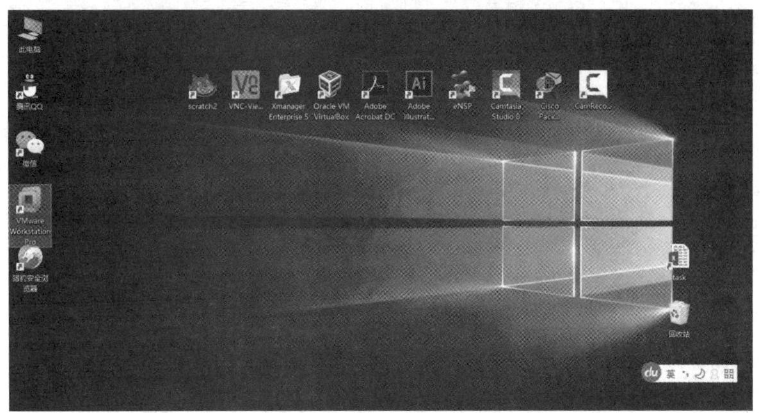

图 4.13　显示桌面

2. 显示器切换/任务窗口切换

(1) 要切换显示/投影目标设备，可按快捷键“Win + P”，如图 4.14 所示。

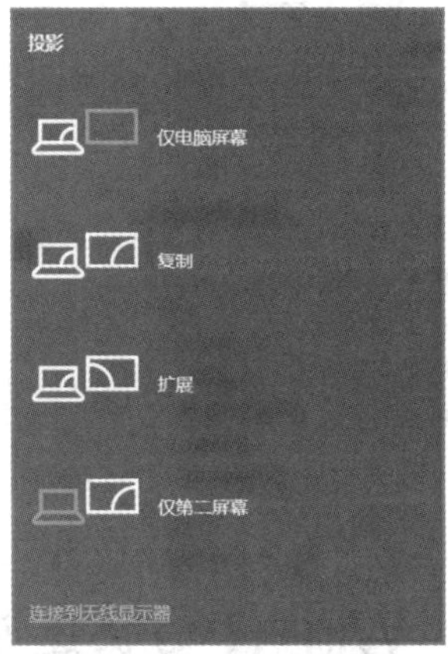

图 4.14　显示器切换

(2) 要切换运行的任务窗口，如从 Word 切换到 PPT，可按快捷键“Win + Tab”，或按下“Alt + Tab”，如图 4.15 所示。

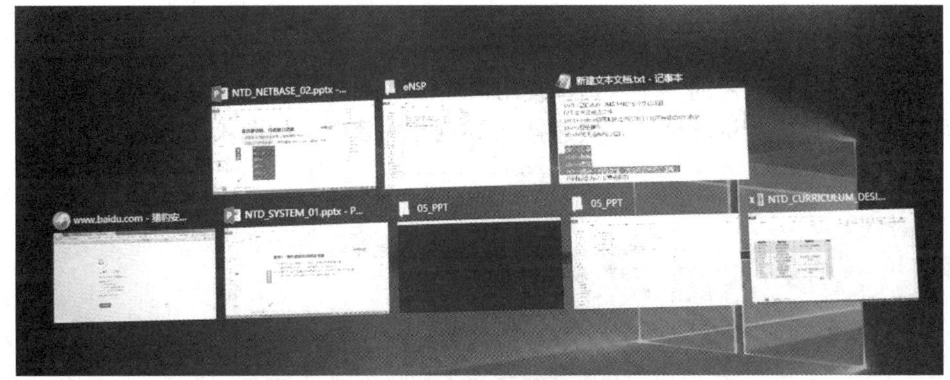

图 4.15　切换运行的任务窗口

3. 快速锁屏/Win 设置

(1) 当工作一段时间后离开计算机时，需要进行快速锁屏，此时可以按快捷键“Win + L”。

(2) 可以按快捷键“Win + I”快速进行 Windows 设置，如图 4.16 所示。

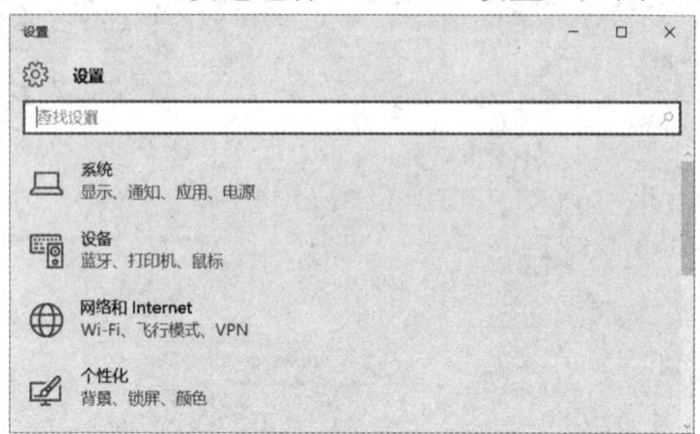

图 4.16　Windows 设置

例如，将关闭显示器的时间设为“从不”，可以通过“系统”→“电源和睡眠”→“其他电源设置”找到“选择关闭显示器的时间”，选择“从不”，如图 4.17 所示。

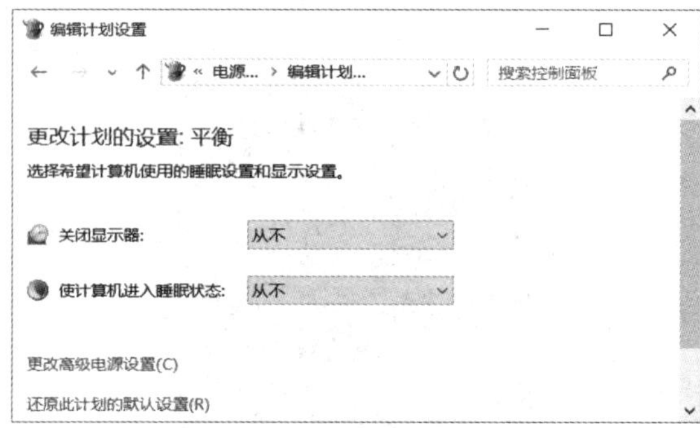

图 4.17　从不关闭显示器

4.2　Win+R 的快速调用

4.2.1　常用工具程序

1. Win + R 获取“运行”对话框

“运行”是快速调用的一个入口，使用快捷键“Win + R”可以获得“运行”对话框，然后通过输入程序名、资源地址可快速打开/访问相关资源，如图 4.18 所示。

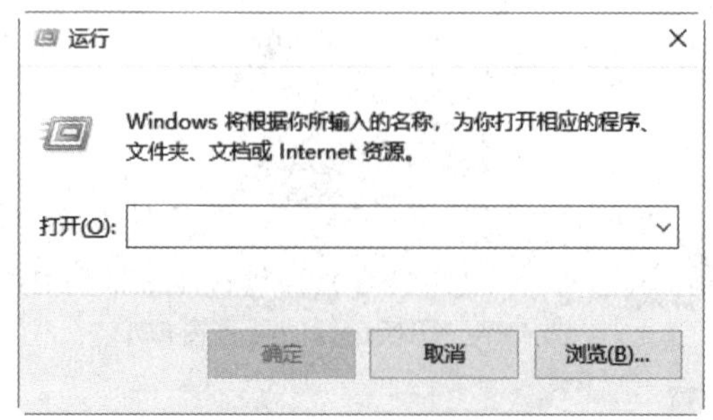

图 4.18　“运行”对话框

2. 记事本/画图/计算器

通过“运行”窗口可以快速调用工具 notepad(记事本)、mspaint(画图)和 calc(计算器)，如图 4.19～图 4.21 所示。

图 4.19　记事本

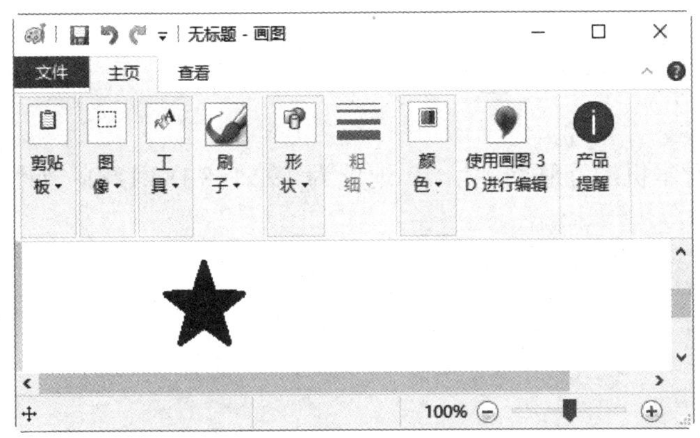

图 4.20　画图

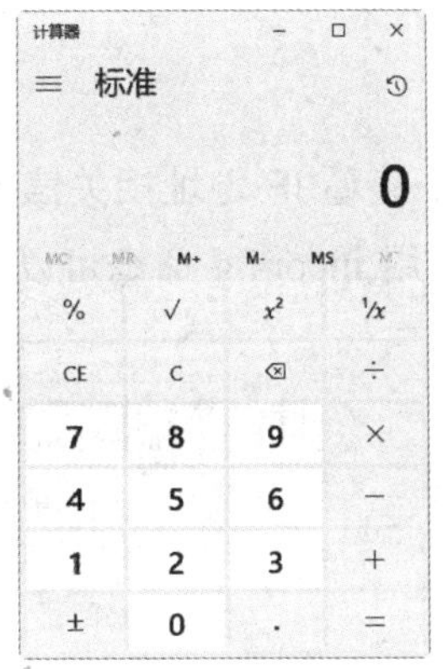

图 4.21　计算器

4.2.2　命令行应用

1. cmd 命令行窗口

通过“运行”快速调用 cmd 命令行窗口。对于网络诊断及进行一些高级设置操作的情况下，使用命令行是最有效的途径，如图 4.22 和图 4.23 所示。

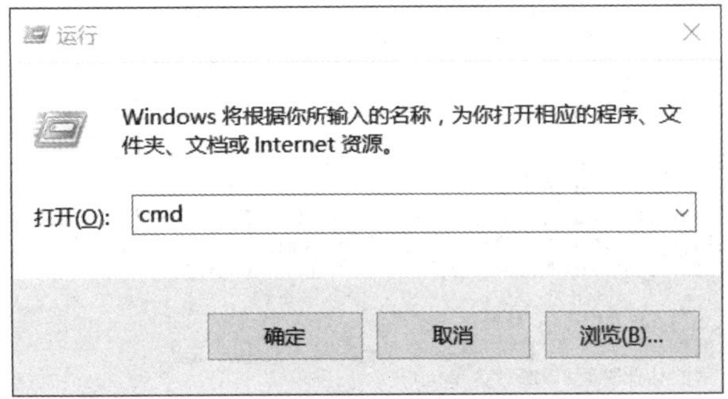

图 4.22　cmd 命令行窗口(1)

```
C:\Windows\system32\cmd.exe
Microsoft Windows [版本 10.0.10240]
(c) 2015 Microsoft Corporation. All rights reserved.

C:\Users\ntd>
```

图 4.23　cmd 命令行窗口(2)

2. 查看主机名

使用 hostname 命令可以查看当前计算机系统的主机名，如图 4.24 所示。

```
C:\Windows\system32\cmd.exe

C:\Users\ntd> hostname
DESKTOP-JT1MJV6

C:\Users\ntd>
```

图 4.24　查看主机名

3. 查看 IP 地址相关信息

使用 ipconfig 命令可以查看本机的互联网地址(IP 地址为 192.168.184.128)，如图 4.25 所示。

```
C:\Windows\system32\cmd.exe
C:\Users\ntd>ipconfig

Windows IP 配置


以太网适配器 Ethernet0:

   连接特定的 DNS 后缀 . . . . . . . : localdomain
   本地链接 IPv6 地址. . . . . . . . : fe80::55f9:155a:f58c:dd6d%4
   IPv4 地址 . . . . . . . . . . . . : 192.168.184.128
   子网掩码 . . . . . . . . . . . . : 255.255.255.0
   默认网关. . . . . . . . . . . . . : 192.168.184.2
```

图 4.25　查看 IP 地址

4. 测试网络的连通性

测试网络的连通性使用 ping 命令先向目标主机“投石问路”，再根据反馈结果判断网络的连通性，如图 4.26 所示，若能成功收到目标 IP 地址的 32 字节回复，则表示网络是连通的。

```
C:\Windows\system32\cmd.exe
C:\Users\ntd> ping  www.baidu.com

正在 Ping www.a.shifen.com [119.75.213.50] 具有 32 字节的数据:
来自 119.75.213.50 的回复: 字节=32 时间=42ms TTL=128
来自 119.75.213.50 的回复: 字节=32 时间=29ms TTL=128
来自 119.75.213.50 的回复: 字节=32 时间=40ms TTL=128
来自 119.75.213.50 的回复: 字节=32 时间=67ms TTL=128

119.75.213.50 的 Ping 统计信息:
    数据包: 已发送 = 4，已接收 = 4，丢失 = 0 (0% 丢失)，
往返行程的估计时间(以毫秒为单位):
    最短 = 29ms，最长 = 67ms，平均 = 44ms
```

图 4.26　测试网络连通性

4.2.3　优化启动任务

为了提升 Windows 系统的运行速度，可以对系统进行一些优化。市面上有一些专门的使用方便的优化工具。我们这里通过 Windows 系统自带的任务管理器减少启动任务，禁止一些无须自动运行的任务。具体配置步骤如下所述。

(1) 按快捷键“Win+R”运行“taskmgr”，打开任务管理器，如图 4.27 所示，然后单击“详细信息”切换到详细视图，如图 4.28 所示。

图 4.27　打开任务管理器(1)　　　　图 4.28　打开任务管理器(2)

(2) 在任务管理器的详细信息页切换到“启动”选项卡，如图 4.29 所示。

图 4.29　“启动”选项卡

(3) 根据需要将不希望开机启动的任务禁用，如图 4.30 所示。

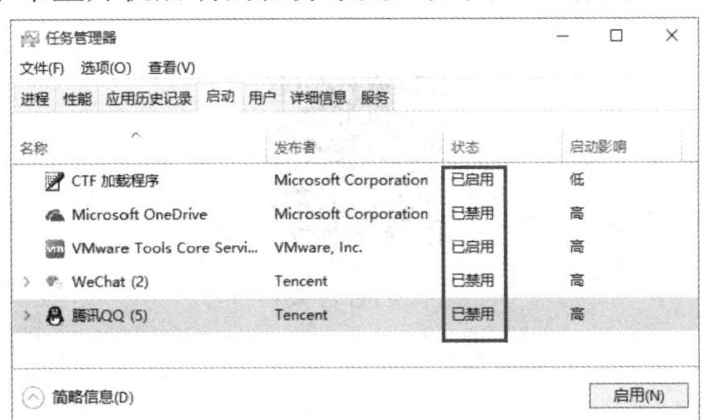

图 4.30　禁用开机启动

(4) 重启系统，观察原来的开机任务(如 QQ、微信等)是否还会自动运行。

本 章 总 结

(1) 选择一个文档只要用鼠标单击即可，选择多个文档可以用鼠标框选，另外可以配合快捷键进行操作。

(2) 平时我们在删除选中的文档对象时，并没有彻底删除，而是暂存到“回收站”，是可以进行恢复的。如果要直接彻底删除，可以按快捷键“Shift + Delete”进行操作。

(3) 通过“运行”快速调用 cmd 命令行窗口，对于网络诊断及进行一些高级设置的操作，使用命令行是最有效的途径。

(4) ping 命令首先向目标主机“投石问路”，然后根据反馈结果来判断网络的连通性。

习　　题

1. 在 Windows 系统中，如果需要选定多个非连续排列的文件，应(　　)。

A. 按 Ctrl + 单击要选定的文件对象　　B. 按 Alt + 单击要选定的文件对象

C. 按 Shift + 单击要选定的文件对象　　D. 按 Ctrl + 双击要选定的文件对象

2. 将 Windows 10 的窗口和对话框作一比较，窗口可以移动和改变大小，而对话框(　　)。

A. 既不能移动，也不能改变大小　　B. 仅可以移动，不能改变大小

C. 仅可以改变大小，不能移动　　D. 既可移动，也能改变大小

3. Windows 10 中选定连续的多个文件，应按住(　　)。

A. Shift　　B. Alt　　C. Ctrl　　D. Ctrl + Shift

4. 将回收站中的文件还原时，被还原的文件将回到(　　)。

A. 桌面上　　B. 我的文档中

C. 内存中　　D. 被删除的位置

5. 在 Windows 10 主机上执行(　　)命令可查看计算机的 IP 地址。

A. ipconfig　　B. hostname　　C. config　　D. ipconfig/renew

扫码看答案

第 5 章　Windows Server 2016 与 Windows 的远程控制

本章目标

- 了解 Windows Server 2016 的各版本；
- 掌握 Windows Server 2016 安装部署过程；
- 掌握网络参数的相关配置和连通性测试；
- 掌握远程访问控制 Windows Server 2016。

问题导向

- Windows Server 2016 有哪几个版本？
- 对管理员密码有什么要求？
- 打开“远程桌面连接”窗口需要运行什么命令？

5.1　Windows Server 2016

5.1.1　Windows Server 2016 介绍

Windows Server 2016 可以帮助 IT 人员搭建功能强大的网站、应用程序服务器以及虚拟化的云环境，适于大、中、小型企业网络。

Windows Server 2016 有以下三个版本：

(1) Datacenter Edition：适用于高度虚拟化和软件定义数据中心的环境。

(2) Standard Edition：适用于低密度或非虚拟化的环境。

(3) Essentials Edition：适用于最多 25 个用户、最多 50 台设备的小型企业。

5.1.2　安装 Windows Server 2016

Windows Server 2016 对硬件的最低要求如表 5-1 所示。

表 5-1　Windows Server 2016 对硬件的最低要求

硬件	最低配置
处理器	1.4 GHz，64 位处理器
内存	带桌面体验，2 GB
硬盘	32 GB

接下来我们在 VMware Workstation 软件中创建一台新虚拟机，然后安装 Windows Server 2016。

微课视频 011

1. 新建 Windows Server 2016 虚拟机导

(1) 双击桌面上的“VMware Workstation Pro”图标，打开 VMware 虚拟机程序，如图 5.1 所示。

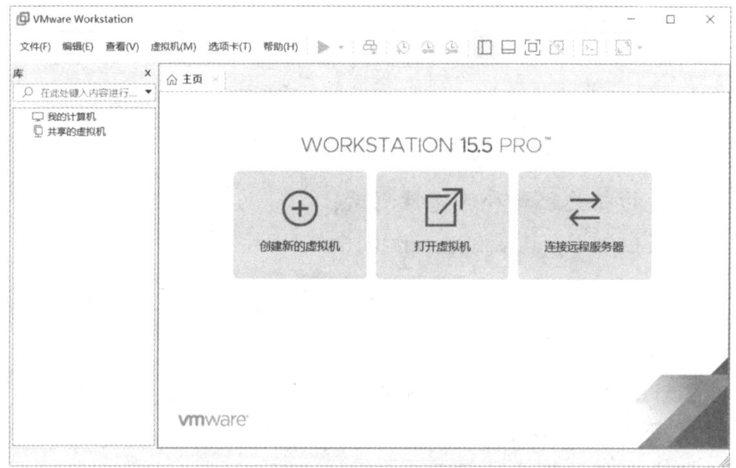

图 5.1　打开 VMware 虚拟机程序

(2) 新建一台虚拟机。

① 单击“创建新的虚拟机”，打开“新建虚拟机向导”对话框，选中“经典(推荐)”，单击“下一步”，如图 5.2 所示。

图 5.2　“新建虚拟机向导”对话框

② 在“安装客户机操作系统”界面，单击“稍后安装操作系统”，如图 5.3 所示。

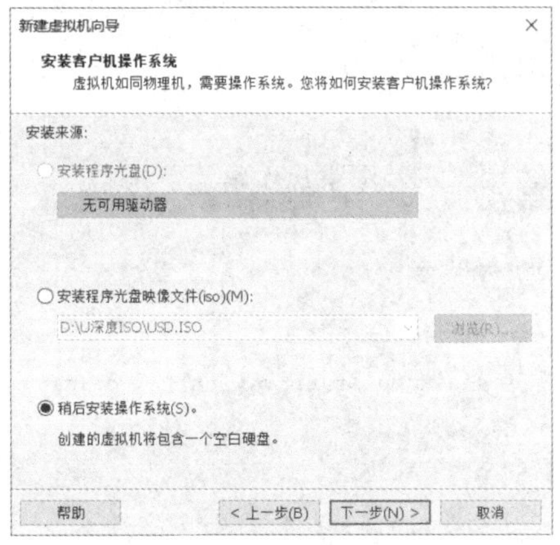

图 5.3　选择“稍后安装操作系统”

③ 在“选择客户机操作系统”界面的“版本”下拉菜单中选择“Windows Server 2016”，如图 5.4 所示。

图 5.4　选择操作系统

④ 在“命名虚拟机”界面的“位置”项选择非 C 盘的位置，虚拟机名称按默认即可，如图 5.5 所示。

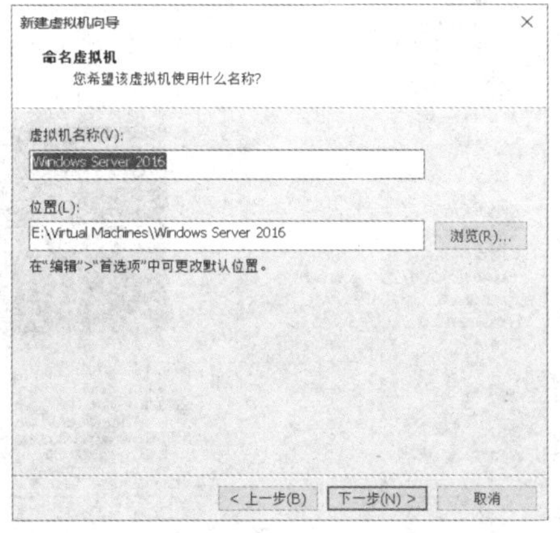

图 5.5　命名虚拟机

⑤ 在“指定磁盘容量”界面，设置磁盘大小为“500”GB，选中“将虚拟磁盘存储为单个文件”，如图 5.6 所示。

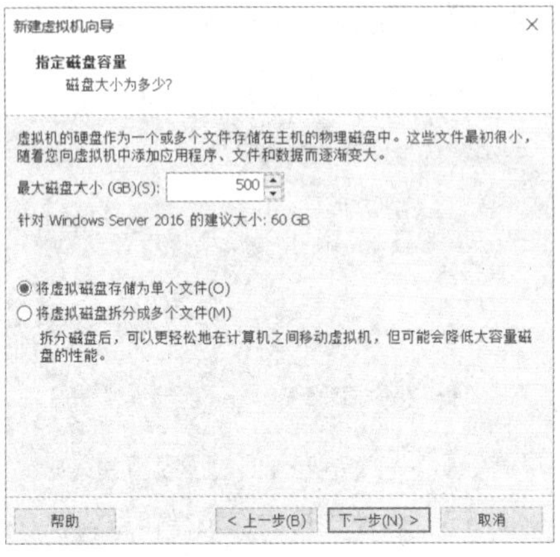

图 5.6　指定磁盘容量

⑥ 在“已准备好创建虚拟机”界面，单击“完成”，如图 5.7 所示。

图 5.7　完成创建虚拟机

最终，Windows Server 2016 虚拟机新建完毕，如图 5.8 所示。

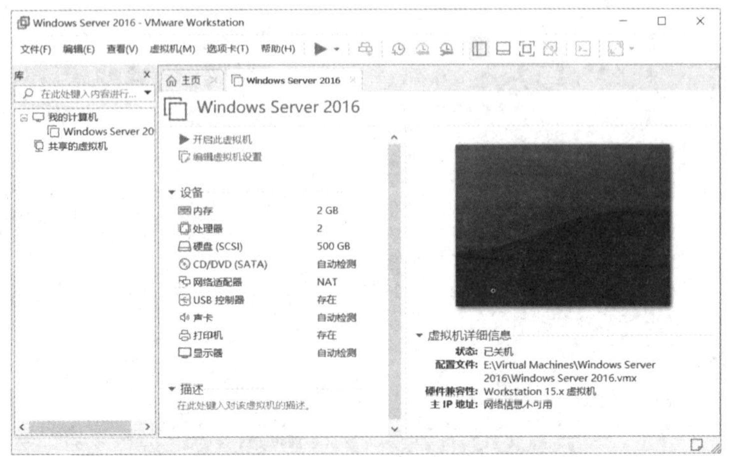

图 5.8　Windows Server 虚拟机新建完毕

(3) 调整虚拟机设置。

依次单击菜单栏中的“虚拟机”→“设置”，在“虚拟机设置”界面，修改并确认内存为 2 GB，硬盘为 500 GB，网络适配器为 NAT，如图 5.9 所示。

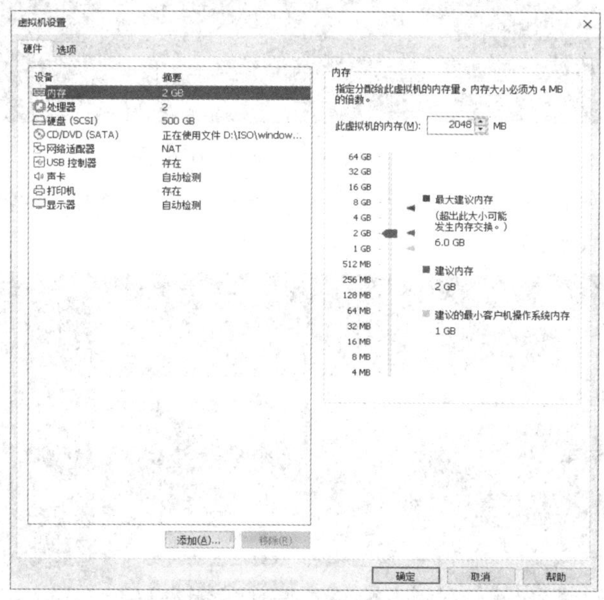

图 5.9　调整虚拟机设置

2. 安装 Windows Server 2016

(1) 在“虚拟机设置”界面，单击“CD/DVD”，在右侧选中“使用 ISO 映像文件”，浏览查找到 Windows Server 2016 光盘 ISO 文件，如 windows_server_2016_vl_x64_dvd_11636695.iso，如图 5.10 所示。

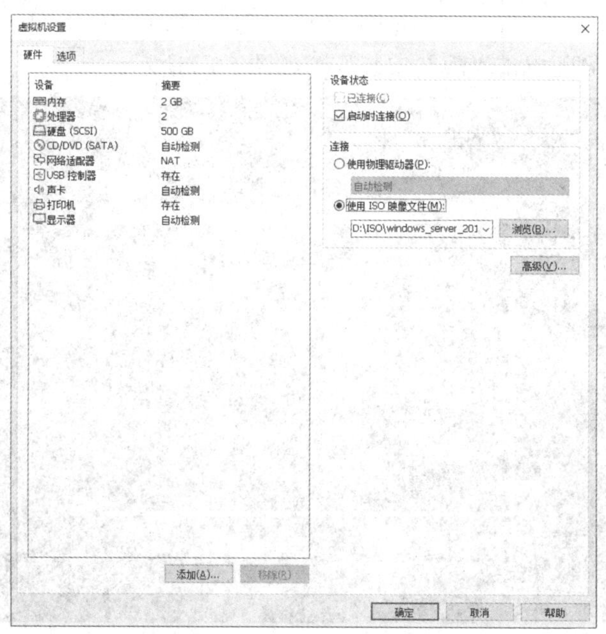

图 5.10　使用 ISO 映像文件

(2) 启动 Windows Server 2016 虚拟机，迅速单击鼠标进入虚拟机，如果屏幕上方出现“Press any key to boot from CD or DVD..”，如图 5.11 所示，迅速按回车键。

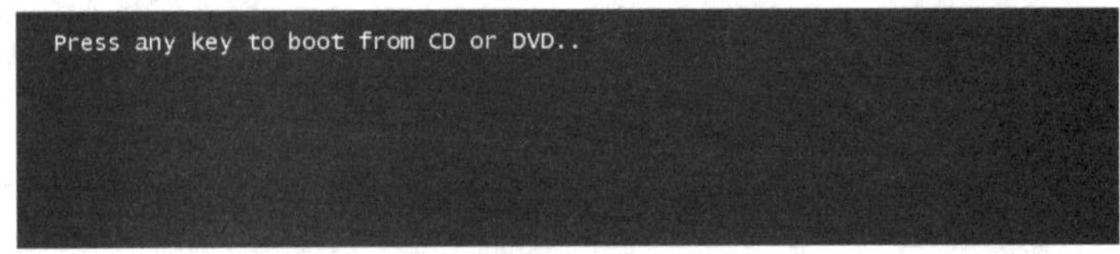

图 5.11　启动 Windows Server 2016 虚拟机

(3) 出现 Windows Server 2016 安装向导后，在语言和其他首选项界面按默认设置，直接单击“下一步”，如图 5.12 所示。

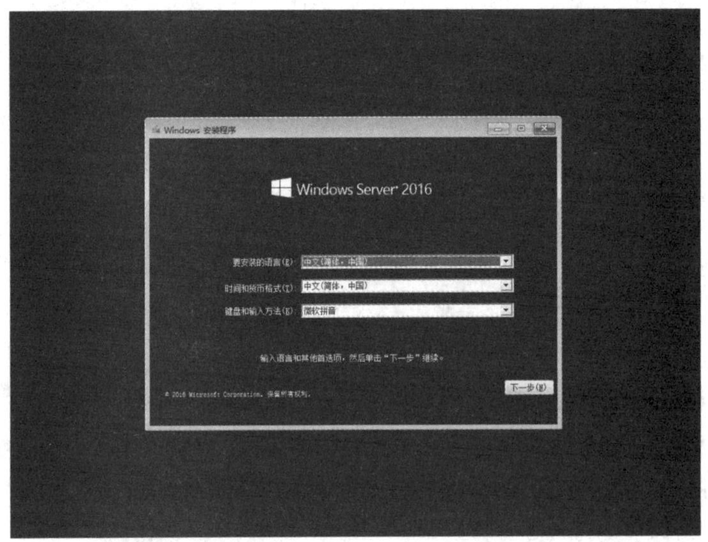

图 5.12　Windows Server 2016 安装向导(1)

(4) 在接下来的界面单击“现在安装”，如图 5.13 所示。

图 5.13　Windows Server 2016 安装向导(2)

(5) 在“选择要安装的操作系统”界面选择“Windows Server 2016 Datacenter(桌面体验)”，单击“下一步”，如图 5.14 所示。

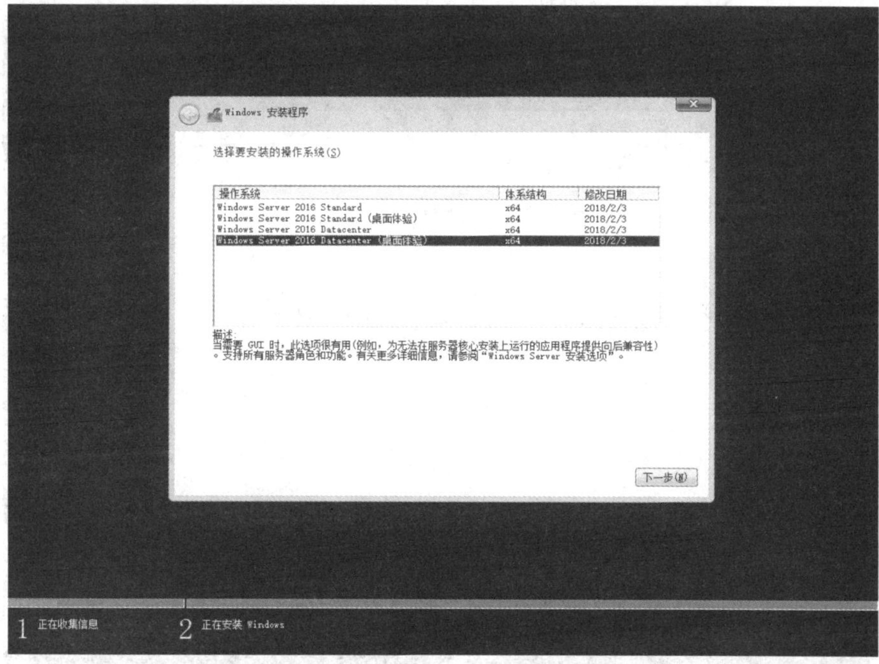

图 5.14　Windows Server 2016 安装向导(3)

(6) 在“适用的声明和许可条款”界面勾选“我接受许可条款”，如图 5.15 所示。

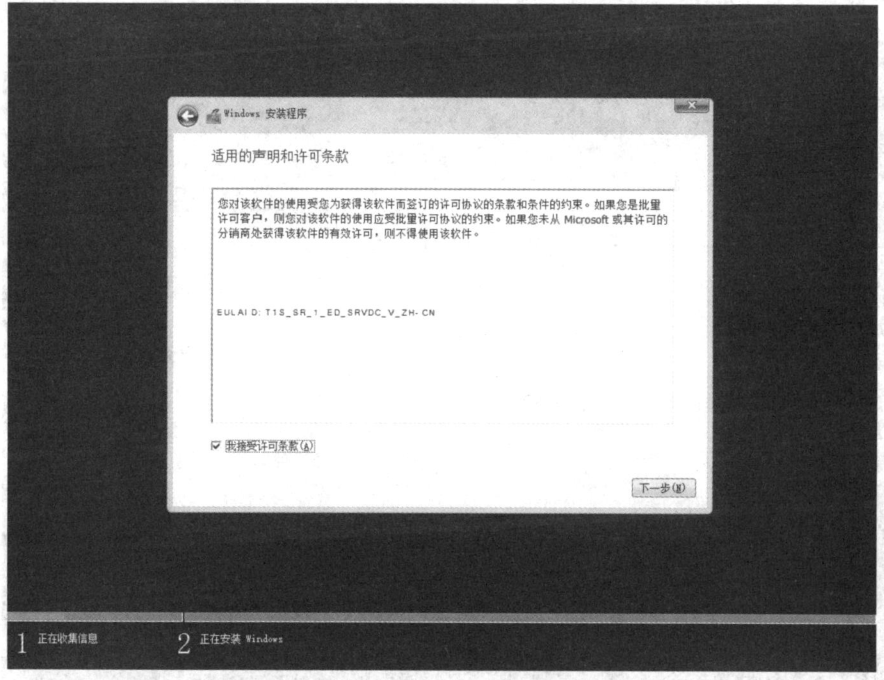

图 5.15　Windows Server 2016 安装向导(4)

(7) 在“你想执行哪种类型的安装”界面单击“自定义：仅安装 Windows(高级)”，如图 5.16 所示。

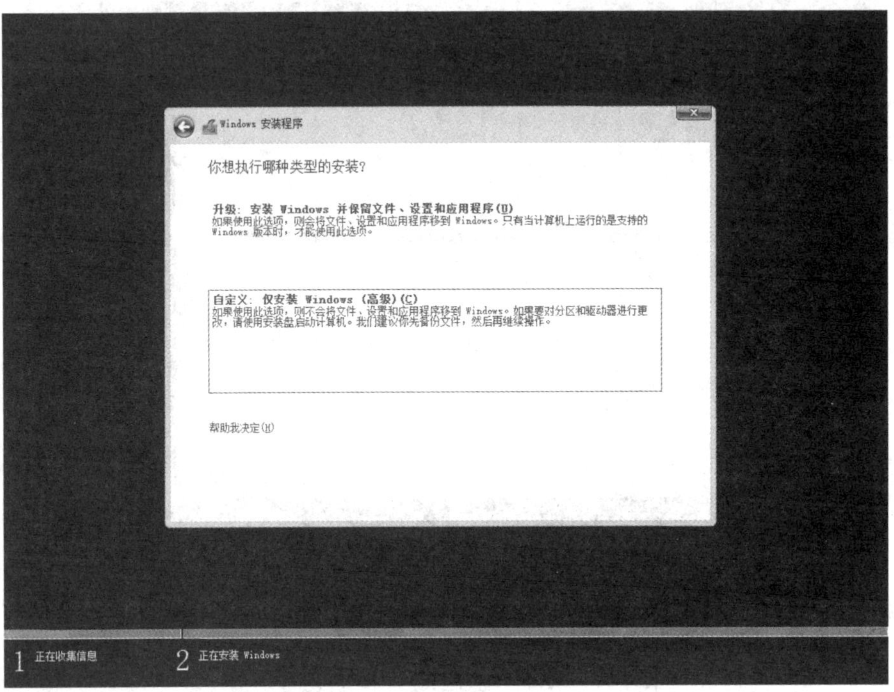

图 5.16　Windows Server 2016 安装向导(5)

在“你想将 Windows 安装在哪里？”界面直接单击“下一步”安装，如图 5.17 所示。

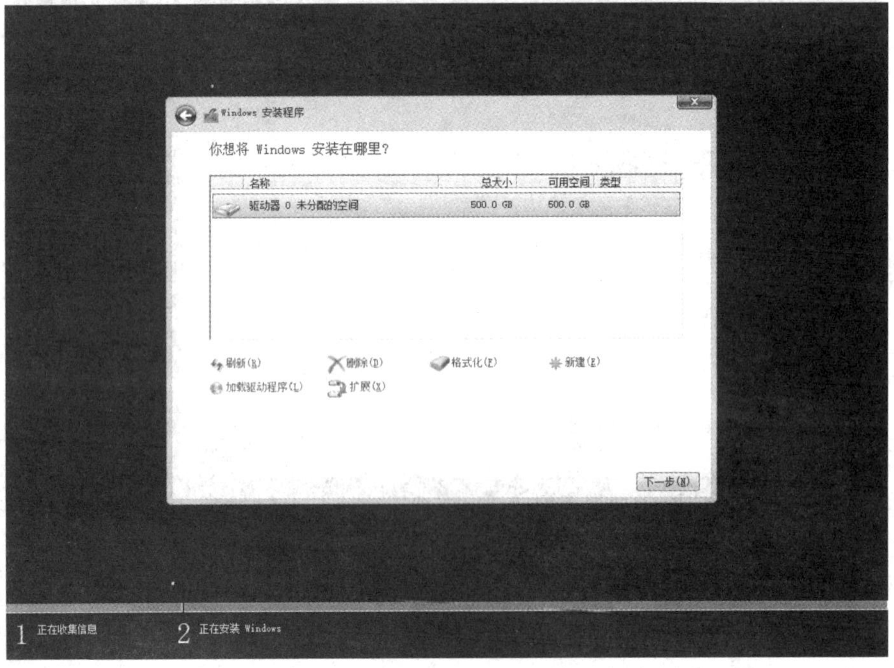

图 5.17　Windows Server 2016 安装向导(6)

(8) 进入“正在安装 Windows”界面后，大概需要 10 分钟，如图 5.18 所示。

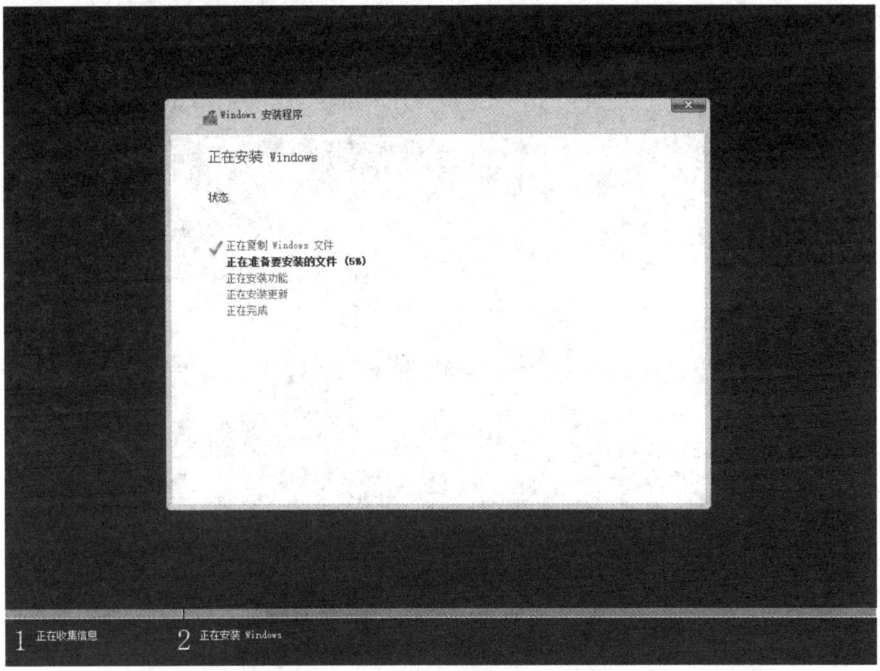

图 5.18　Windows Server 2016 安装向导(7)

(9) 在“输入管理员密码”界面输入两遍密码“Tedu.cn123”，单击“完成”，如图 5.19 所示。这里需要注意的是用户的密码默认需至少 6 个字符，至少要包含 A～Z、a～z、0～9、非字母数字(如!、$、#、%)等 4 组字符中的任意 3 组。

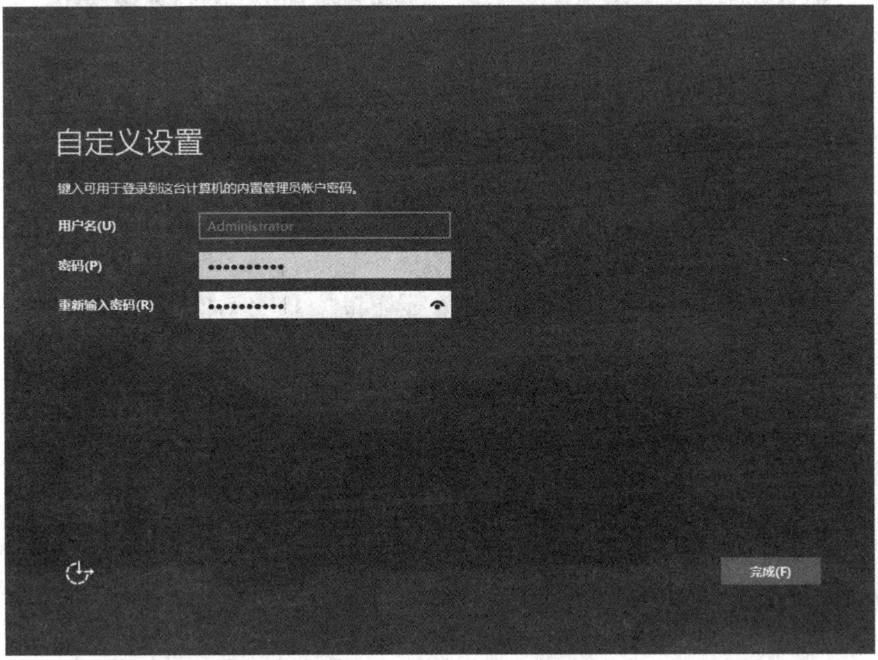

图 5.19　Windows Server 2016 安装向导(8)

(10) 按快捷键“Ctrl + Alt + Insert”解锁登录窗口，然后输入刚才设置的密码，如图 5.20 所示。

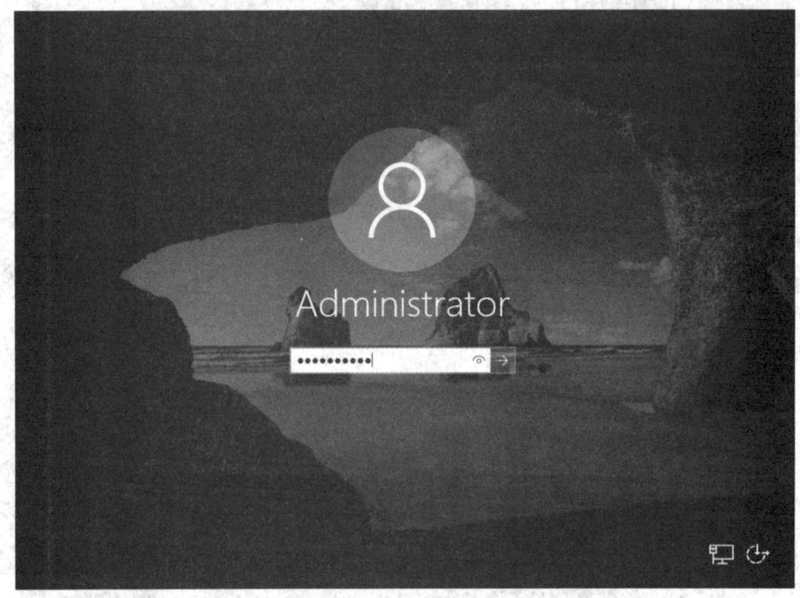

图 5.20　登录窗口

(11) 密码验证通过后，进入 Windows Server 2016 界面，说明安装成功，如图 5.21 所示。

图 5.21　进入 Windows Server 2016 界面

5.1.3　安装硬件设备驱动

Windows Server 2016 安装完成后，建议检查一下设备驱动的状态。在“设备管理器”中如果发现有“叹号”或“问号”的硬件，说明设备驱动需要更新。

1. 检查设备驱动状态

右击“开始”菜单，单击“计算机管理”界面，如图 5.22 所示。

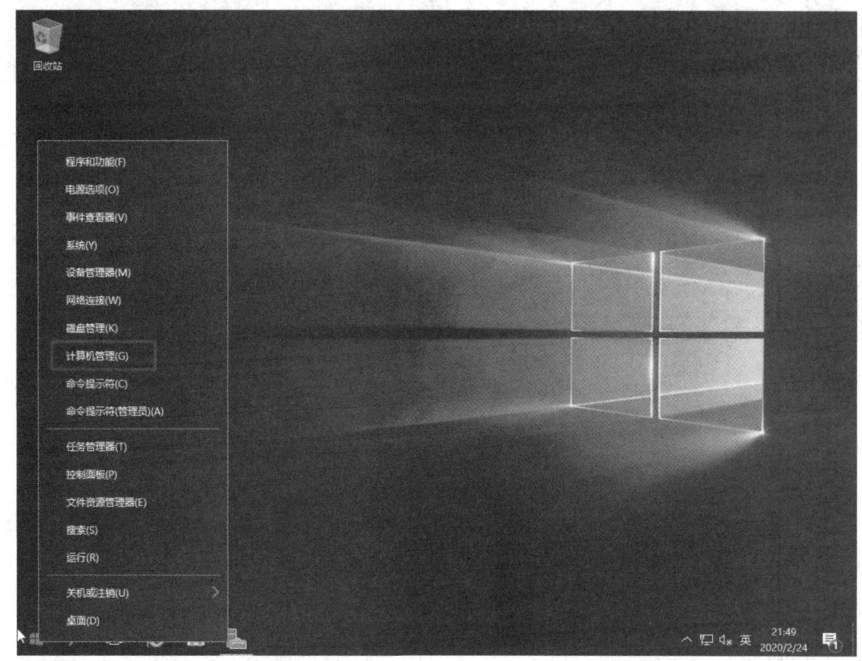

图 5.22　计算机管理

在“计算机管理”窗口，单击“设备管理器”→“显示适配器”，发现其为“Microsoft 基本显示适配器”，说明没有安装显卡驱动，如图 5.23 所示。

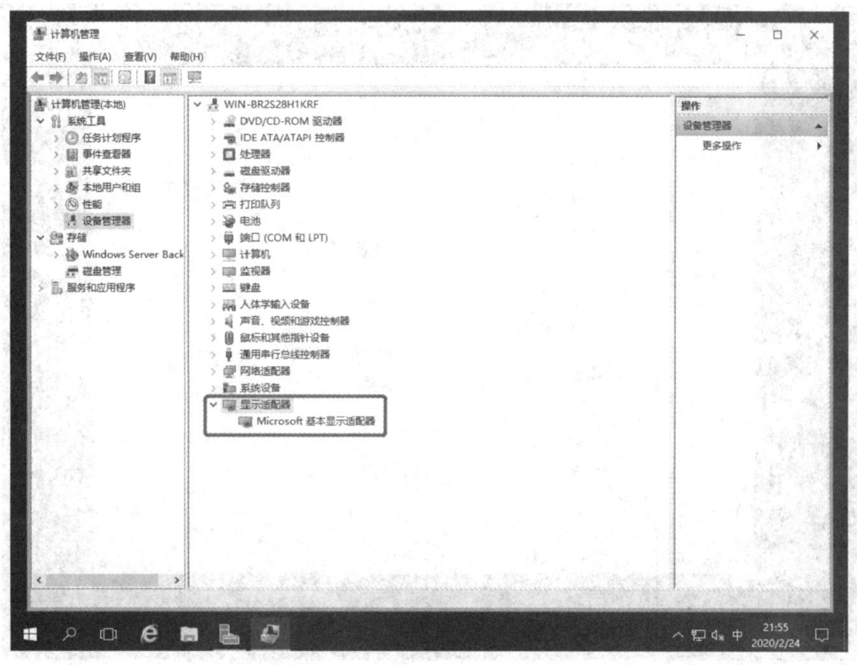

图 5.23　设备管理器

2. 安装驱动程序

安装驱动程序通常根据服务器品牌和型号到其官网下载设备驱动。我们实验用的是VMware 虚拟机，因此安装 VMware Tools 即可。

依次单击 VMware 菜单中的“虚拟机”→“安装 VMware Tools”，如图 5.24 所示。

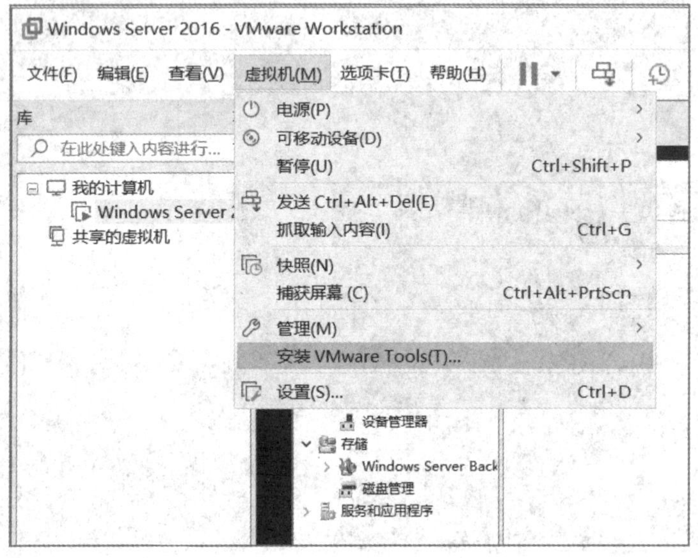

图 5.24　安装驱动程序(1)

依次打开 Windows Server 2016 中的“文件资源管理器”→“此电脑”，双击“DVD 驱动器(D:)VMware Tools”，如图 5.25 所示。

图 5.25　安装驱动程序(2)

出现“欢迎使用 VMware Tools 的安装向导”界面，连续按默认单击“下一步”安装即可，如图 5.26 所示。

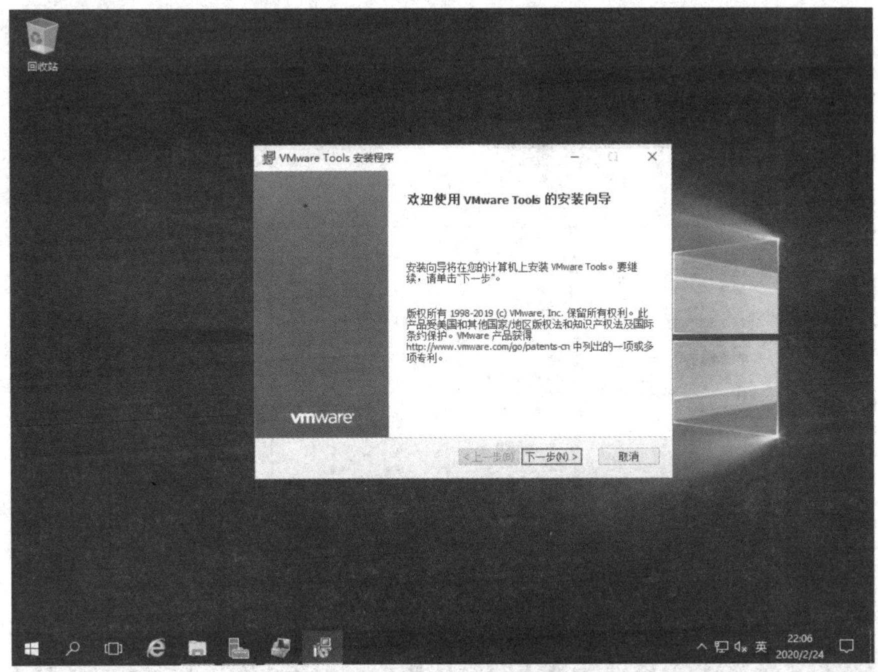

图 5.26　安装驱动程序(3)

在出现的“VMware Tools 的安装向导已完成”界面中单击“完成”，再重启计算机，如图 5.27 所示。

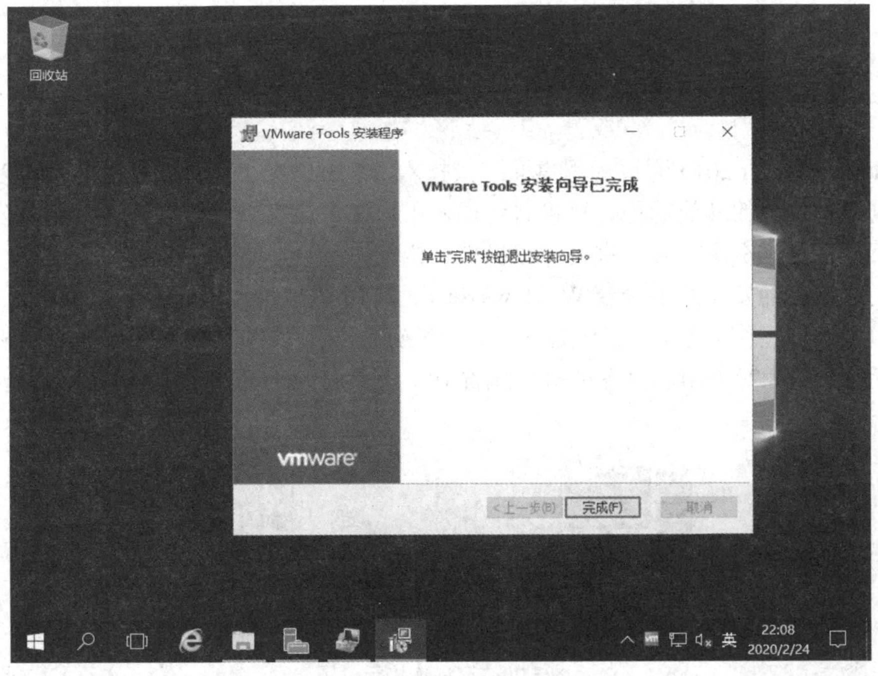

图 5.27　安装驱动程序(4)

3. 确认驱动安装成功

在“计算机管理”窗口，单击“设备管理器”→“显示适配器”，发现其为“VMware SVGA 3D”，说明显卡驱动安装成功，如图 5.28 所示。

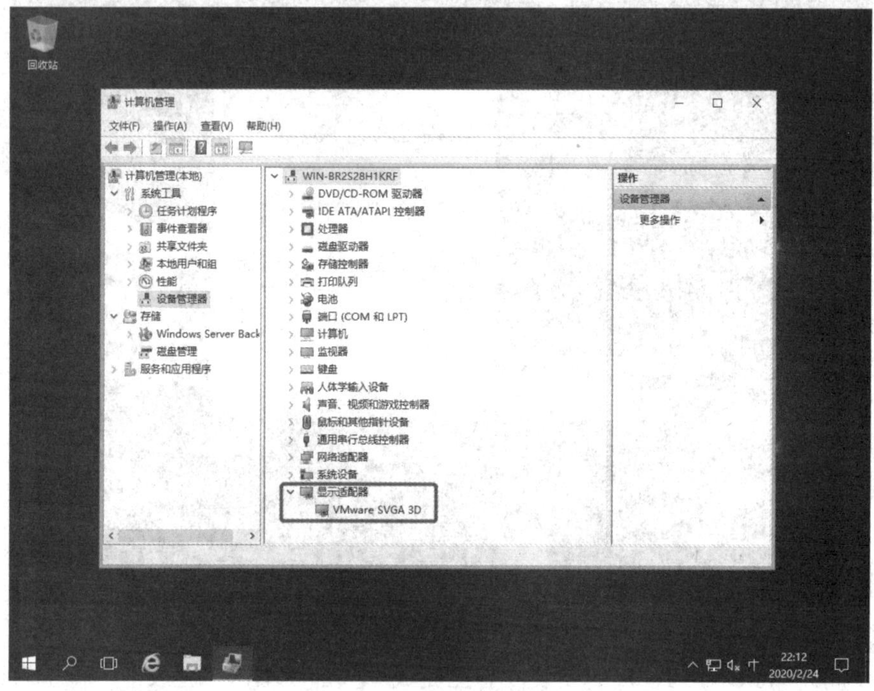

图 5.28　确认驱动安装成功

5.2　Windows 的远程控制

Windows Server 2016 通过远程桌面连接技术，使用户坐在一台计算机前就可以连接到位于不同地理位置的其他远程计算机。例如，用户在自己家里可以远程连接到办公室的计算机，就好像是坐在这台办公室的计算机前一样。

我们之前已经安装好了一台 Windows Server 2016 虚拟机，以这台虚拟机作为远程机，在宿主机上进行远程连接。它们通过 VMnet8(NAT)连接，如图 5.29 所示，“真实机”配置 IP 地址为 192.168.20.1/24，“虚拟机”配置 IP 地址为 192.168.20.10/24。

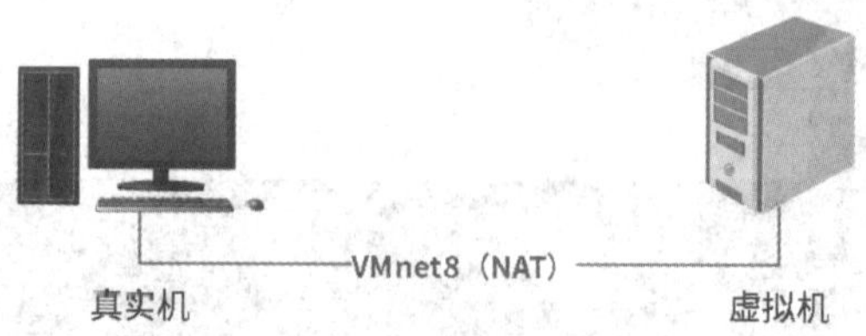

图 5.29　远程连接示意图

1. 配置网络参数并测试网络连通

在真实机运行“ncpa.cpl”时，将会打开“网络连接”窗口，在“网络连接”窗口双击“VMware Network Adapter VMnet8”，如图 5.30 和图 5.31 所示。

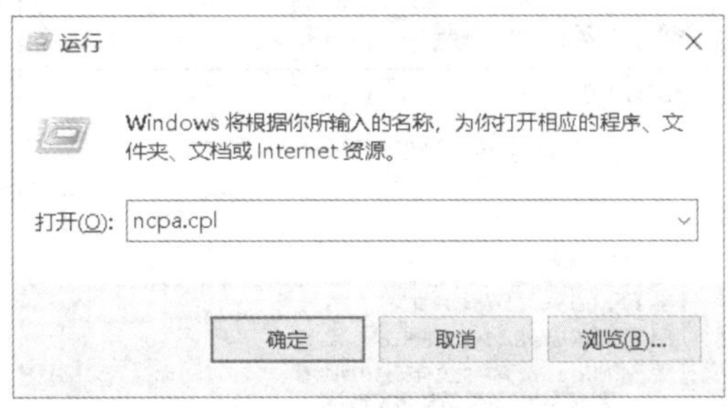

图 5.30　运行“ncpa.cpl”

图 5.31　配置 VMnet8(1)

在“VMware Network Adapter VMnet8 状态”对话框中单击“属性”，如图 5.32 所示。

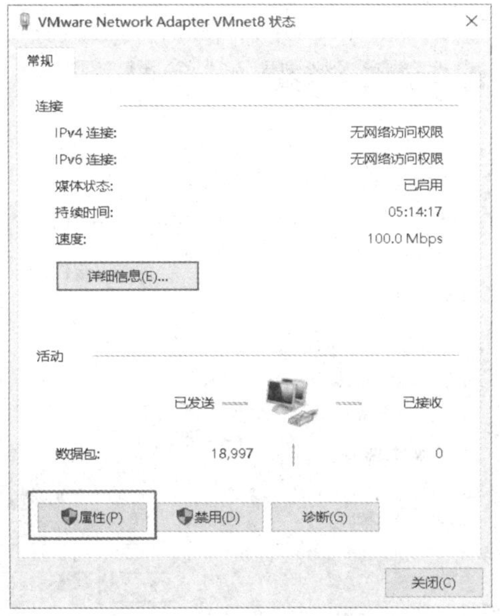

图 5.32　配置 VMnet8(2)

在“VMware Network Adapter VMnet8 属性”对话框中，选中“Internet 协议版本 4(TCP/IPV4)”，单击“属性”，如图 5.33 所示。

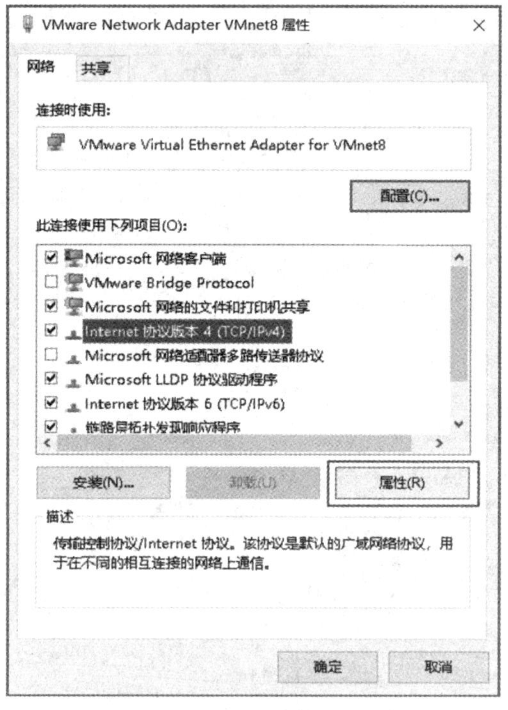

图 5.33　配置 VMnet8(3)

在“Internet 协议版本 4(TCP/IP)属性”对话框中，单击“使用下面的 IP 地址”，并配置 IP 地址为 192.168.20.1，子网掩码为 255.255.255.0，如图 5.34 所示。

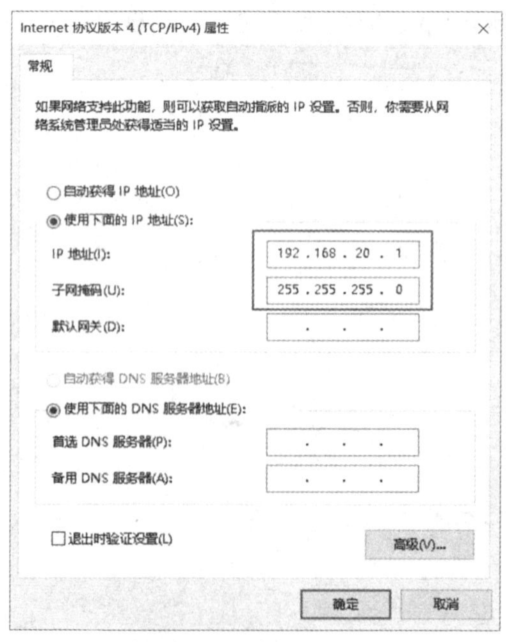

图 5.34　配置 VMnet8(4)

参照配置“真实机”网络参数的方法，配置“虚拟机”Windows Server 2016 网络参数，IP 地址为 192.168.20.10，子网掩码为 255.255.255.0，如图 5.35 所示。

图 5.35　配置“虚拟机”网络参数

在虚拟机 Windows Server 2016 运行“firewall.cpl”时，将打开“Windows 防火墙”窗口，如图 5.36 所示。

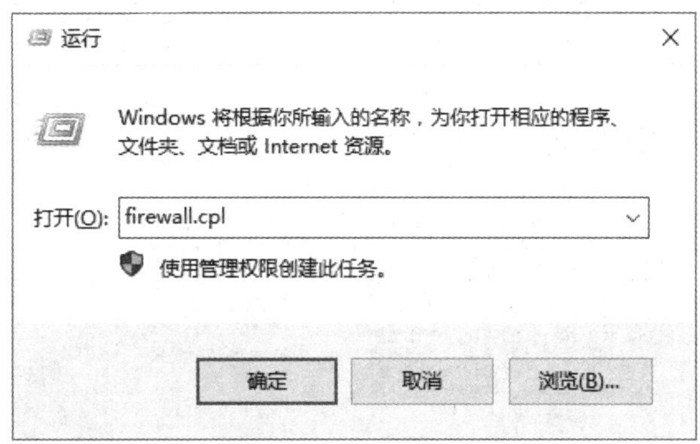

图 5.36　运行“firewall.cpl”

在“Windows 防火墙”窗口中单击“启用或关闭 Windows 防火墙”，如图 5.37 所示。

图 5.37　配置 Windows 防火墙(1)

在“自定义设置”对话框中，单击“关闭 Windows 防火墙”，如图 5.38 所示。

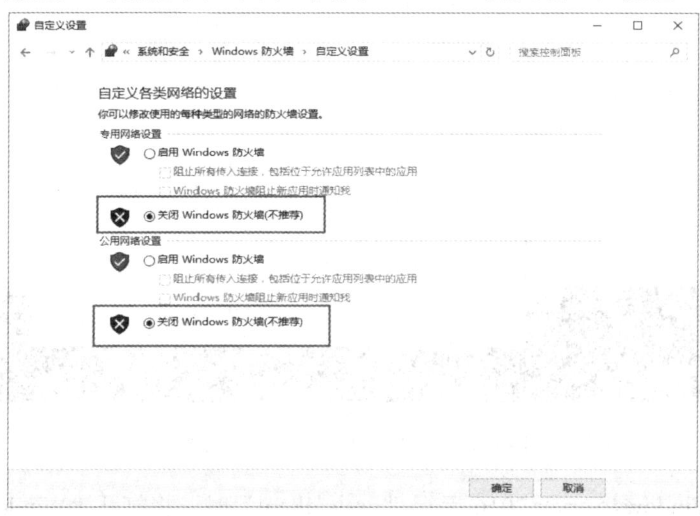

图 5.38　配置 Windows 防火墙(2)

在“真实机”ping 192.168.20.10 测试与 Windows Server 2016 的连通性，若正常则为连通状态，如图 5.39 所示。

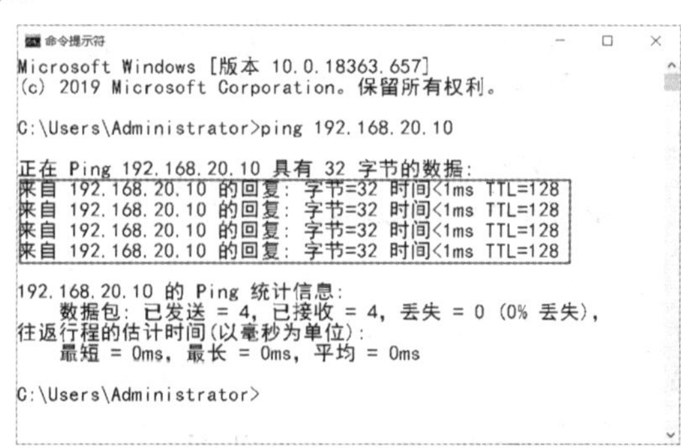

图 5.39　测试连通性

2. 在服务器上启用“远程桌面”功能

在 Windows Server 2016 服务器上，右击“开始”菜单，单击“系统”，将出现“系统”窗口，如图 5.40 所示。

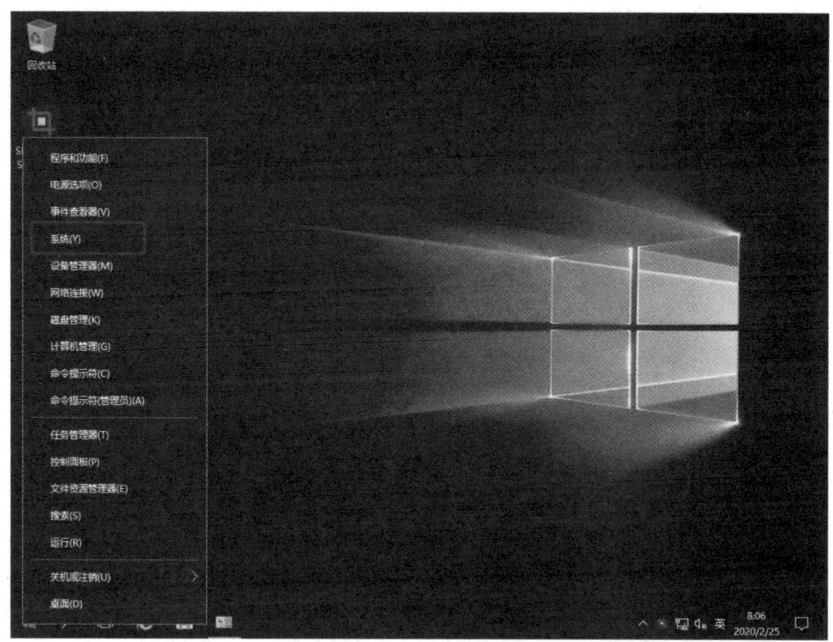

图 5.40　启用“远程桌面”(1)

在“系统”窗口中，单击“远程设置”，如图 5.41 所示。

图 5.41　启用“远程桌面”(2)

在“系统属性”对话框中，选中“允许远程连接到此计算机”，如图 5.42 所示。

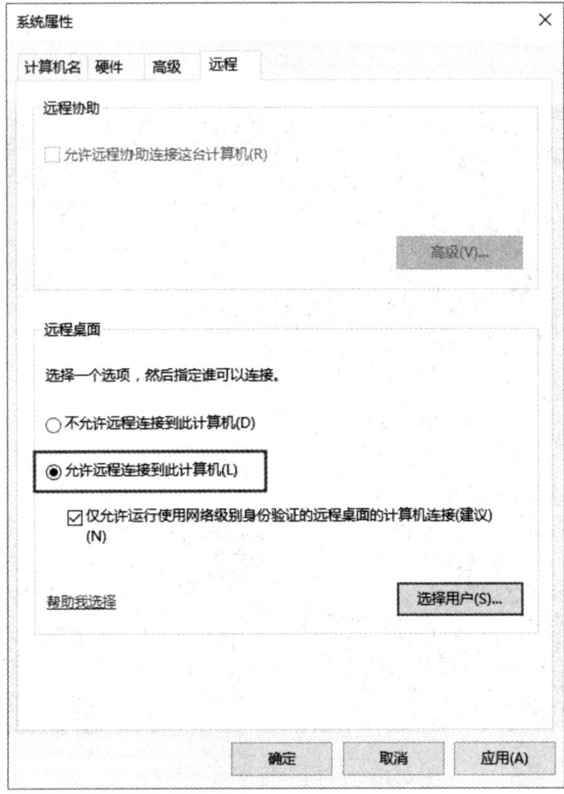

图 5.42　启用“远程桌面”(3)

此时，默认管理员 Administrator 已经具有远程访问权限，单击“确定”可以查看确认，如图 5.43 所示。

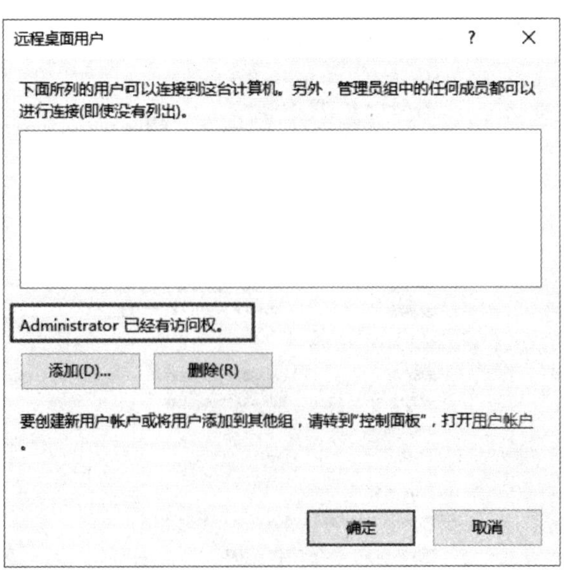

图 5.43　启用“远程桌面”(4)

3. 远程控制接入 Windows Server 2016

在“真实机”运行“mstsc”时，即将打开“远程桌面连接”程序，如图 5.44 所示。

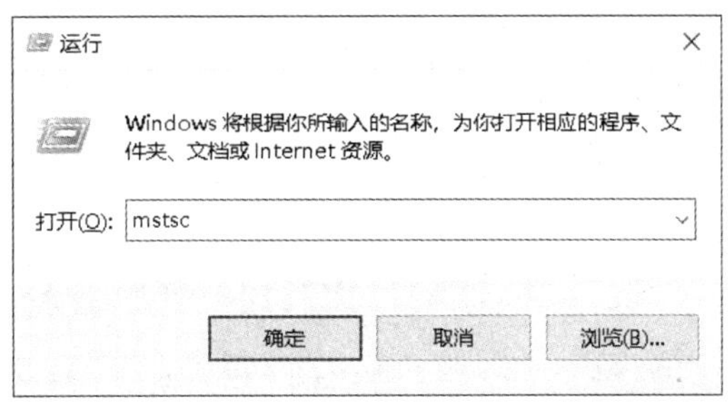

图 5.44　运行“mstsc”

在“远程桌面连接”窗口输入服务器 Windows Server 2016 的 IP 地址，如图 5.45 所示。

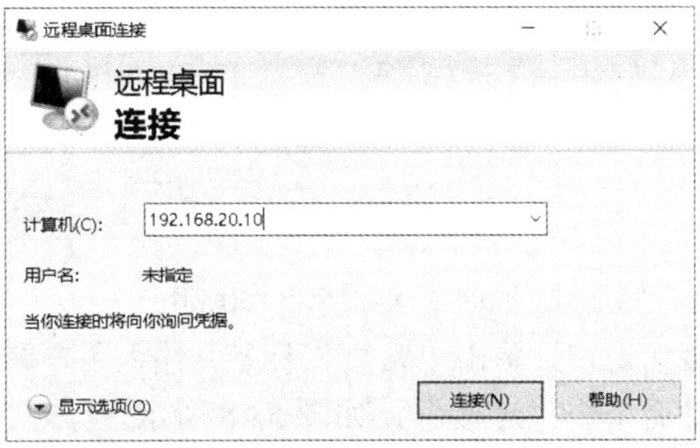

图 5.45　远程桌面连接(1)

单击图 5.45 左下角“显示选项”，打开“本地资源”标签，勾选“本地设备和资源”区域中的“剪贴板”，使得本机和远程电脑之间可以进行“复制”和“粘贴”功能，如图 5.46 所示。

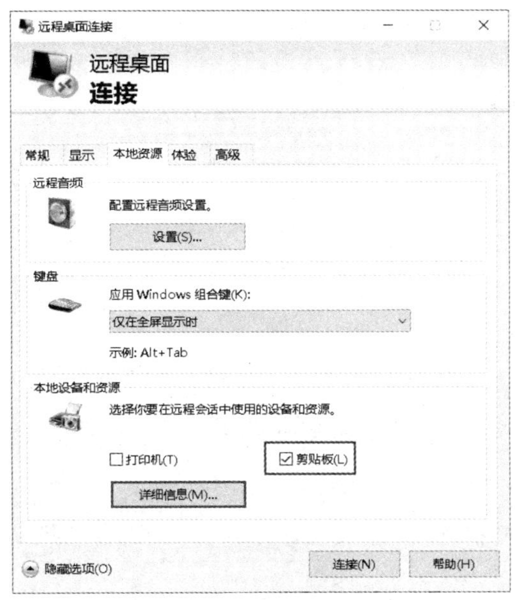

图 5.46　远程桌面连接(2)

单击“剪贴板”下方的“详细信息”，在“本地设备和资源”对话框中勾选“驱动器”，使得在远程电脑上可以打开本地电脑中的驱动器盘，如图 5.47 所示。

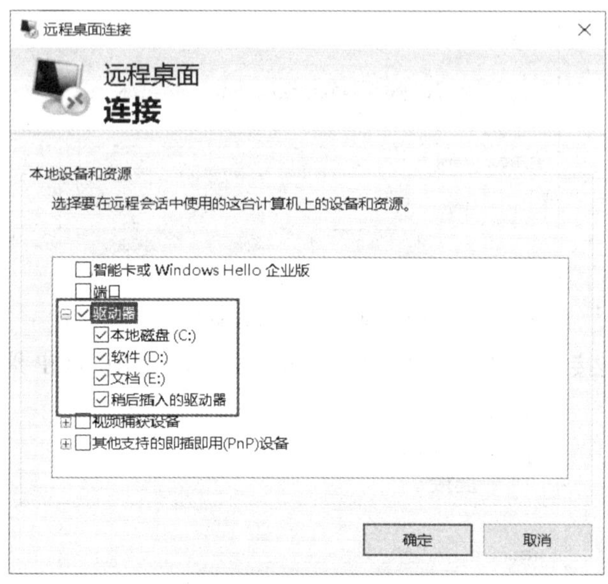

图 5.47　远程桌面连接(3)

返回“远程桌面连接”窗口，单击“常规”标签，输入用户名“administrator”，勾选“允许我保存凭据”，最后单击“连接”，如图 5.48 所示。

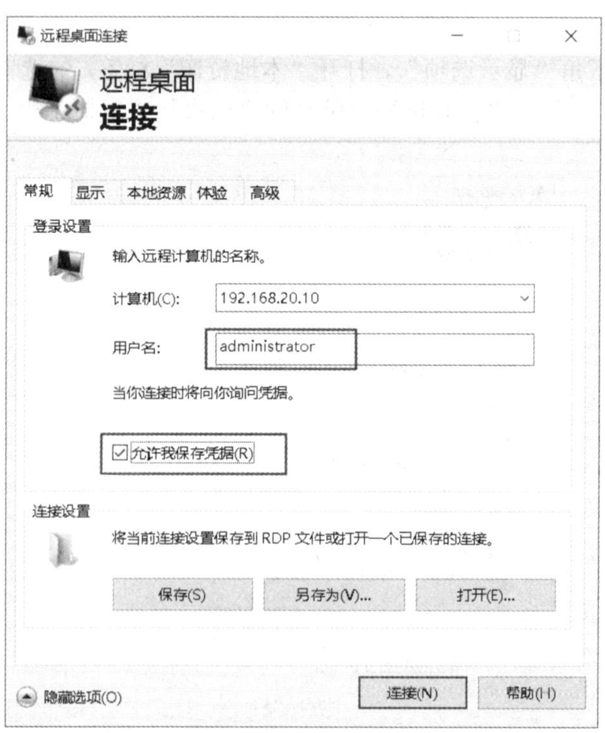

图 5.48　远程桌面连接(4)

在“Windows 安全中心”对话框中输入 Administrator 的密码“Tedu.cn123”，单击“确定”，如图 5.49 所示。

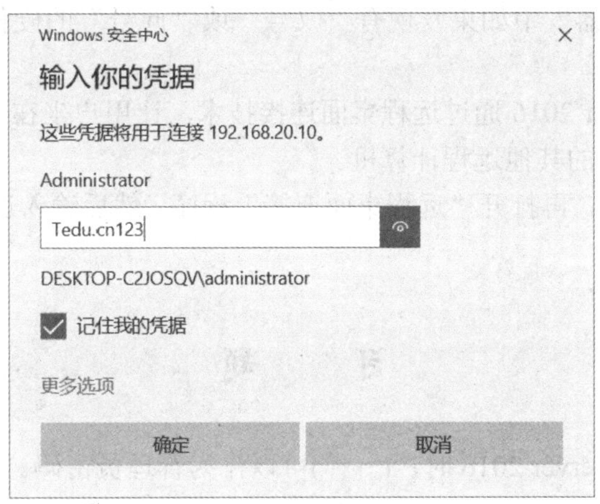

图 5.49　远程桌面连接(5)

最后，成功连接到 Windows Server 2016 窗口，如图 5.50 所示。

图 5.50　远程桌面连接(6)

然后就可以在真实机复制文件并粘贴到远程桌面了。

本 章 总 结

(1) Windows Server 2016 分为三个版本：Datacenter Edition，适用于高度虚拟化和软件定义数据中心环境；Standard Edition，适用于低密度或非虚拟化的环境；Essentials Edition，适用于最多 25 个用户、最多 50 台设备的小型企业。

(2) 用户的密码默认需至少 6 个字符，至少要包含 A～Z、a～z、0～9、非字母数字(例如!、$、＃、%)等 4 组字符中的任意 3 组。

(3) 在“设备管理器”中如果发现有“叹号”或“问号”的硬件，说明设备驱动需要更新。

(4) Windows Server 2016 通过远程桌面连接技术，让用户坐在一台计算机前就可以连接到位于不同地理位置的其他远程计算机。

(5) 运行“mstsc”，再打开“远程桌面连接”程序，然后输入远程主机的 IP 地址，就可以实现连接了。

习　　题

1. 安装 Windows Server 2016 时，(　　)可以作为管理员密码。

A. tedu123　　B. tedu.cn　　C. tedu.cn123　　D. Tedu.cn123

2. Windows Server 2016 安装完成后，建议检查一下设备驱动的状态。在“设备管理器”中如果发现有(　　)的硬件，说明设备驱动需要更新。

A. ！　　B. #　　C. ？　　D. %

3. 运行(　　)命令，将打开“远程桌面连接”程序。

A. ipconfig　　B. cmd　　C. mstsc　　D. msconfig

扫码看答案

第 6 章　Windows 的账户与权限管理

本章目标

- 学会管理 Windows 服务器的用户账户和组账户；
- 理解 NTFS 权限并能够灵活配置应用。

问题导向

- 在 Windows Server 2016 上如何添加一个管理员账户？
- 在 Windows Server 2016 中组账户的作用是什么？
- 如何使文件“禁止”从上层目录中继承权限？

6.1　管理用户和组

6.1.1　管理用户账户

微课视频 012

用户在使用计算机前必须登录该计算机，而登录时必须输入有效的用户账户与密码。

1. 内置的本地用户账户

Windows Server 2016 内置了以下两个可供使用的用户账户。

(1) Administrator(系统管理员)：拥有最高权限，用来管理计算机，如建立/更改/删除用户账户与组账户、设置安全策略、设置用户权限等。此账户无法删除。为了安全起见，建议对其改名。

(2) Guest(来宾)：供没有账户的用户临时使用，只有很少的权限。对于该账户，可以更改名称，但无法将其删除，此账户默认是被停用的。

2. 创建新用户

(1) 打开服务器管理器，找到用户管理界面。

右击“开始”菜单→“计算机管理”，打开“计算机管理”界面，展开“系统工具”→“本地用户和组”→“用户”，即可列出已有的用户账户，如图 6.1 所示。

图 6.1　列出已有的用户账户

(2) 新建用户 guojing、huangrong。

在图 6.1 中的用户列表的空白处右击，选择“新用户”，即可弹出“新用户”对话框。填写需要添加的用户名如“guojing”，密码“Taren1”，并取消勾选“用户下次登录时须更改密码”，如图 6.2 所示，然后单击“创建”即完成添加。

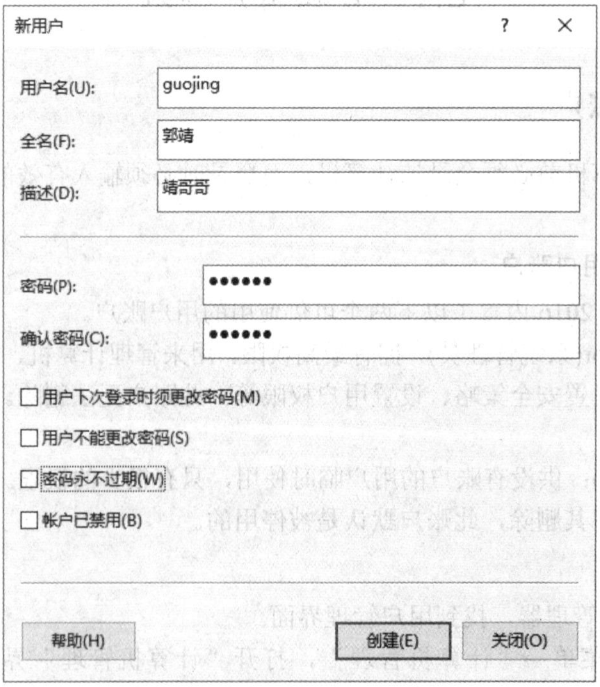

新用户
用户名(U): guojing
全名(F): 郭靖
描述(D): 靖哥哥
密码(P): ●●●●●●
确认密码(C): ●●●●●●
用户下次登录时须更改密码(M)
用户不能更改密码(S)
密码永不过期(W)
帐户已禁用(B)
帮助(H)　创建(E)　关闭(O)

图 6.2　新建用户(1)

完成添加后，可以继续填写另一个新用户“huangrong”的信息并创建，等关闭窗口后，在用户列表中可以看到刚刚增加的两个用户，如图 6.3 所示。

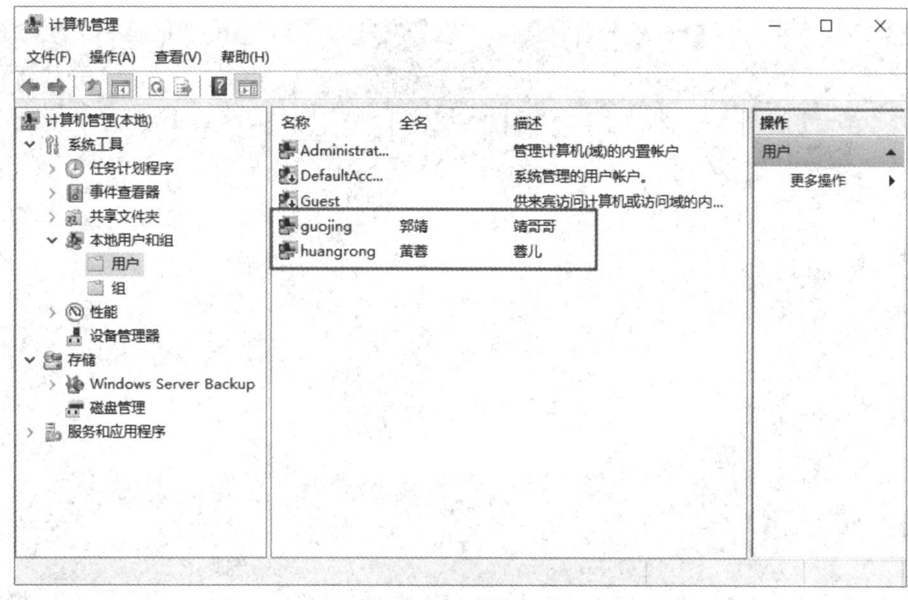

图 6.3　新建用户(2)

(3) 以新用户 guojing 登录进行测试。

在虚拟机中需要按“Ctrl + Alt + Insert”(相当于真实机的“Ctrl + Alt + Delete”)，选择“切换用户”，如图 6.4 所示。

图 6.4　切换用户登录(1)

在用户登录窗口中选择“郭靖”，然后根据提示输入正确的密码即可登录，如图 6.5 所示。

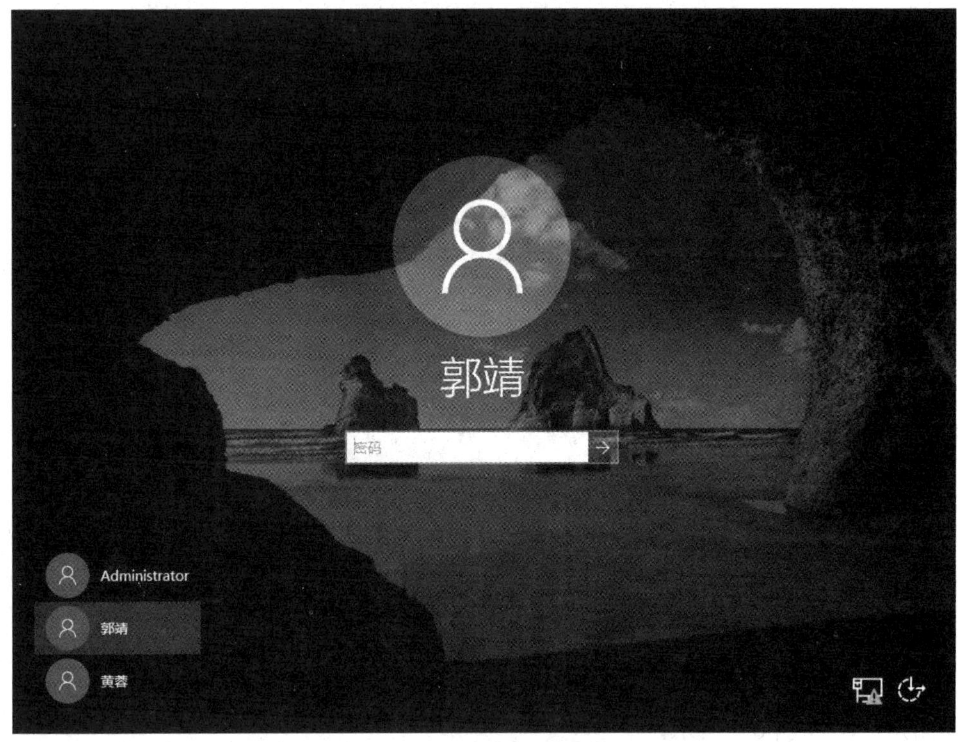

图 6.5　切换用户登录(2)

3. 修改用户密码

在用户账号列表中选中“huangrong”并右击，选择“设置密码”，弹出提示时选择“继续”，即可打开密码重置对话框，如图 6.6 所示，正确填写两次新密码“Tedu.cn123”后再单击“确定”。

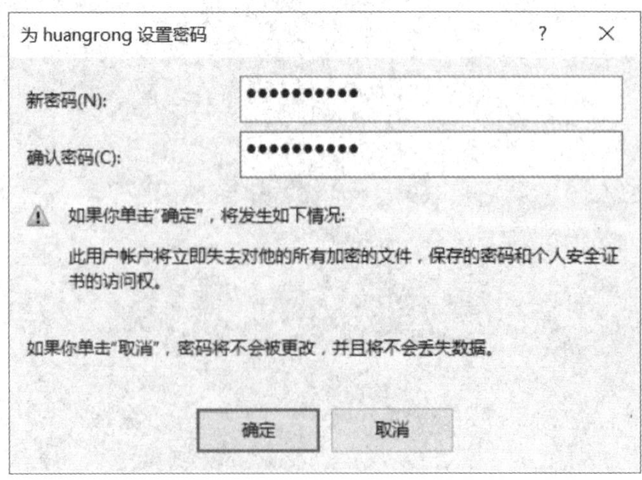

图 6.6　修改用户密码

4. 删除/重命名用户

在日常工作中，常用的用户管理操作还包括删除、重命名用户，如图 6.7 所示。

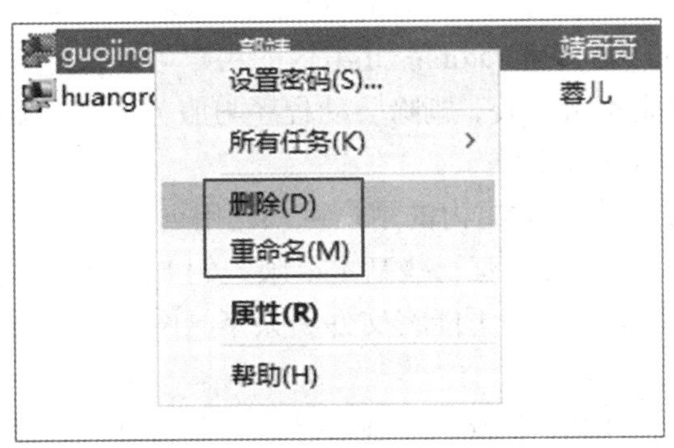

图 6.7　删除、重命名用户

(1) 重命名用户。

重命名用户适用于工作交接场合，由管理员将前任员工的账户改名。

(2) 删除用户。

删除用户适用于员工离职、账户废止等场合。例如，当某员工离职时，可以暂时先将其用户账户停用，等到新员工接替他的工作时，再将此账户改为新员工的名称并重新设置密码与相关的个人资料。

为什么不直接删除用户呢？系统会为每一个用户账户建立一个唯一的安全标识符(Security IDentifier，SID)，它是一串字母数字的组合，例如 S-1-5-21-3446105432-4244440023-1384158327-500，在系统内部是利用 SID 代表该用户的。用户账户相当于人的名字，而 SID 就相当于身份证号。可以运行命令 whoami/user 查看当前用户的 SID。例如：

```
C:\Users\Administrator>whoami /user
用户信息
----------------
用户名                SID
==========================================================
ntd\administrator S-1-5-21-4122409023-4250521345-3396241537-500
```

当账户被删除后，即使再新建一个名称相同的账户，因为系统会为这个新账户分配一个新 SID，它与原账户的 SID 不同，所以这个新账户不会拥有原账户的权限。

重命名账户由于 SID 不会改变，因此用户原来所拥有的权限不会受到影响。

6.1.2　管理组账户

管理组账户用来为多个用户批量授权，为一个组授予权限后，所有成员用户自动获得相应权限，用户加入一个组即可自动获得此组的权限。

1. 内置的本地组账户

系统内置了很多本地组，它们已经被赋予了一定的权限(rights)，只要用户账户被加入到本地组中，此用户就会具备该组所拥有的权限。

• Administrators：此组内的用户具备系统管理员的权限，他们拥有对计算机最大的控制权，可以执行整台计算机的管理工作。Administrator 就是隶属于此组，而且无法将它从此组内删除。

• Network Configuration Operators：此组内的用户可以执行常规的网络配置工作，例如可以更改 IP 地址，但是不可安装、删除驱动程序与服务，也不能执行与网络服务配置有关的工作，例如 DNS 服务器的设置。

• Remote Desktop Users：此组内的用户可以利用远程桌面服务进行登录。

• Users：此组内的用户只拥有一些基本权限，例如运行应用程序、使用本地与网络打印机、锁定计算机等，但是他们不能将文件夹共享给网络上其他的用户、不能将计算机关机等。

• Power Users：属于旧版 Windows 系统已经存在的组，目前即将淘汰，并没有像旧版系统一样被赋予较多的特殊权限，也就是它的权限并没有比普通用户多。

• Guests：此组内的用户无法永久改变桌面的工作环境，此组默认成员的用户账户为 Guest。

2. 创建组账户

(1) 打开服务器管理器，找到组户管理界面。

右击“开始”菜单→“计算机管理”，即可打开“计算机管理”工具，展开“系统工具”→“本地用户和组”→“组”，即可列出已有的组账号，如图 6.8 所示。

图 6.8　列出已有的组账号

(2) 新建组账号“taohuadao”“gaibang”。

在界面右侧的组账号列表的空白处右击鼠标，选择“新建组”，即可弹出“新建组”

对话框。填写需要添加的组名“taohuadao”，如图 6.9 所示，然后单击“创建”即完成添加。

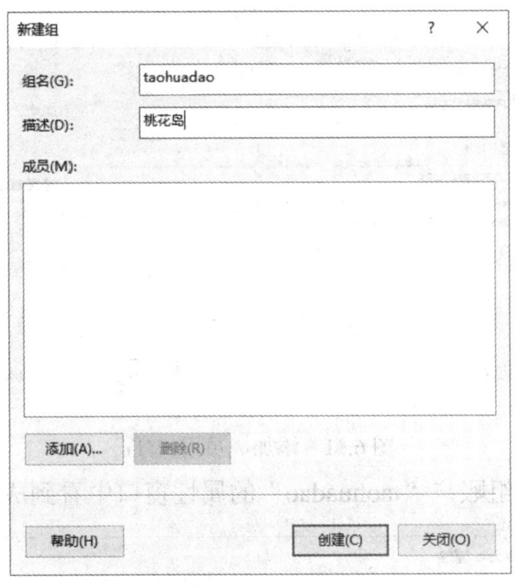

图 6.9 新建组账号(1)

完成添加后，可以继续填写另一个新组“gaibang”并单击“创建”。等关闭窗口后，在组列表中可以看到刚刚增加的两个组，如图 6.10 所示。

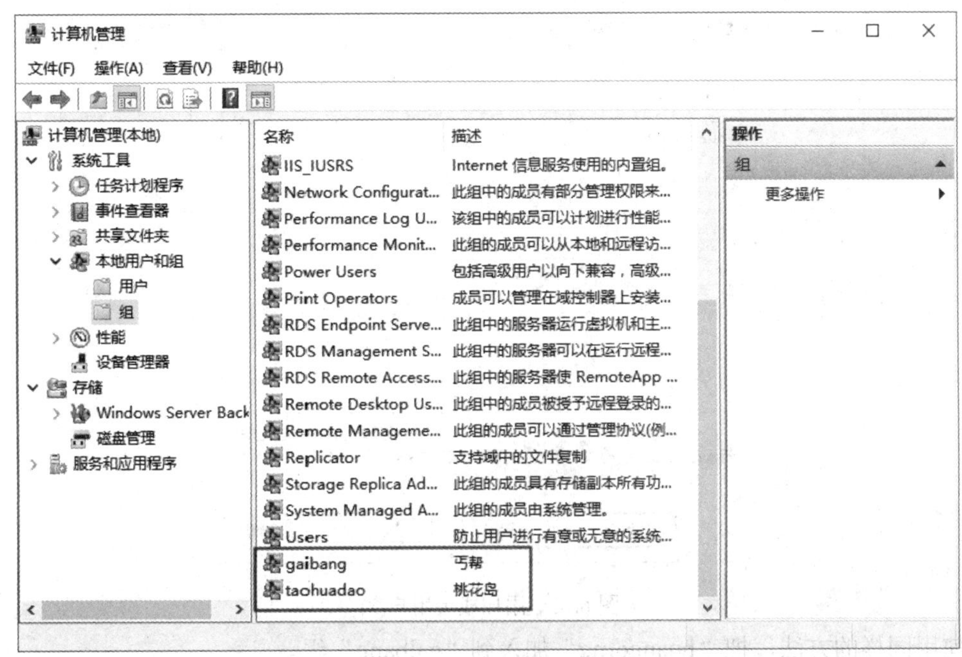

图 6.10 新建组账号(2)

3. 为组账户添加成员用户

(1) 在“选择用户”对话框右侧的组账户列表中找到“taohuadao”组并双击鼠标，在组账户属性对话框中单击左下方的“添加”按钮，接下来填写好需要添加的成员用户名“huangrong”，如图 6.11 所示，单击“确定”。

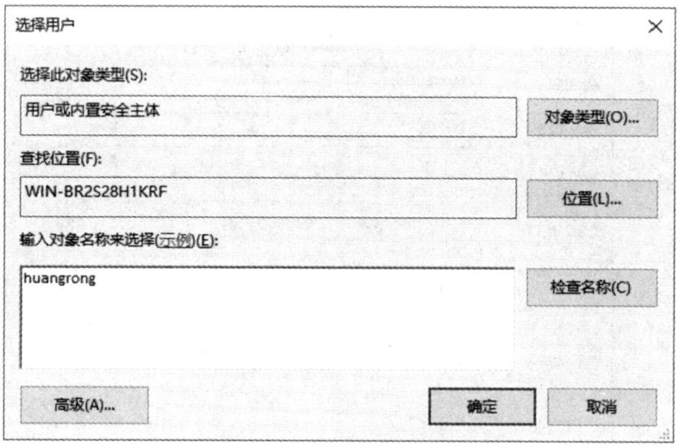

图 6.11　添加成员用户(1)

添加完成后，可以在组账户“taohuadao”的属性窗口中看到成员列表，如图 6.12 所示。

图 6.12　添加成员用户(2)

使用同样的方法，把“huangorng”加入到“gaibang”组。

(2) 更改用户的隶属于组关系。

在用户账号列表中选中“huangrong”并双击鼠标，在弹出的用户账号属性对话窗口中选择“隶属于选项卡”，然后单击下方的“添加”按钮，并根据提示输入组账号名

“administrators”，再单击“确定”，如图 6.13 所示。

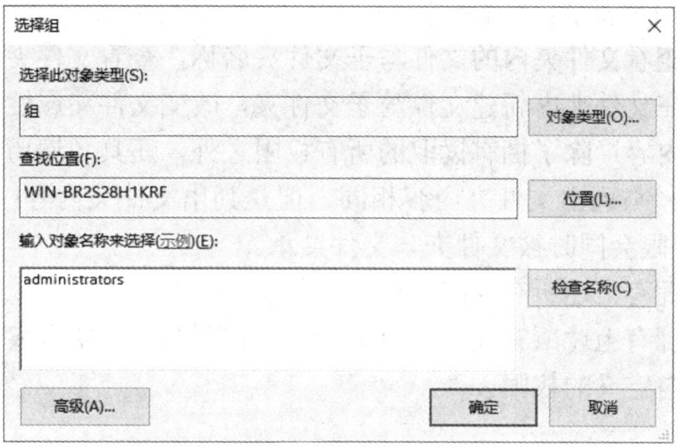

选择组	
选择此对象类型(S):	
组	对象类型(O)...
查找位置(F):	
WIN-BR2S28H1KRF	位置(L)...
输入对象名称来选择(示例)(E):	
administrators	检查名称(C)
高级(A)...	确定　取消

图 6.13　更改用户的隶属组

6.2　管理 NTFS 权限

6.2.1　认识 NTFS

微课视频 013

1. 文件系统概述

任何一个新的磁盘分区都必须被格式化成适当的文件系统后才可以在其中安装 Windows 操作系统与存储数据，Windows Server 2016 支持主流的文件系统 FAT32(File Allocation Table 32，32 位文件分配表)、NTFS(New Technology File System，新技术文件系统)、ReFS(Resilient File System，弹性文件系统)等。

(1) 最通用的是 FAT32，很多 U 盘上都是 FAT32 格式，最大只能支持 32 GB 分区，单个文件最大为 4 GB。

(2) NTFS 是一种比 FAT32 功能更加强大的文件系统，支持大容量分区和磁盘，支持为不同的用户和组设置不同的访问权限，可防止资源被非法篡改/删除。NTFS 系统是一个日志型文件系统，系统中对文件的操作都可以被记录下来，当系统崩溃之后，利用日志功能可以修复数据。

(3) ReFS 的优势在于其具有更高的稳定性，可以自动验证数据是否损坏，并尽力恢复数据。目前这是一个专门用于存储数据的文件系统，迄今为止仍未广泛使用。

2. 文件与文件夹的 NTFS 权限

(1) 文件的 NTFS 权限。

- 读取：读取文件内容，查看文件属性与权限等。
- 写入：修改文件内容，在文件中追加数据与改变文件属性等。
- 读取和执行：除了具备读取的所有权限外，还具备执行应用程序的权限。
- 修改：除了拥有上述所有权限外，还可以修改文件。
- 完全控制：拥有上述所有权限，再加上更改权限与取得所有权的特殊权限。

- 特殊权限：自定义的权限。

(2) 文件夹的 NTFS 权限。

- 读取：可以查看文件夹内的文件与子文件夹名称，查看文件夹属性与权限等。
- 写入：可以在文件夹内新建文件与子文件夹，改变文件夹属性等。
- 列出文件夹内容：除了拥有读取的所有权限之外，还具备遍历文件夹的权限。
- 读取和执行：与列出文件夹内容相同，但是列出文件夹内容权限只会被文件夹继承，而读取和执行权限会同时被文件夹与文件继承。
- 修改：除了拥有上述所有权限之外，还可以删除此文件夹。
- 完全控制：拥有上述所有权限，再加上更改权限与取得所有权的特殊权限。
- 特殊权限：自定义的权限。

6.2.2　配置 NTFS 权限

1. NTFS 权限的设置

右击指定的目录或文件，依次点击“属性”→“安全”，如图 6.14 所示，然后依次点击“编辑”→“添加”，指定用户或组，设置权限，如图 6.15 所示。

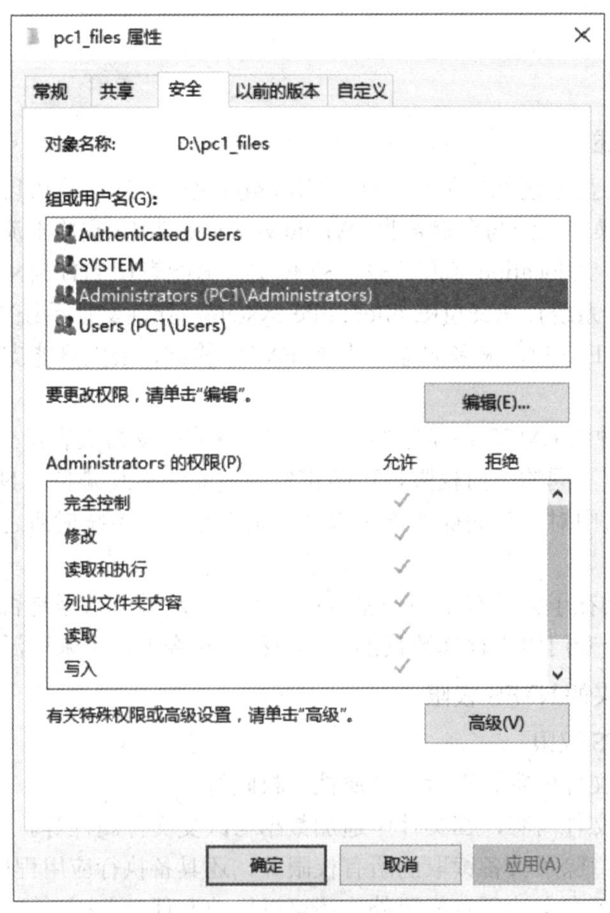

图 6.14　NTFS 权限的设置(1)

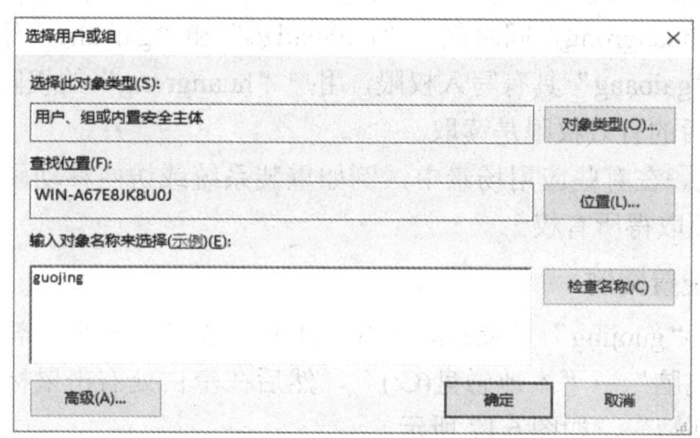

图 6.15　NTFS 权限的设置(2)

2. 用户的有效权限

(1) 权限的继承。当针对文件夹设置权限后，这个权限默认会被此文件夹之下的子文件夹与文件继承。

例如，设置用户“guojing”对文件夹“pc1_files”拥有读取的权限，则用户“guojing”对文件夹“pc1_files”内的文件也会拥有读取的权限。

查看权限时，灰色部分表示继承的权限，如图 6.16 所示。

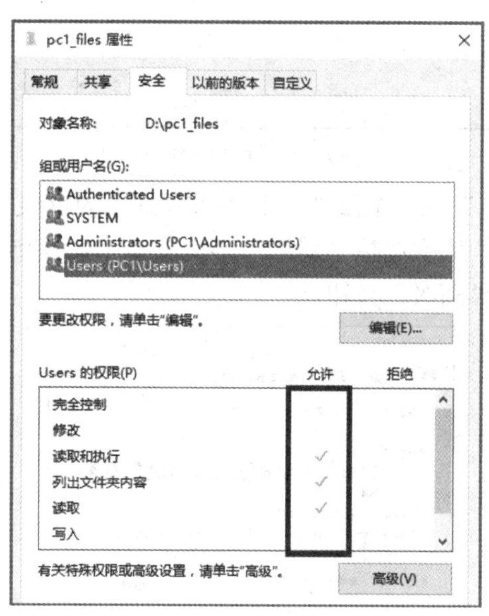

图 6.16　权限的继承

(2) 权限的累加。如果用户同时隶属于多个组，且该用户与这些组分别对某个文件或文件夹拥有不同的权限设置时，该用户对这个文件的最后的有效权限是所有权限的总和。

例如，若用户“huangrong”同时属于“taohuadao”和“gaibang”组，组“taohuadao”具有读取权限，组“gaibang”具有写入权限，则用户“huangrong”最后的有效权限为这两个权限的总和，也就是读取 + 写入。

(3) 权限的拒绝。用户对某个文件的有效权限是其所有权限来源的总和，但如果其中有一个权限被设置为拒绝，则用户将不会拥有访问权限。

例如，若用户“huangrong”同时属于“taohuadao”和“gaibang”组，组“taohuadao”具有读取权限，组“gaibang”具有写入权限，用户“huangrong”的权限是拒绝写入，则用户“huangrong”最后的有效权限是读取。

(4) 取得所有权。在有些应用场景中，例如重装系统或访问移动硬盘，管理员没有查看权限，此时就需要取得所有权。

3. NTFS 权限配置案例

(1) 以普通用户“guojing”登录到服务器，在 C 盘新建文件夹“郭靖”。

依次单击“此电脑”→“本地磁盘(C:)”，然后在空白处右击鼠标，选择“新建文件夹”，并命名为“郭靖”，如图 6.17 所示。

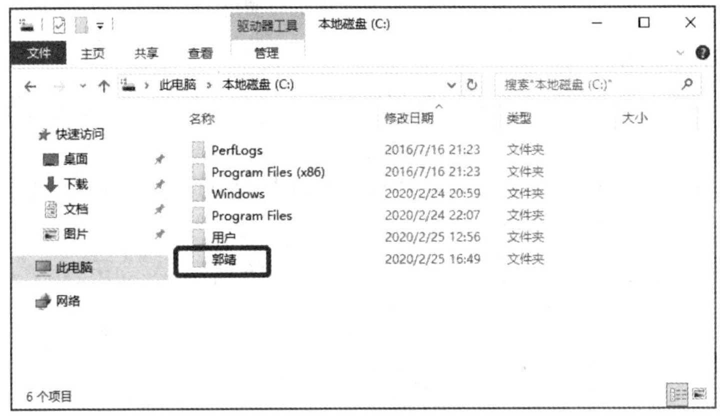

图 6.17　新建文件夹

(2) 调整文件夹“郭靖”的安全属性，取消所有继承的权限。

右击文件夹“郭靖”，依次选择“属性”→“安全”，找到权限设置列表，如图 6.18 所示，然后单击右下方的“高级”按钮。

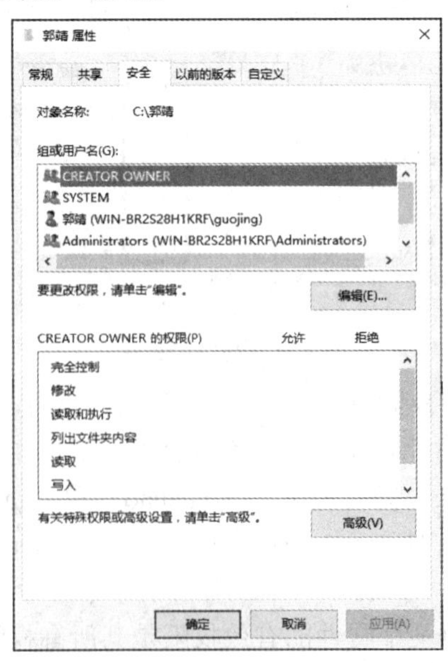

图 6.18　取消所有继承的权限(1)

在展开的对话框中选择左下方的“禁用继承”，弹出提示时选择“从此对象中删除所有已继承的权限”，如图 6.19 所示。然后单击“确定”，弹出提示时选择“是”。

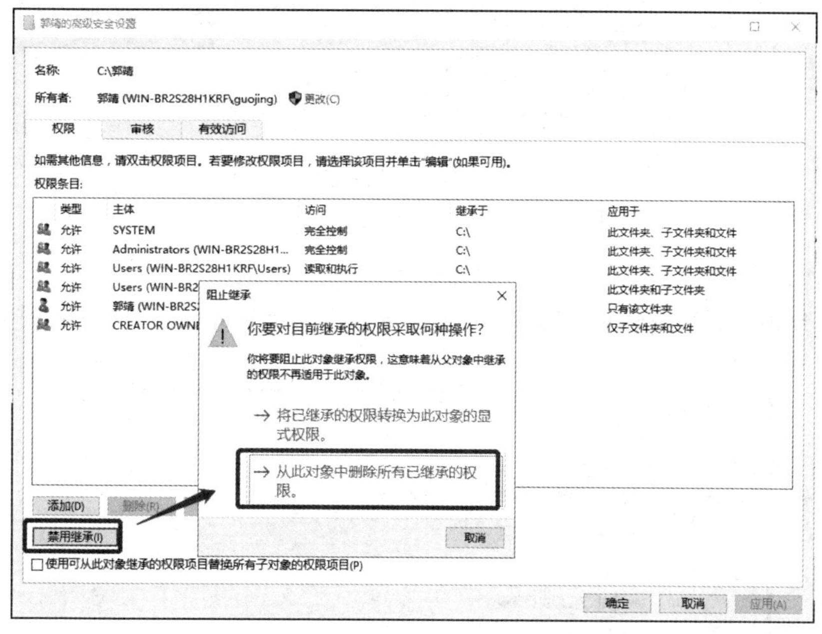

图 6.19　取消所有继承的权限(2)

(3) 授予用户“guojing”对文件夹“郭靖”具有完全控制权限。

添加用户“guojing”的“完全控制”权限，如图 6.20 所示。完成设置后，此文件将只允许用户“guojing”控制，其他任何用户(包括管理员)都不具有任何权限。

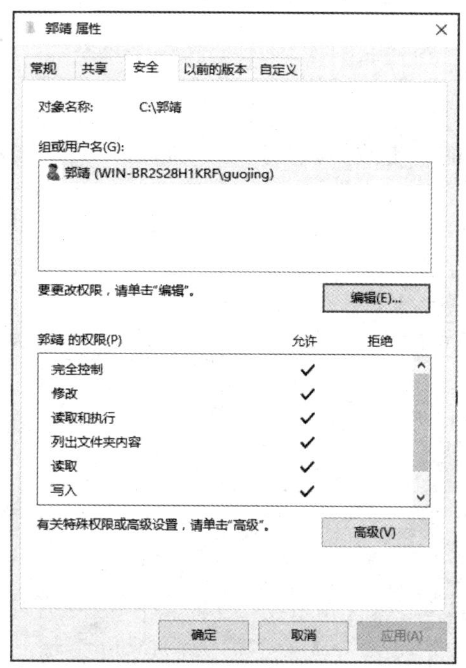

图 6.20　添加“完全控制”权限

(4) 以用户“huangrong”登录到服务器，验证不能打开文件夹“郭靖”。

当用户“huangrong”双击此文件时，会出现无权访问的提示，如图 6.21 所示。

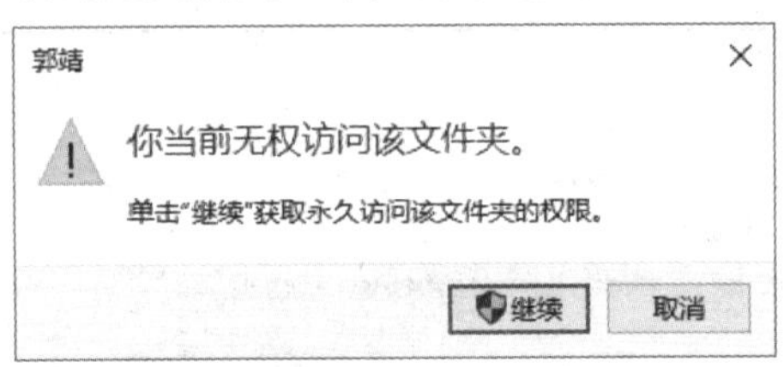

图 6.21　不能打开文件夹

(5) 取得所有权。

打开文件夹“郭靖”的安全属性，点击“高级”即可看到权限信息，此时无法显示所有者，如图 6.22 所示。

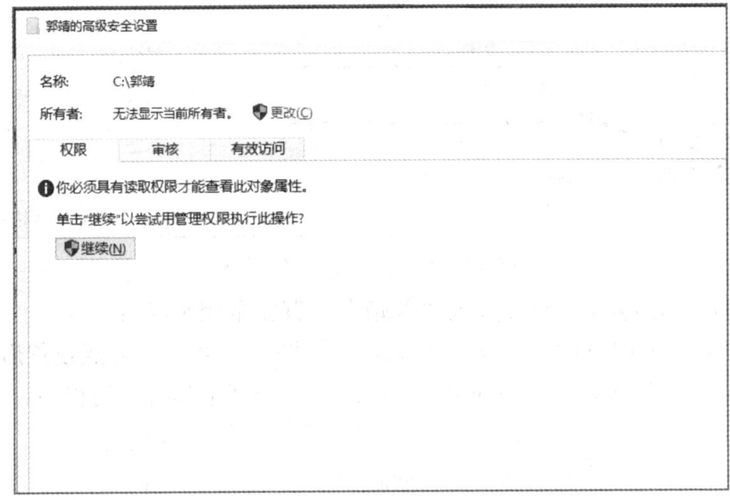

图 6.22　取得所有权(1)

单击“所有者”后面的“更改”，指定由“huangrong”作为新的所有者，如图 6.23 所示，并单击“确定”。

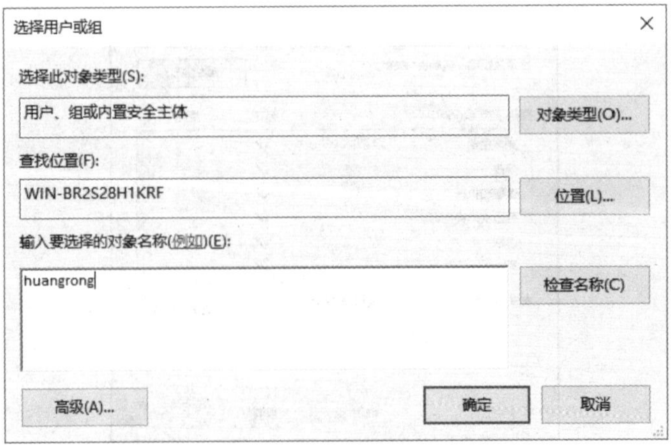

图 6.23　取得所有权(2)

(6) 调整文件夹“郭靖”的安全属性，授予“huangrong”具有完全控制权限，如图 6.24 所示。

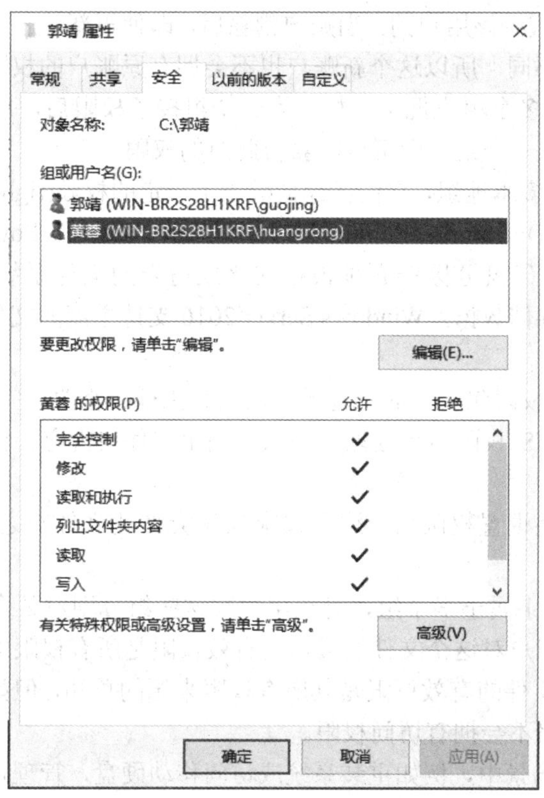

图 6.24 添加完全控制权限

(7) 再次尝试即可打开文件夹“郭靖”，如图 6.25 所示。

图 6.25 打开文件夹

本 章 总 结

(1) Windows Server 2016 内置了两个可供使用的用户账户，分别是 Administrator(系统管理员)和 Guest(来宾)。Administrator 拥有最高的权限，可以利用它来管理计算机；Guest

只有很少的权限，默认是被停用的。

(2) 系统会为每一个用户账户建立一个唯一的安全标识符(Security IDentifier, SID)，在系统内部是利用 SID 代表该用户的。当账户删除后，即使再新建一个名称相同的账户，因为它与原账户的 SID 不同，所以这个新账户也不会拥有原账户的权限。

(3) 组账户用来为多个用户批量授权，为一个组授予权限后，所有成员用户自动获得相应权限。若用户加入一个组，则可自动获得此组的权限。

(4) 系统内置了很多本地组，它们已经被赋予了一定的权限(rights)，如 Administrators、Network Configuration Operators、Remote Desktop Users、Users、Power Users、Guests。

(5) 任何一个新的磁盘分区都必须被格式化成适当的文件系统后才可以在其中安装 Windows 操作系统与存储数据，Windows Server 2016 支持主流的文件系统 FAT32、NTFS、ReFS 等。

(6) 文件的 NTFS 权限包括读取、写入、读取和执行、修改、完全控制、特殊权限。

(7) 文件夹的 NTFS 权限包括读取、写入、列出文件夹内容、读取和执行、修改、完全控制、特殊权限。

(8) 当针对文件夹设置权限后，这个权限默认会被此文件夹之下的子文件夹与文件继承。

(9) 如果用户同时隶属于多个组，且该用户与这些组分别对某个文件或文件夹拥有不同的权限设置，则该用户对这个文件的最后的有效权限是所有权限的总和。

(10) 用户对某个文件的有效权限是其所有权限来源的总和，但如果其中有一个权限被设置为拒绝，则用户将不会拥有访问权限。

(11) 在有些应用场景中，例如重装系统或访问移动硬盘，管理员没有查看权限，此时就需要取得所有权。

习　题

1. 用户 tom 忘记了自己账户的密码，导致无法登录系统，最简单的方法是管理员进行(　　)操作，使其可以登录系统，并使其可以正常访问以前所能访问的文件。

A. 将 tom 的用户账户加入 administrators 组

B. 为 tom 的用户账户重置密码，让其使用新密码进行登录

C. 禁用 tom 的用户账户，为其新建一个用户账户

D. 删除 tom 的用户账户，为其新建一个用户账户

2. 在 Windows Server 2016 系统中，以下(　　)账户的权限最低。

A. system　　　　B. administrator

C. network service　　　　D. guest

3. 在 Windows Server 2016 系统中，以下(　　)账户不属于 Windows 内置账户。

A. Administrator　　　　B. Administrators

C. Guest　　　　D. users

4. NTFS 文件系统下，(　　)不是文件夹的标准权限。

A. 删除　　B. 读取　　C. 写入　　D. 完全控制

5. 在 Windows Server 2016 系统中，(　　)可以直接更改文件的访问控制权限。

A. Administrator　　B. 文件所有者

C. users　　D. 任何用户

扫码看答案

第 7 章 Windows 的磁盘与文件管理

本章目标

- 学会管理 Windows 服务器上的磁盘及文件系统；
- 掌握动态磁盘各种动态卷的特点和使用场合；
- 学会在 Windows 服务器上备份系统和数据文档；
- 学会利用备份工具进行数据恢复。

问题导向

- 跨区卷、带区卷、RAID-5 卷各自的特点是什么？
- 在“磁盘管理工具”中如何修复镜像卷？
- 使用 WSB 工具备份的方式有哪两种？
- 使用 WSB 工具是否可以仅备份某个文件夹？

7.1 磁盘与文件系统

微课视频 014

7.1.1 基本磁盘

在使用磁盘存储数据之前，必须将磁盘分割成一个或数个磁盘分区(Partition)。

1. 基本磁盘与动态磁盘

Windows 系统将磁盘分为基本磁盘与动态磁盘。

基本磁盘：旧式的传统磁盘系统，新安装的硬盘默认是基本磁盘。

动态磁盘：它支持多种特殊的磁盘分区，有的可以提高系统访问效率，有的提供容错功能等。

2. MBR 磁盘与 GPT 磁盘

在磁盘内有一个被称为磁盘分区表的区域，用来存储磁盘分区的相关数据，如每一个磁盘分区的起始地址、结束地址等信息。

按照磁盘分区表的格式不同可以将磁盘分为 MBR(Master Boot Record)磁盘与 GPT(GUID Partition Table)磁盘。

MBR 磁盘使用的是传统磁盘分区表格式，MBR 磁盘所支持的硬盘最大容量为 2.2 TB

(1 TB = 1024 GB)。

GPT 磁盘是一种新的磁盘分区表格式，GPT 磁盘所支持的硬盘可以超过 2.2 TB。

3. 主分区与扩展分区

主分区可以用来启动操作系统。

扩展分区只能用来存储文件，无法用来启动操作系统。

一个 MBR 磁盘内最多可建立 4 个主分区，或最多可建立 3 个主分区加上 1 个扩展磁盘分区，如图 7.1 上半部分所示。每一个主分区都可以被赋予一个驱动器号，如 C:、D:等。扩展磁盘分区内可以建立多个逻辑驱动器。

一个 GPT 磁盘内最多可以建立 128 个主分区，如图 7.1 下半部分所示。每一个主分区都可以被赋予一个驱动器号，但最多只有 A～Z 共 26 个驱动器号可用。由于主分区数量可以有很多，因此 GPT 磁盘不需要扩展磁盘分区。

基本磁盘内的每一个主分区或逻辑驱动器又被称为基本卷。

图 7.1　MBR 分区与 GPT 分区

4. 使用基本磁盘案例

(1) 添加一块 60 GB 新磁盘。

在 VMware Workstation 程序界面中，选中虚拟机 Windows Server 2016，然后通过菜单“虚拟机”→“设置”打开虚拟机的设备控制窗口，单击底部的“添加”按钮，出现“添加硬件向导”对话框，如图 7.2 所示。

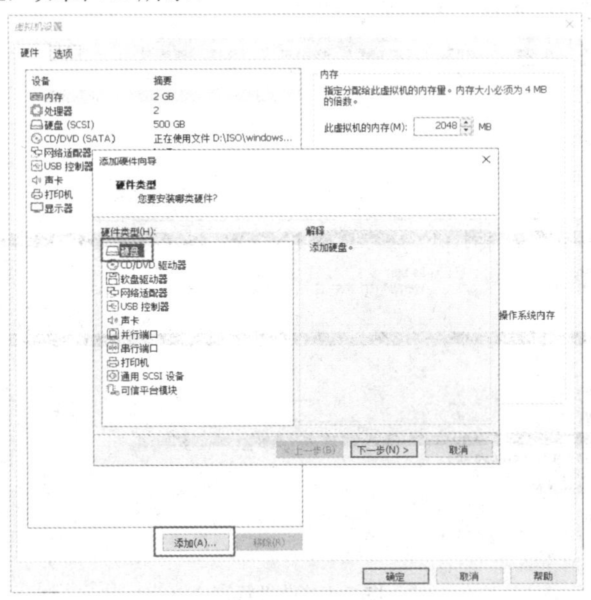

图 7.2　添加硬盘(1)

根据向导提示添加一个 60 GB 的硬盘，完成后可以在虚拟机的硬件列表中看到该硬盘，如图 7.3 所示。

图 7.3　添加硬盘(2)

通过“Win+R”运行“diskmgmt.msc”，快速打开“磁盘管理”，发现刚才添加的磁盘显示为“磁盘 1”并为脱机状态，右击“磁盘 1”，选择“联机”，如图 7.4 所示。

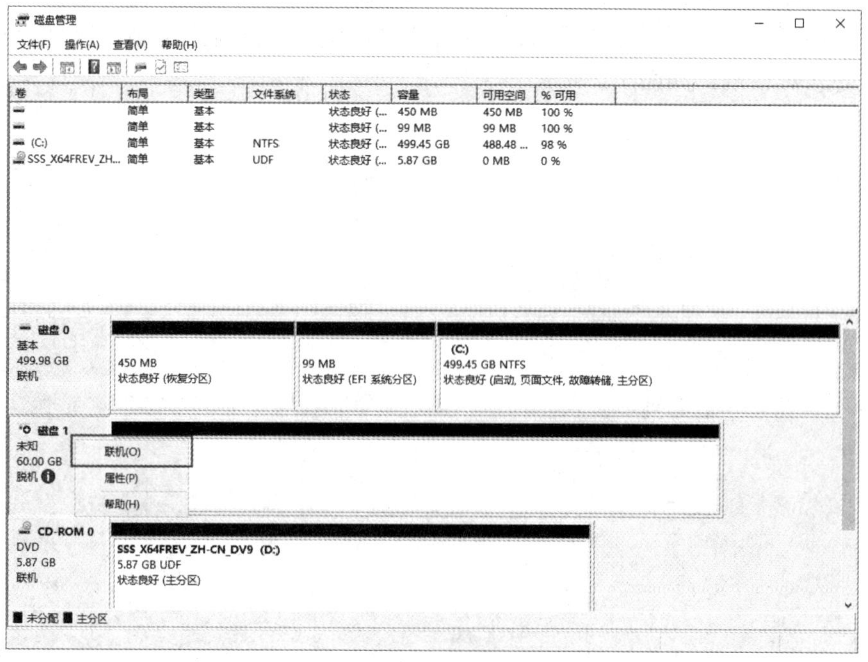

图 7.4　磁盘管理

联机成功后，“磁盘 1”显示“没有初始化”，右击“磁盘 1”，再选择“初始化磁盘”，如图 7.5 所示。

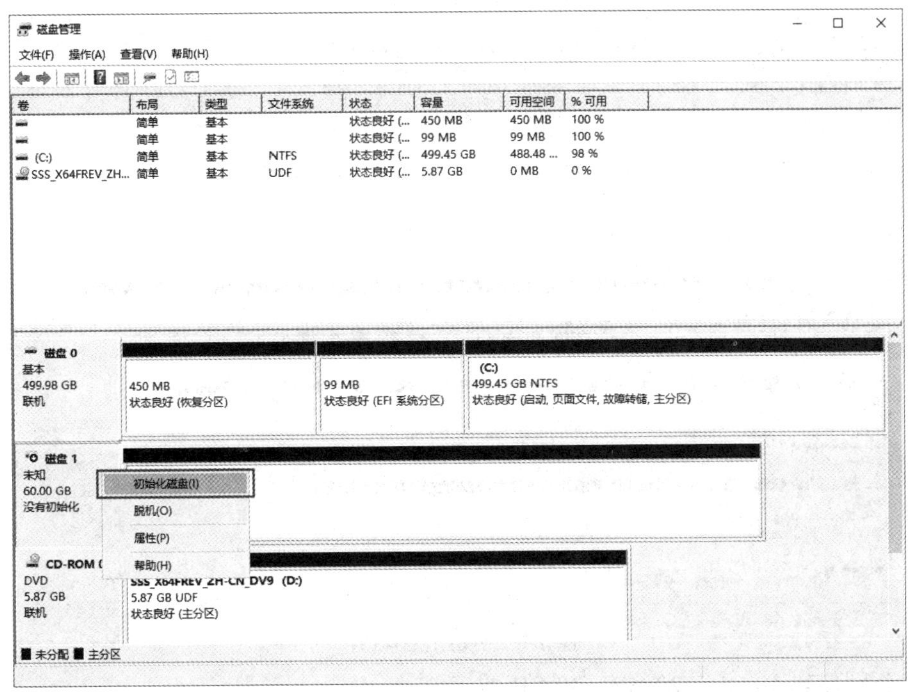

图 7.5　初始化磁盘(1)

在“初始化磁盘”对话框中，选择磁盘分区形式“GPT(GUID 分区表)”，如图 7.6 所示。

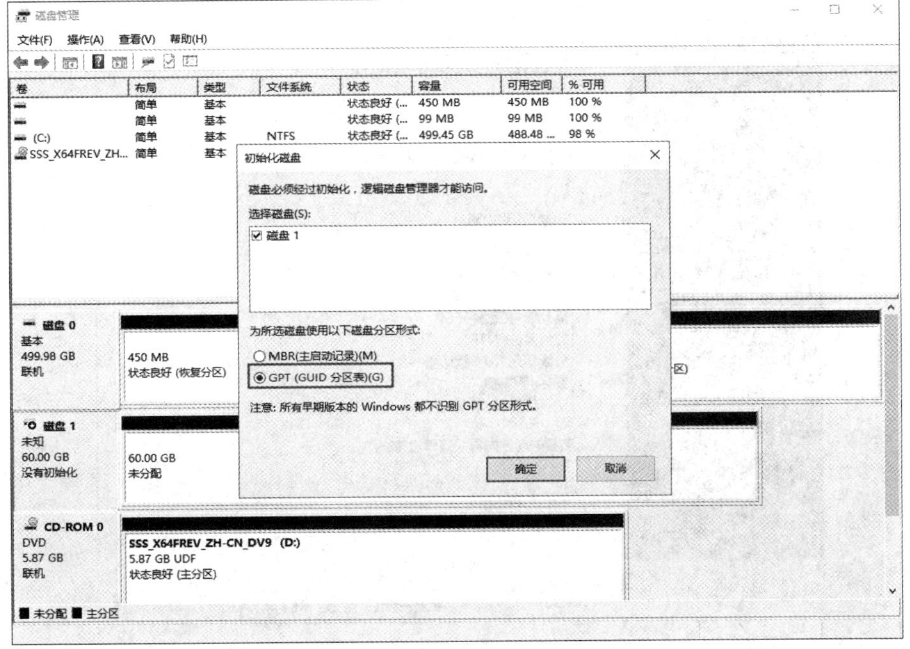

图 7.6　初始化磁盘(2)

单击“确定”后，在磁盘列表中“磁盘 1”默认作为基本磁盘，如图 7.7 所示。

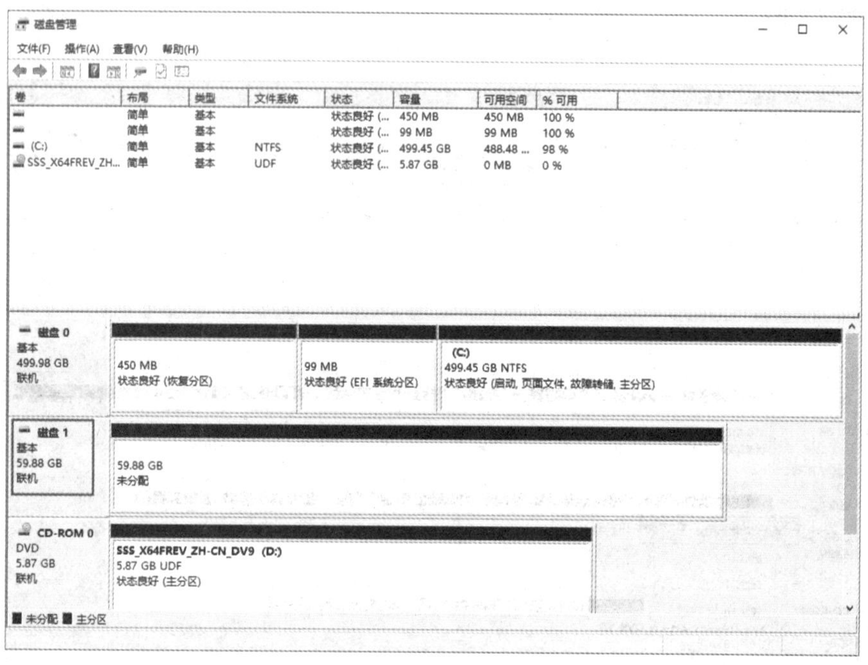

图 7.7　初始化磁盘(3)

(2) 分别创建 10 GB、20 GB、30 GB 的简单卷。

首先选中新添加磁盘的未分配空间，右击选择“新建简单卷”，根据向导指定大小为 10 000 MB、自动分配盘符，执行快速格式化，如图 7.8 所示，单击“完成”。

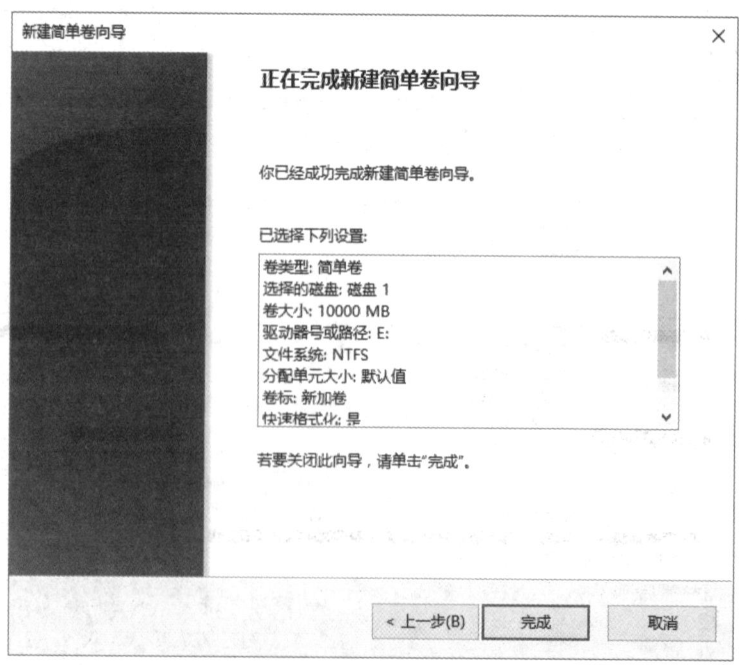

图 7.8　新建简单卷(1)

然后创建一个 20 GB 的简单卷，注意大小设为 20 000 MB。

最后创建一个 30 GB 的简单卷，注意大小设为剩余的所有空间。

完成上述 3 个简单卷的创建以后，可以在磁盘列表处确认分区信息，如图 7.9 所示。

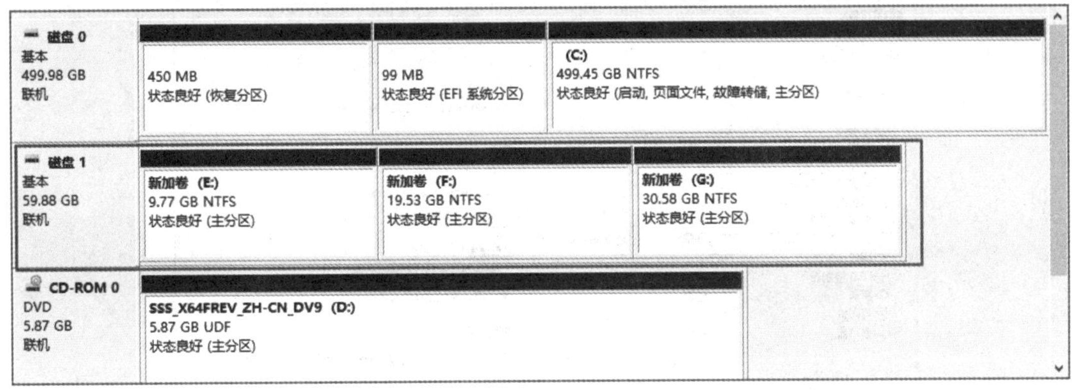

图 7.9　新建简单卷(2)

7.1.2　动态磁盘

1. 动态磁盘概述

动态磁盘支持多种类型的动态卷，包括简单卷、跨区卷、带区卷、镜像卷、RAID-5 卷，它们分别具备不同的特点，如表 7-1 所示。

表 7-1　动态卷的类别

类型	磁盘数/个	可用存储容量	性能(与单一磁盘比较)	容错
简单卷	1	全部	不变	无
跨区卷	2～32	全部	不变	无
带区卷	2～32	全部	读、写都提升很多	无
镜像卷	2	一半	读提升，写稍微下降	有
RAID-5 卷	3～32	磁盘数-1	读提升多，写下降稍多	有

(1) 跨区卷。跨区卷可以实现零散磁盘空间的“化零为整”，即将零散的磁盘空间进行整合，形成一个逻辑上的大分区。组成跨区卷的每一个成员的容量大小可以不相同。

(2) 带区卷。带区卷可以实现多块磁盘的并发读写，提高 I/O 速度，数据写入时平均地写入到每一个磁盘内。与跨区卷不同的是，带区卷的每一个成员其容量大小是相同的。

(3) 镜像卷。镜像卷的两块磁盘存储完全相同的数据，当有一块磁盘故障时，系统仍然可以使用另一块磁盘内的数据，因此它具备容错能力。

(4) RAID-5 卷。RAID-5 卷将多个磁盘组成 RAID-5 阵列，以提高磁盘的 I/O 速度，自动预留一块磁盘容量作数据校验，以提高数据存储的可靠性。

2. 创建动态磁盘

(1) 添加 3 块 60 GB 的磁盘。

通过 VMware Workstation 添加磁盘设备，分别添加 3 块 60 GB 的磁盘，如图 7.10 所示。

图 7.10　添加硬盘(1)

新增加的磁盘依次显示为“磁盘 2”“磁盘 3”“磁盘 4”，均处于“脱机”状态，如图 7.11 所示。

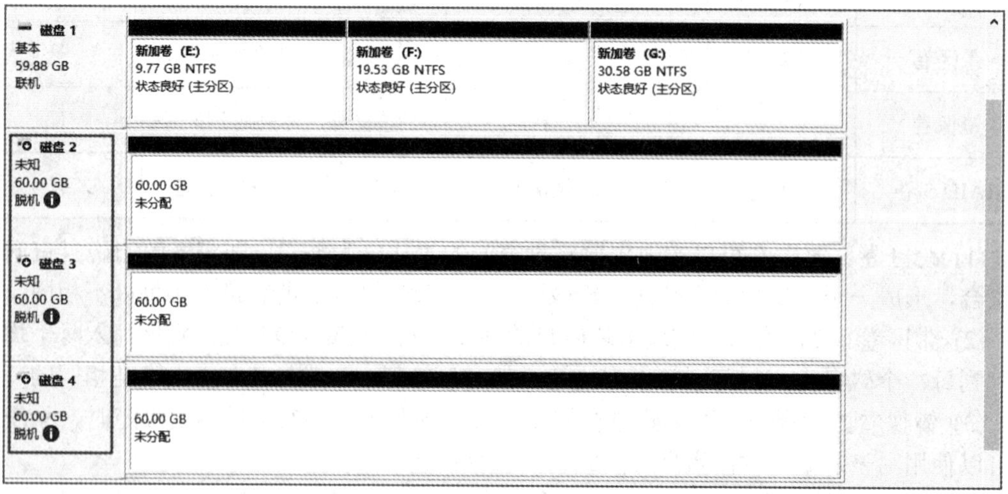

磁盘 1
基本
59.88 GB
联机

新加卷 (E:)
9.77 GB NTFS
状态良好 (主分区)

新加卷 (F:)
19.53 GB NTFS
状态良好 (主分区)

新加卷 (G:)
30.58 GB NTFS
状态良好 (主分区)

磁盘 2
未知
60.00 GB
脱机

60.00 GB
未分配

磁盘 3
未知
60.00 GB
脱机

60.00 GB
未分配

磁盘 4
未知
60.00 GB
脱机

60.00 GB
未分配

图 7.11　添加硬盘(2)

分别进行联机操作后，右击其中一块新磁盘，选择“初始化磁盘”，在弹出的界面中确认已选中所有待初始化的磁盘，磁盘分区形式“GPT(GUID 分区表)”，如图 7.12 所示，单击“确定”即可。

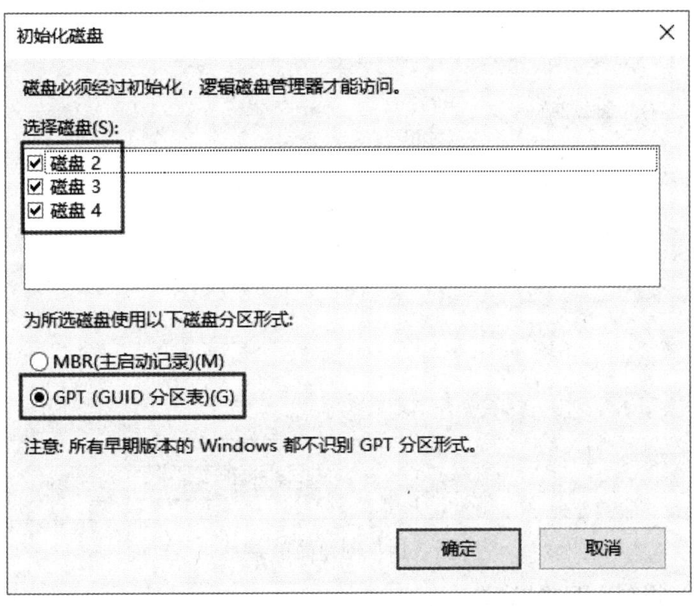

图 7.12　初始化磁盘

右击其中一块新磁盘，选择“转换到动态磁盘”，在弹出的“转换为动态磁盘”界面中选中“磁盘 2”“磁盘 3”“磁盘 4”，如图 7.13 所示。

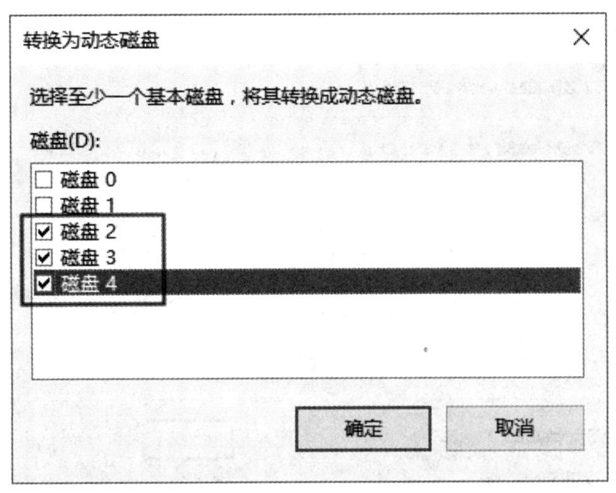

图 7.13　转换为动态磁盘

(2) 创建一个 10 GB 的简单卷。

在“磁盘 2”新建一个 10 GB 的简单卷，右击“磁盘 2”空白区域，选择新建“简单卷”，出现“新建简单卷”向导，指定简单卷大小为“10 000 MB”，其他按照默认进行设置，如图 7.14 所示。

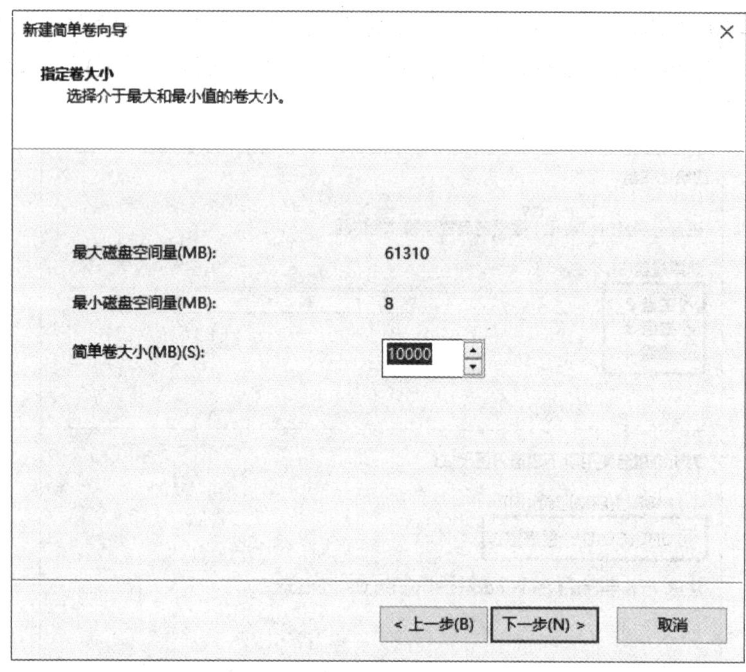

图 7.14　创建简单卷

(3) 创建一个 40 GB 的跨区卷。

右击新增磁盘中任何一块未分配空间，选择“新建跨区卷”，然后根据向导选中“磁盘 2”“磁盘 3”“磁盘 4”，并分别指定分配的空间为 10 GB、10 GB、20 GB，如图 7.15 所示。

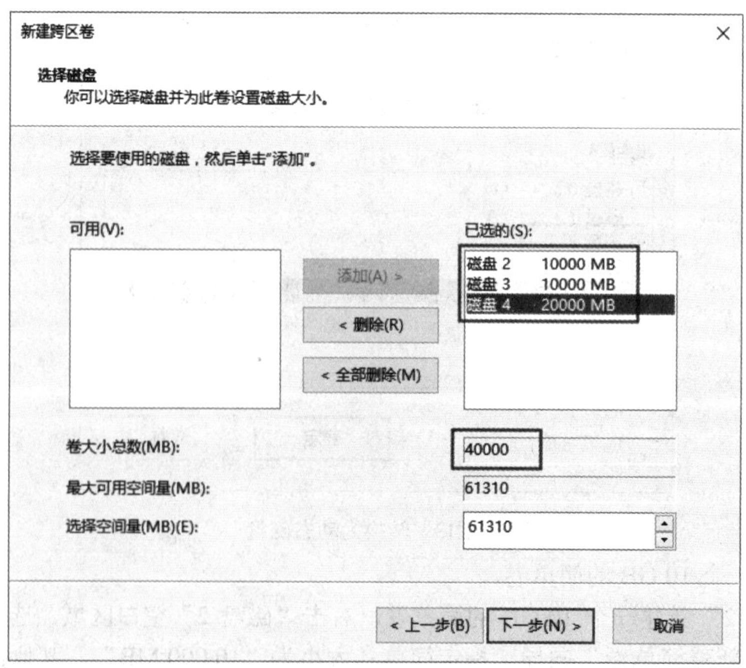

图 7.15　创建跨区卷(1)

单击“下一步”完成后续设置，此跨区卷将由三块磁盘上的一部分空间组合而成，如图 7.16 所示。

图 7.16 创建跨区卷(2)

(4) 创建一个 30 GB 的带区卷。

右击新增加磁盘中任何一块的未分配空间，选择“新建带区卷”，然后根据向导选中“磁盘 2”“磁盘 3”“磁盘 4”，并指定分配的空间为 10 GB(每块盘自动相同)，如图 7.17 所示。

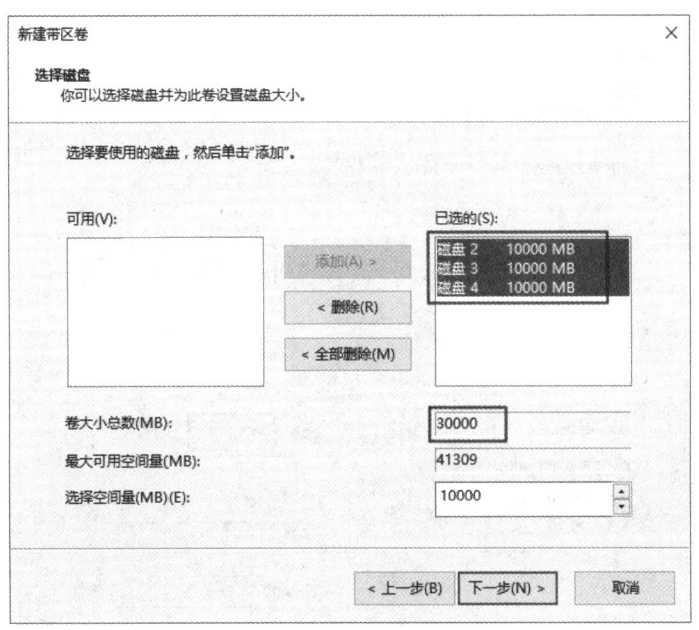

图 7.17 创建带区卷(1)

单击“下一步”完成后续设置，此带区卷将由三块磁盘上的等量部分空间组合而成，如图 7.18 所示。

图 7.18　创建带区卷(2)

3. 创建镜像卷和 RAID-5 卷并验证容错

(1) 创建镜像卷。

右击“磁盘 2”的未分配空间，选择“新建镜像卷”，然后根据向导选中“磁盘 2”“磁盘 3”，并指定分配的空间为 10 GB(每块盘自动相同)。注意，此时卷大小总数为 10 000 MB，如图 7.19 所示。

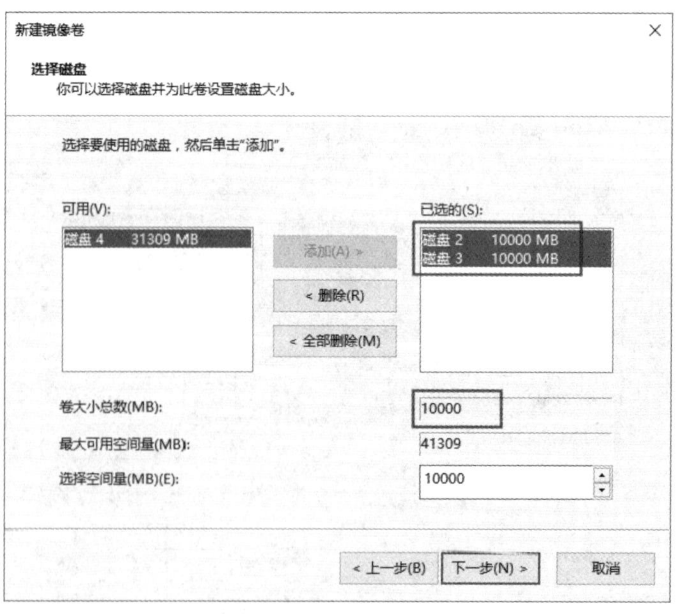

图 7.19　创建镜像卷(1)

单击“下一步”完成后续设置，此镜像卷将由两块磁盘上的等量部分空间组合而成，如图 7.20 所示。

图 7.20 创建镜像卷(2)

(2) 创建 RAID-5 卷。

右击“磁盘 2”的未分配空间，选择“新建 RAID-5 卷”，然后根据向导选中“磁盘 2”“磁盘 3”“磁盘 4”，并指定分配的空间为 10 GB(每块盘自动相同)。注意，此时卷大小总数为 20 000 MB，如图 7.21 所示。

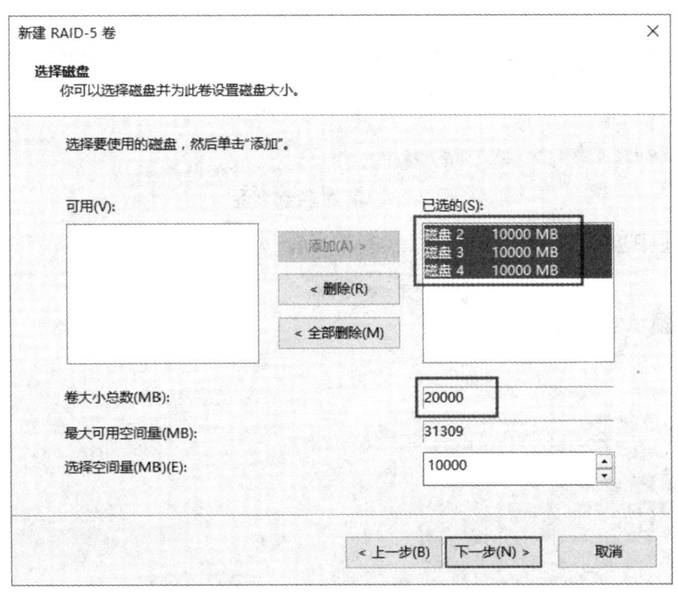

图 7.21 创建 RAID-5 卷(1)

单击“下一步”完成后续设置，此 RAID-5 卷将由三块磁盘上的等量部分空间组合而成，如图 7.22 所示。

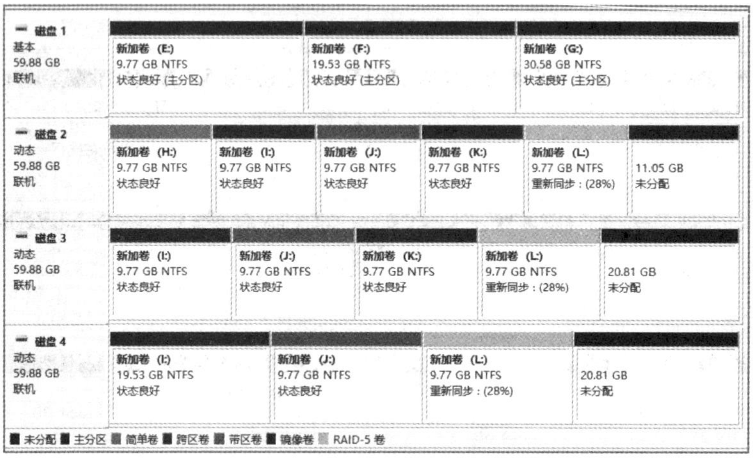

图 7.22　创建 RAID-5 卷(2)

(3) 分别在各卷添加数据。

分别使用卷类型重命名每个卷的名称，如图 7.23 所示。

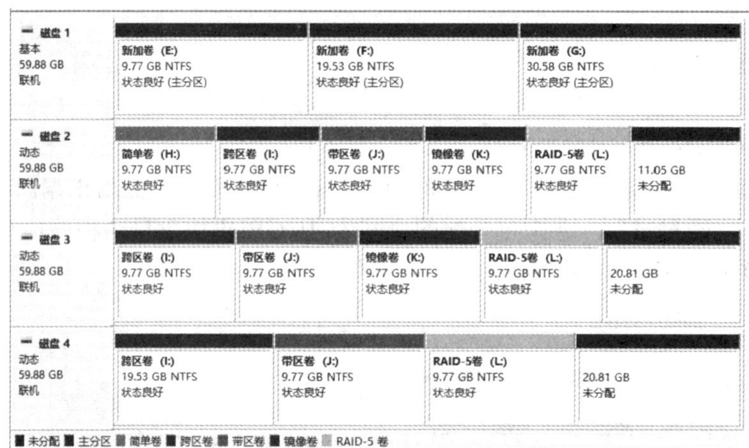

图 7.23　重命名卷名称

分别在每个卷中创建一些文件，简单卷中的数据如图 7.24 所示。

图 7.24　创建测试文件

(4) 删除一块磁盘，验证镜像卷和 RAID-5 卷中数据可以访问。

通过 VMware Workstation 删除磁盘设备，删除磁盘 3、磁盘 4、磁盘 5 中的任意一块，如图 7.25 所示。

图 7.25　删除磁盘

打开“磁盘管理”，发现丢失的硬盘，如图 7.26 所示。

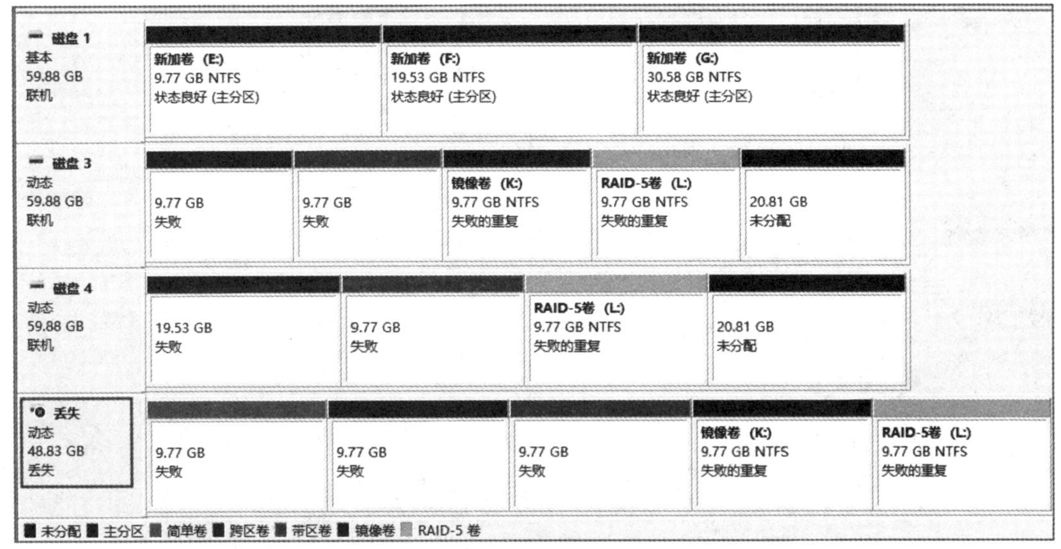

图 7.26　磁盘管理

打开“此电脑”，发现“镜像卷”和“RAID-5 卷”仍然可以读取数据，如图 7.27 所示。

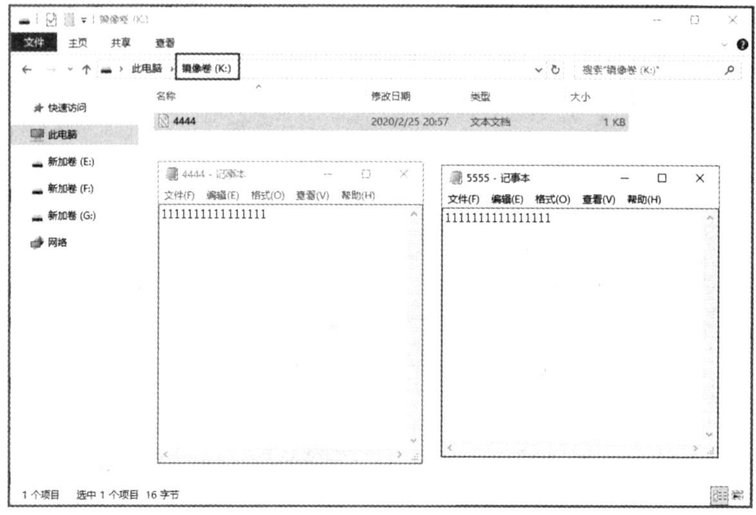

图 7.27　验证容错

4. 修复镜像卷和 RAID-5 卷

(1) 为服务器再添加 1 块 60 GB 的磁盘。

通过 VMware Workstation 添加一块 60 GB 的硬盘，如图 7.28 所示。

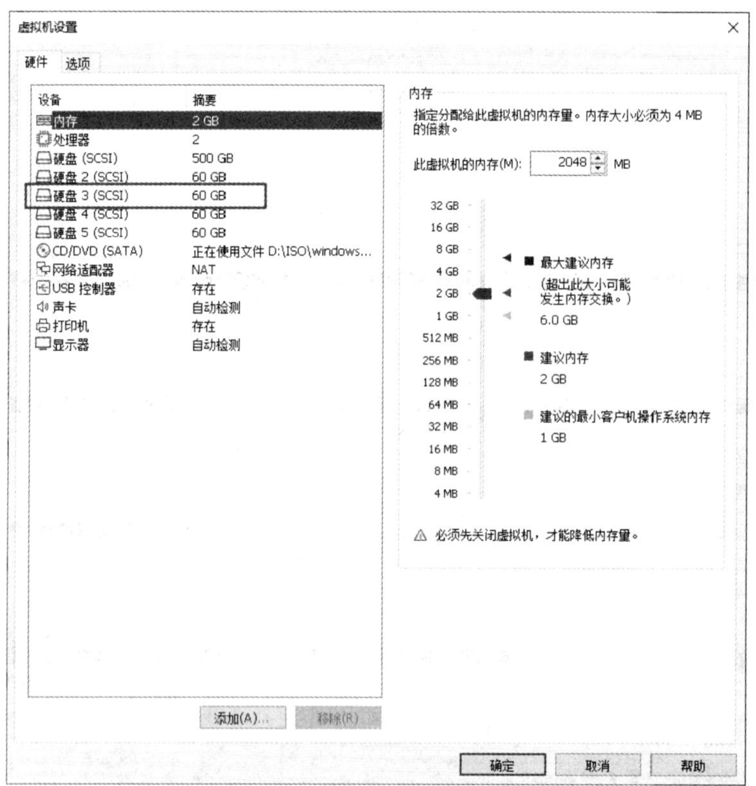

图 7.28　添加硬盘

在“磁盘管理”中发现“没有初始化”的新硬盘，如图 7.29 所示，按刚才的操作初始化磁盘。

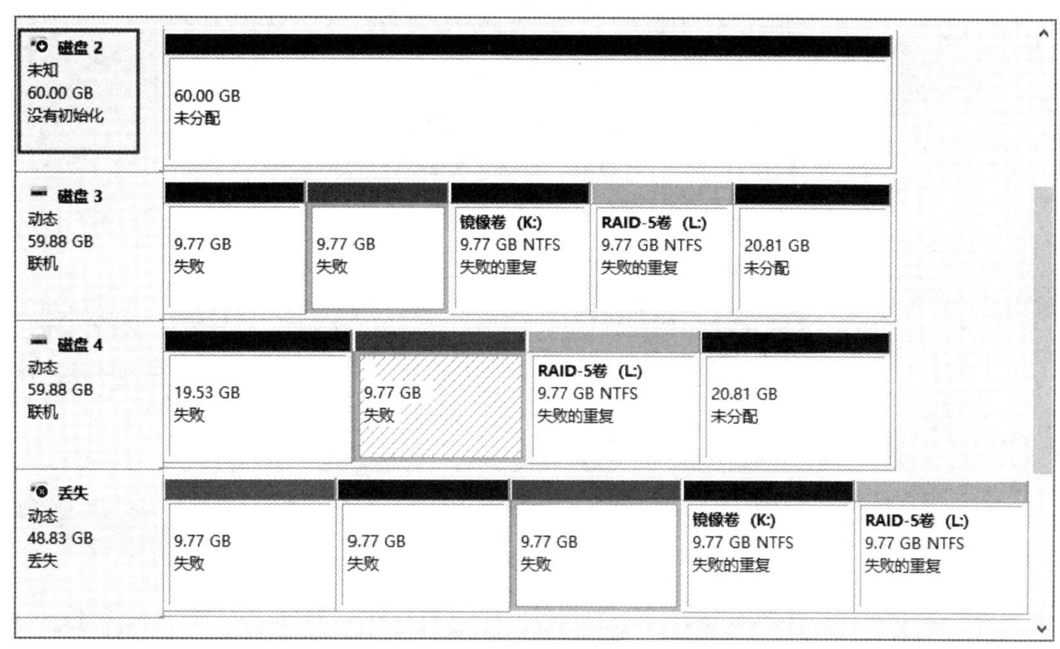

图 7.29　初始化磁盘

(2) 修复镜像卷。

在“丢失”的磁盘上，右击“镜像卷”选择“删除镜像”，在“删除镜像”对话框中，选择“丢失”的磁盘，单击“删除镜像”，如图 7.30 所示。

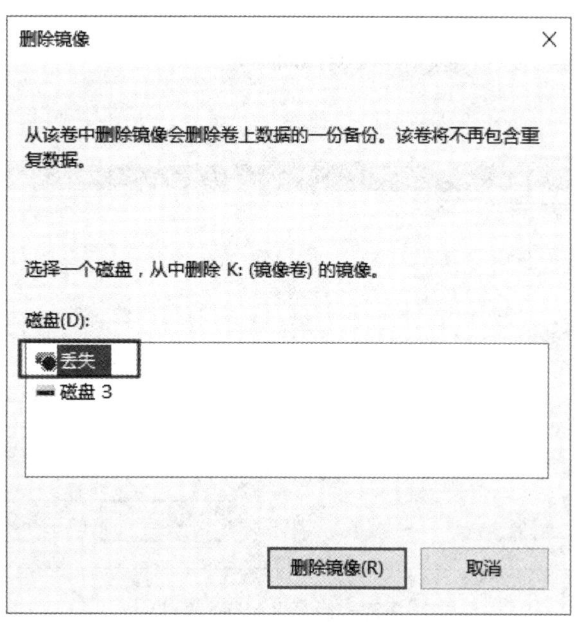

图 7.30　删除镜像

在“磁盘 3”上，右击“镜像卷”，选择“添加镜像”，在“添加镜像”对话框中，选择刚添加的磁盘(此处为磁盘 2)，单击“添加镜像”，如图 7.31 所示。

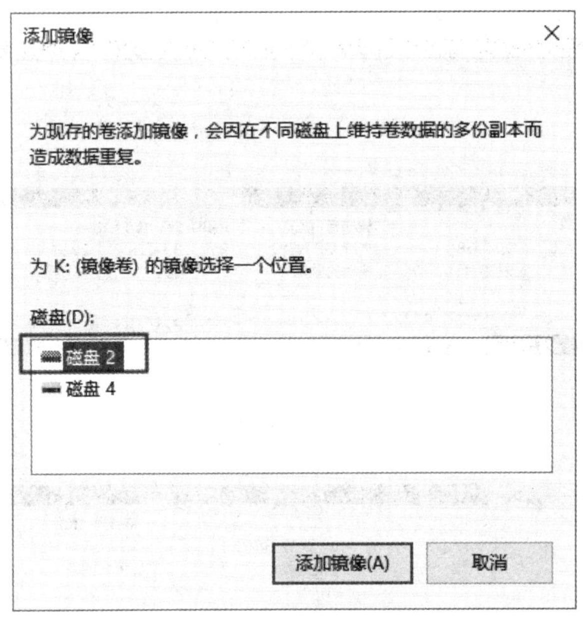

图 7.31　添加镜像

(3) 修复 RAID-5 卷。

在“磁盘 3”上右击“RAID-5”卷，选择“修复卷”，在“修复 RAID-5 卷”对话框中选择“磁盘 2”，单击“确定”按钮，如图 7.32 所示。

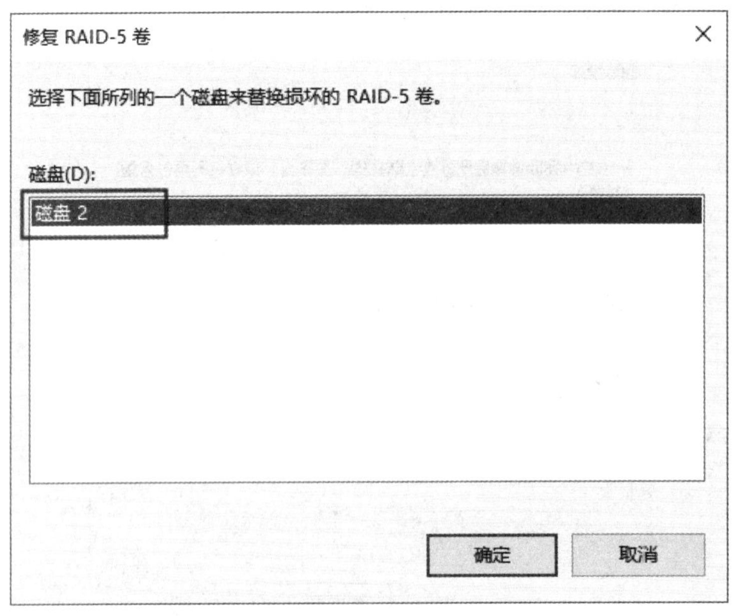

图 7.32　修复 RAID-5 卷(1)

同步完成后，发现“RAID-5 卷”状态良好，如图 7.33 所示。

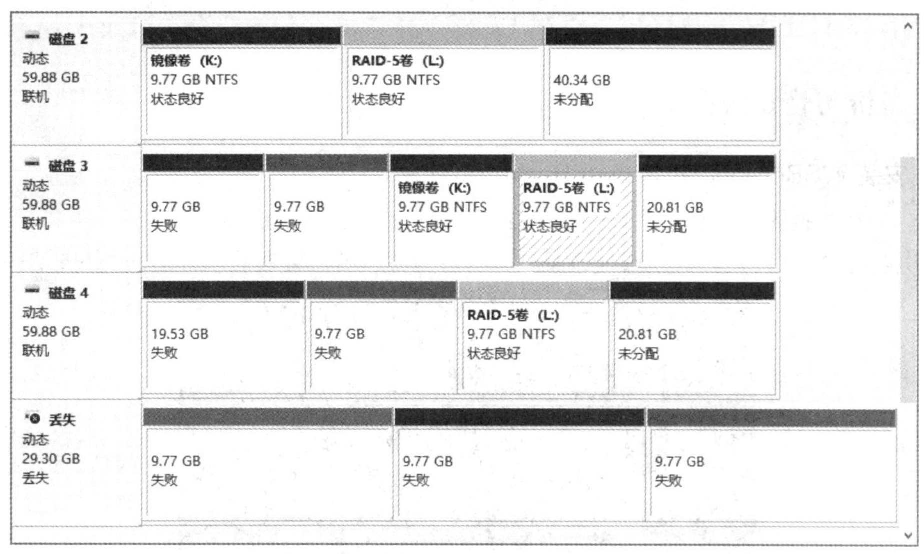

图 7.33　修复 RAID-5 卷(2)

至此，镜像卷和 RAID-5 卷已经修复完毕。

7.2　备份与恢复

7.2.1　备份与恢复概述

微课视频 015

存储在磁盘内的数据可能会因为天灾、人祸、设备故障等因素而丢失，因而造成公司或个人的严重损失，但是只要平常定期备份磁盘，并将其存放在安全的地方，之后即使发生上述意外事故，仍然可以利用这些备份来迅速恢复数据与让系统正常工作。

可以通过 Windows Server Backup 来备份磁盘，而它支持以下两种备份方式：

(1) 完整服务器备份。它会备份这台服务器内所有磁盘分区内的数据，也就是会和分所有磁盘(C:、D:等)内的所有文件，包含应用程序与系统状态。可以利用此备份来对整台计算机恢复，包含 Windows Server 2016 操作系统与所有其他文件。

(2) 自定义备份。可以选择备份系统保留分区、常规，磁盘分区(例如 C:、D:)，也可以选择备份这些磁盘分区内指定的文件；还可以选择备份系统状态；甚至可以选择裸机还原备份，也就是它会备份整个操作系统，包含系统状态、系统保留磁盘分区与安装操作系统的磁盘分区，日后可以利用此裸机还原备份来还原整个 Windows Server 2016 操作系统。

Windows Server Backup 提供以下两种选择来执行备份工作：

(1) 备份计划。利用它来安排备份计划，以便在每天指定的日期与时间到达时自动执行备份工作。备份目的地(存储备份数据的位置)可以选择本机磁盘、USB 或外接式磁盘、网络共享文件夹等。

(2) 一次性备份。也就是手动立即执行单次备份工作，备份目的地可以选择本地磁盘、USB 或外接式磁盘、网络共享文件夹，如果计算机内有安装 DVD 刻录机的话，还可以备份到 DVD 内。

7.2.2　备份与恢复操作

1. 安装 WSB(Windows Server Backup)

(1) 运行“服务器管理器”，添加 Windows Server Backup 角色。

依次点击“开始”→“服务器管理器”，将打开“服务器管理器”对话框，如图 7.34 所示。

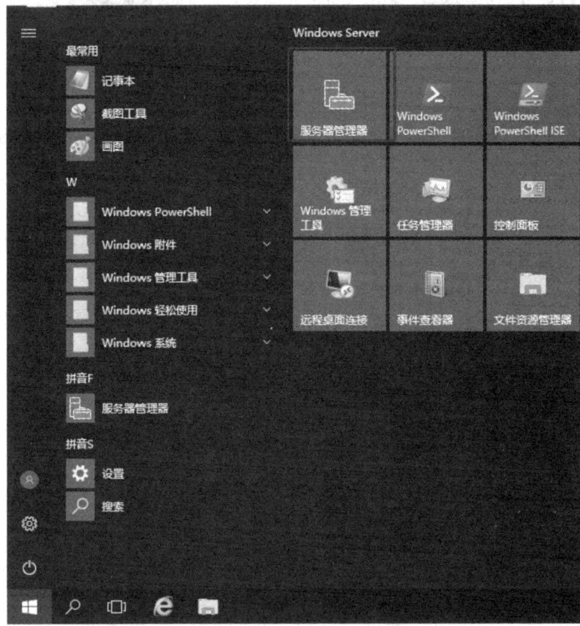

图 7.34　服务器管理器

(2) 在“服务器管理器”窗口中单击“添加角色和功能”，如图 7.35 所示。

图 7.35　添加角色和功能(1)

(3) 在“添加角色和功能向导”中，按默认单击“下一步”进入“功能”界面，勾选“Windows Server Backup”，如图 7.36 所示。

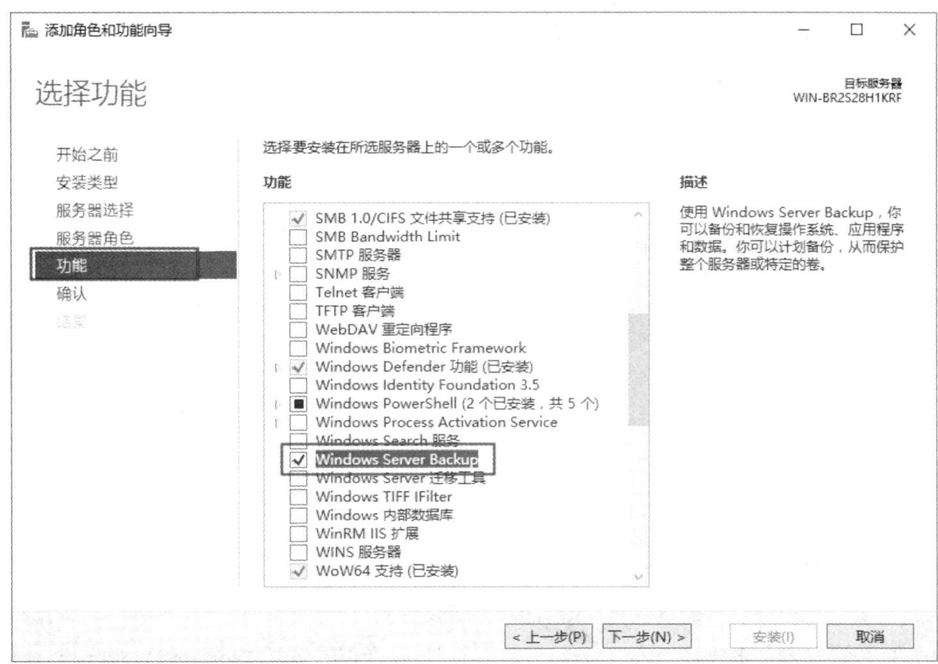

图 7.36　添加角色和功能(2)

(4) 安装成功后，单击“关闭”按钮，如图 7.37 所示。

图 7.37　添加角色和功能(3)

2. 备份文件到其他磁盘

(1) 在电脑上创建一个文件夹，里面放一些资料(比如 E:\招投标方案)，如图 7.38 所示。

图 7.38　创建文件夹

(2) 在“服务器管理器”窗口，单击“工具”→“Windows Server Backup”，即将打开“wbadmin”备份管理工具，如图 7.39 所示。

图 7.39　单击“Windows Server Backup”

(3) 在“wbadmin”备份管理工具窗口，单击左侧“本地备份”，在右侧“操作”栏单击“一次性备份”，如图 7.40 所示。

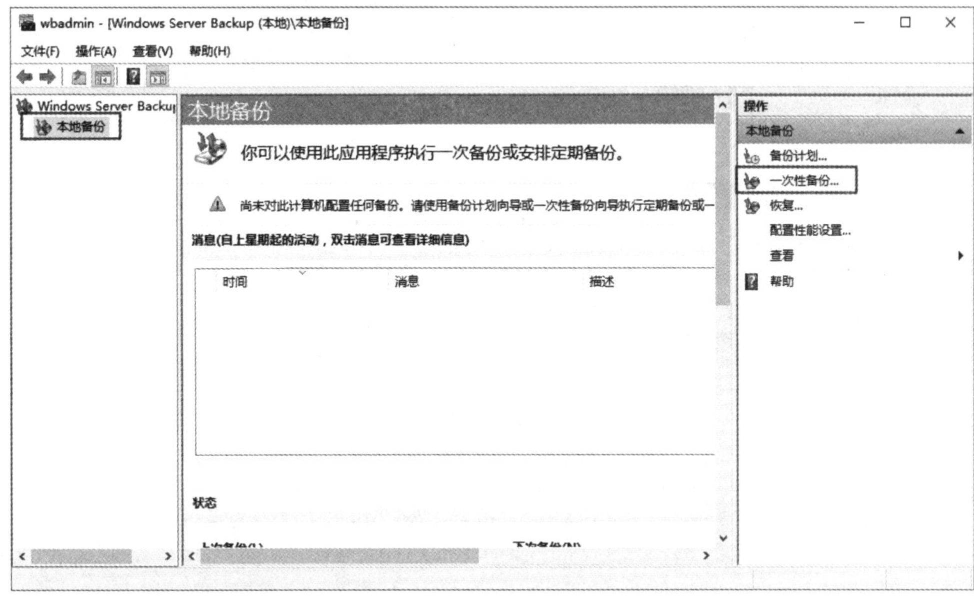

图 7.40　单击“一次性备份”

(4) 在“一次性备份向导”中“备份选项”界面，按默认选中“其他选项”，单击“下一步”，如图 7.41 所示。

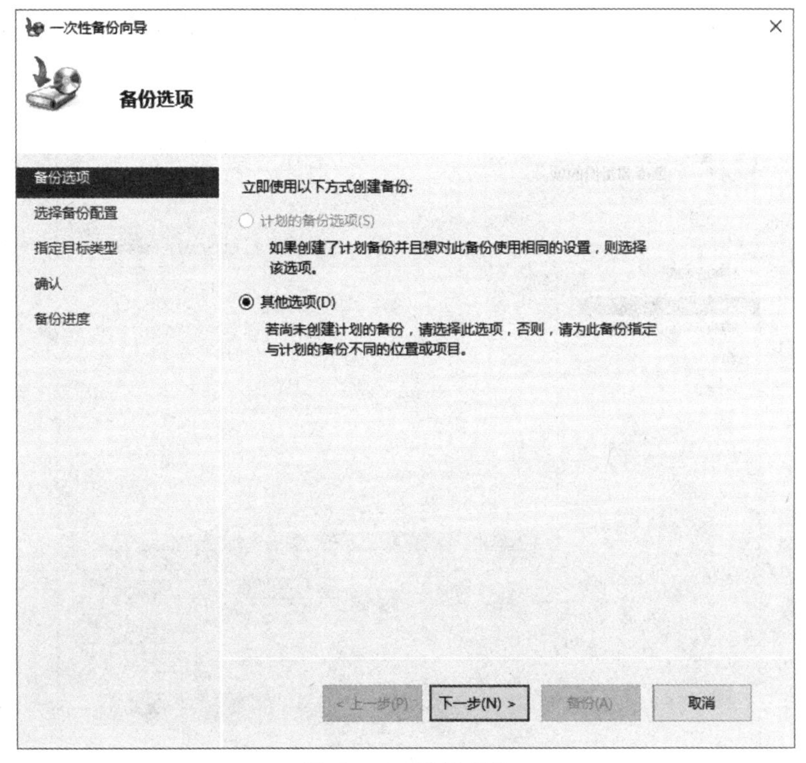

图 7.41　一次性备份

(5) 在“选择备份配置”界面中选中“自定义”，单击“下一步”，如图 7.42 所示。

图 7.42　选择备份配置

(6) 在“选择要备份的项”界面，单击“添加项目”，将出现“选择项”对话框，如图 7.43 所示。

图 7.43　添加项目

(7) 在“选择项”对话框中选择要备份的文件夹(比如 E:\招投标方案)，单击“确定”，如图 7.44 所示。

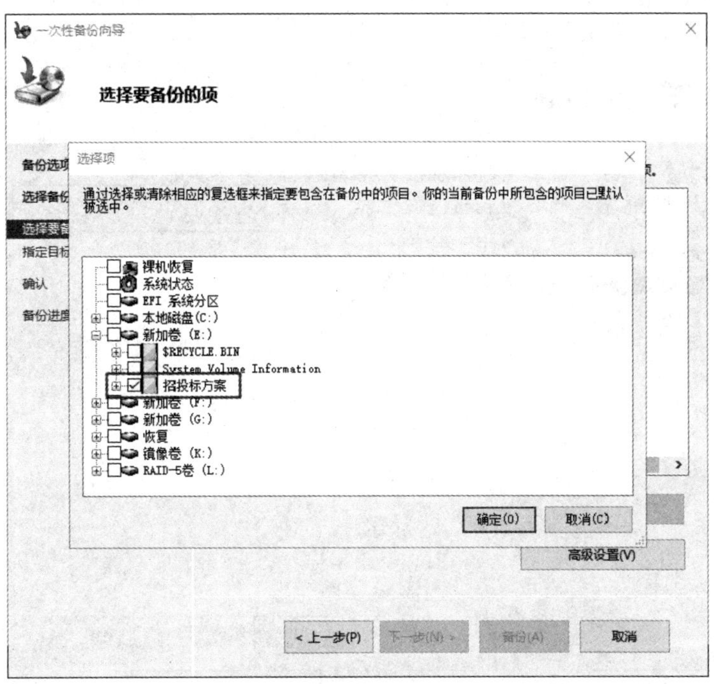

图 7.44　选择要备份的文件夹

(8) 在“指定目标类型”界面选中“本地驱动器”，单击“下一步”，如图 7.45 所示。

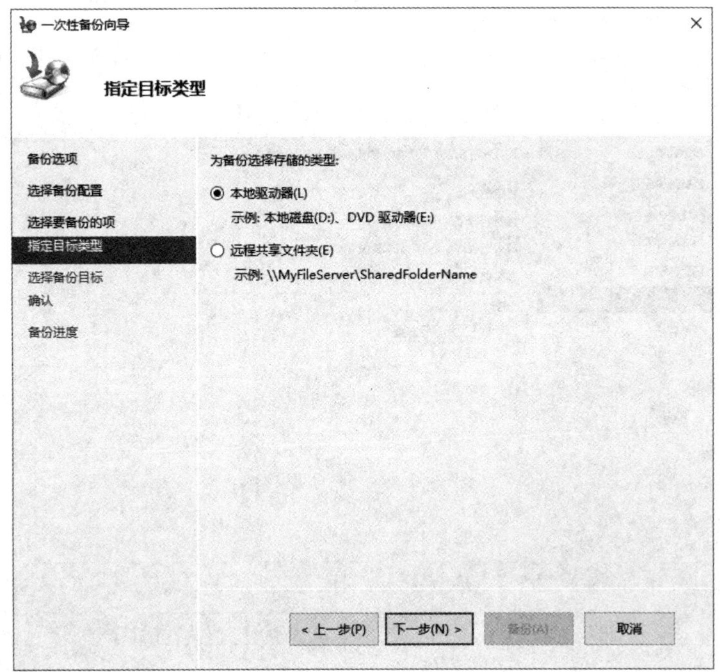

图 7.45　指定目标类型

(9) 在“选择备份目标”界面，指定存储备份的磁盘位置(例如 RAID-5(L:)盘)，单击“下一步”，如图 7.46 所示。

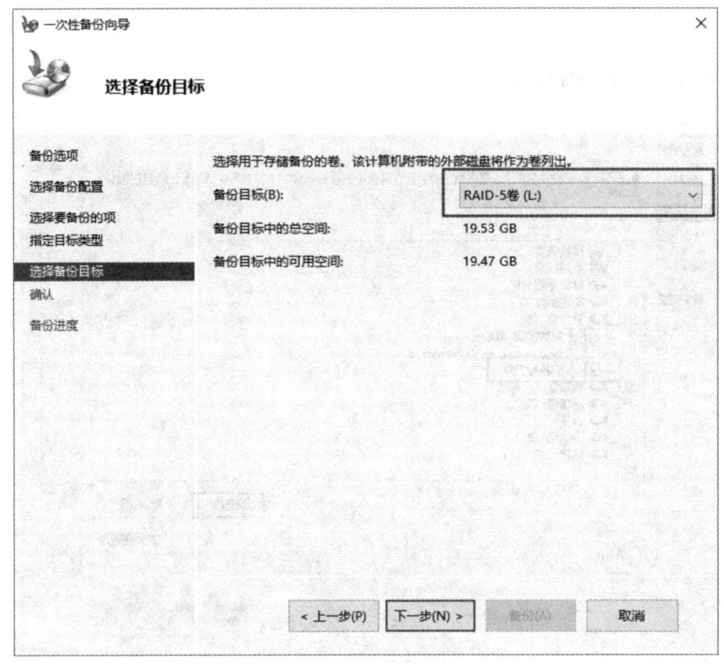

图 7.46　选择备份目标

(10) 在“确认”界面，单击“备份”，即将备份，如图 7.47 所示。

图 7.47　备份

(11) 在“备份进度”界面，显示状态“已完成”，说明备份成功，如图 7.48 所示。

一次性备份向导

备份进度

备份选项
选择备份配置
选择要备份的项
指定目标类型
选择备份目标
确认
备份进度

状态：已完成。

状态详细信息

备份位置：L:
传输的数据：213 KB

项目

项目	状态	传输的数据
新加卷 (E:)	已完成。	213 KB/213 KB

< 上一步(P)　下一步(N) >　关闭(C)　取消

图 7.48　备份完成

3. 恢复文件

(1) 删除“招投标方案”中的某些文件，模拟数据遭破坏，并清空回收站，如图 7.49 所示。

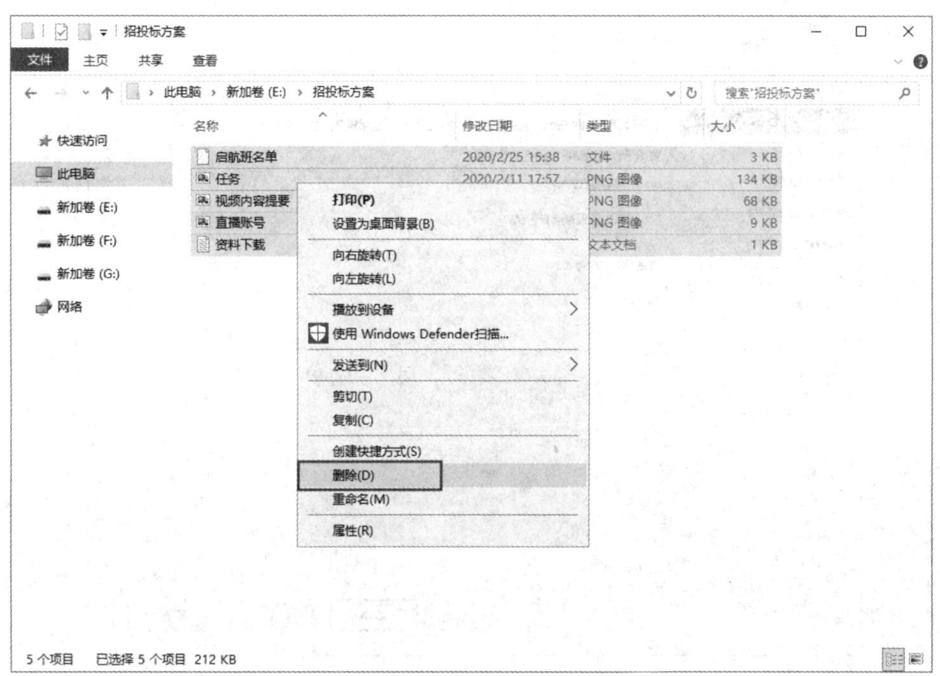

图 7.49　删除文件

(2) 在“wbadmin”备份管理工具窗口，单击左侧“本地备份”，在右侧“操作”栏单击“恢复”，如图 7.50 所示。

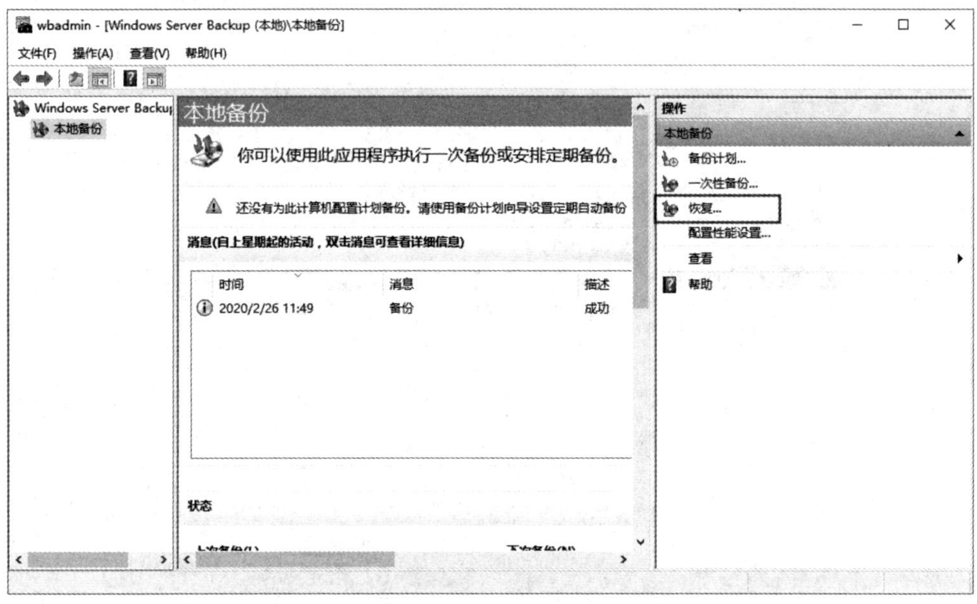

图 7.50　单击“恢复”

(3) 在出现的“恢复向导”的“开始”界面，按默认选择“此服务器(WIN-BR2S28HIKRF)”，如图 7.51 所示。

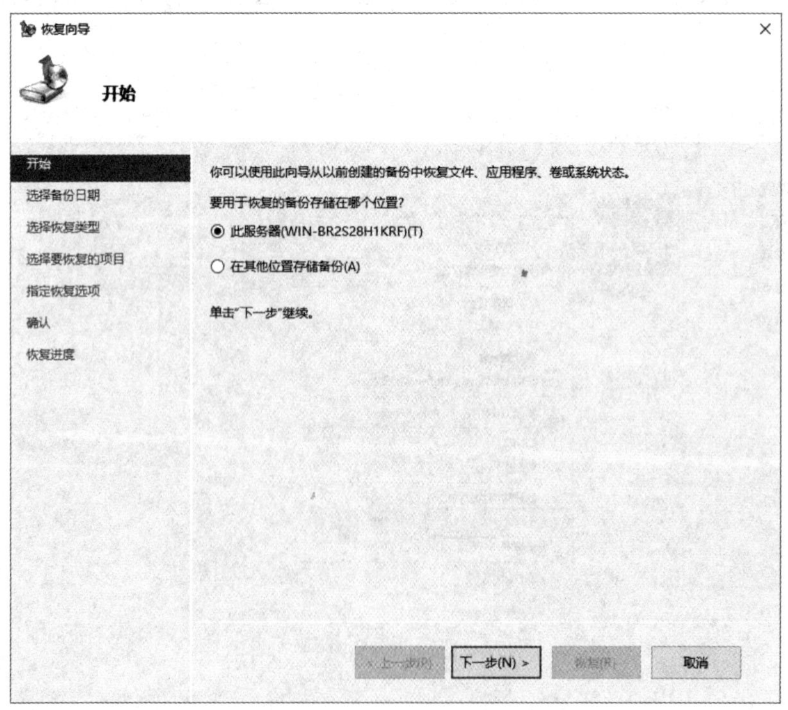

图 7.51　恢复向导

(4) 在“选择备份日期”界面选择“最近的日期”，如图 7.52 所示。

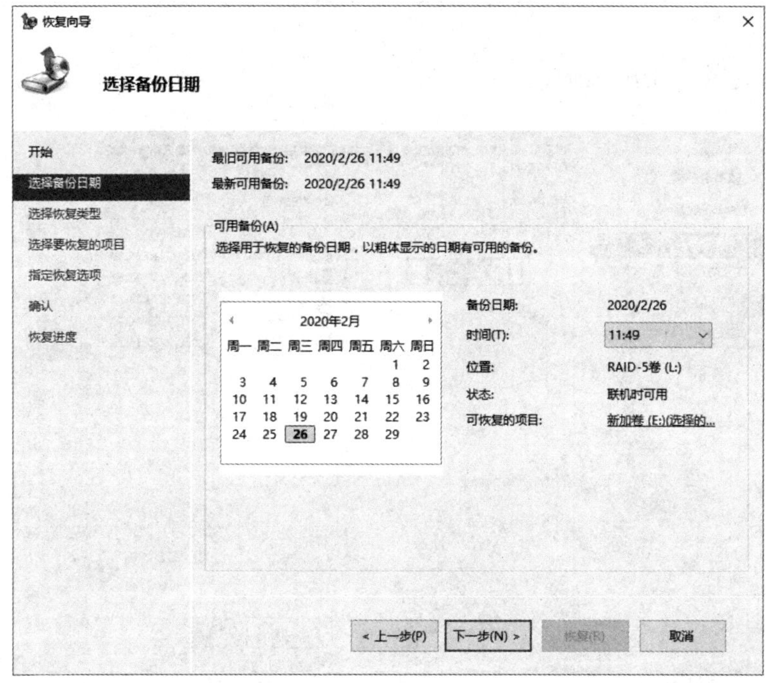

图 7.52　选择备份日期

(5) 在“选择恢复类型”界面，按默认选择“文件和文件夹”，如图 7.53 所示。

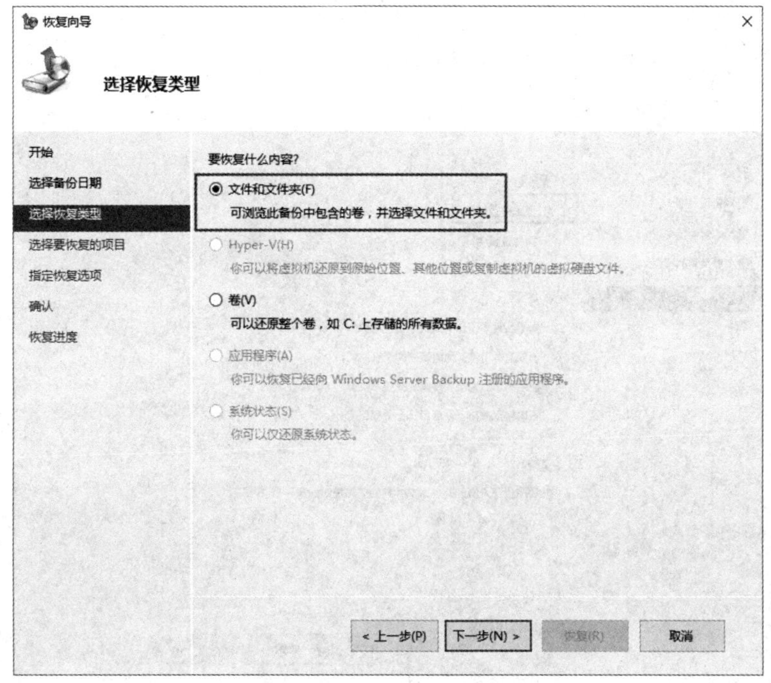

图 7.53　选择恢复类型

(6) 在“选择要恢复的项目”界面，依次展开后选中“招投标方案”，如图 7.54 所示。

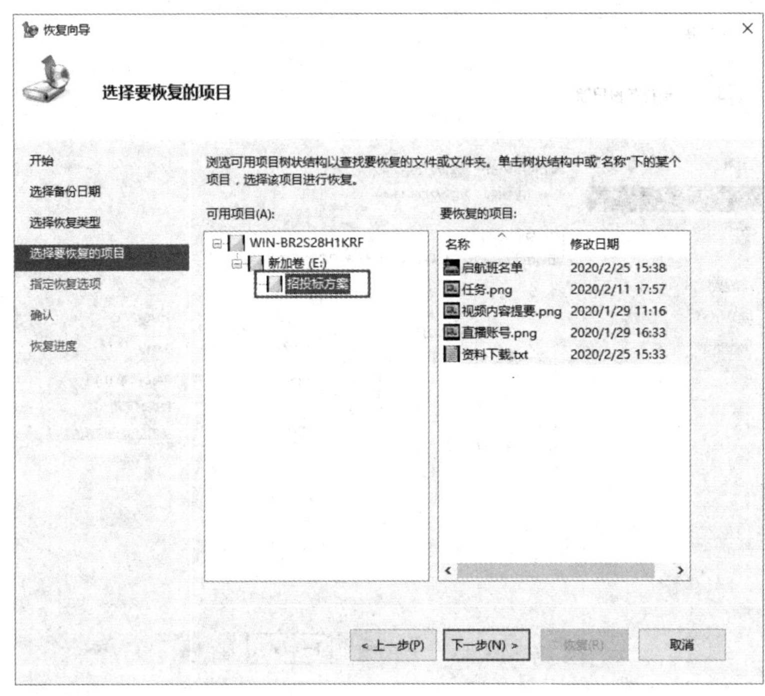

图 7.54　选择要恢复的项目

(7) 在“指定恢复选项”界面，“恢复目标”处选择“原始位置”，其他按照默认，如图 7.55 所示。

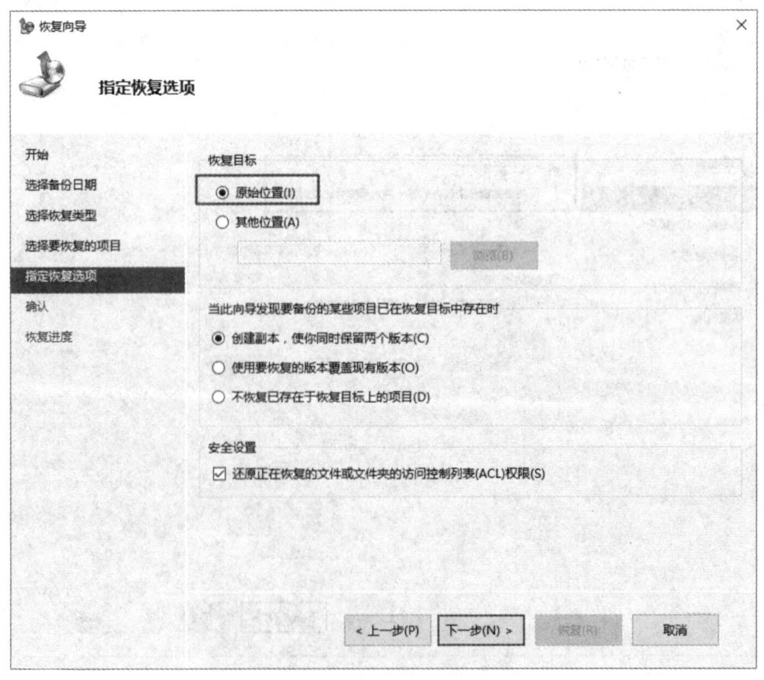

图 7.55　指定恢复选项

(8) 在“恢复向导”界面的“确认”处选择“恢复”，如图 7.56 所示。

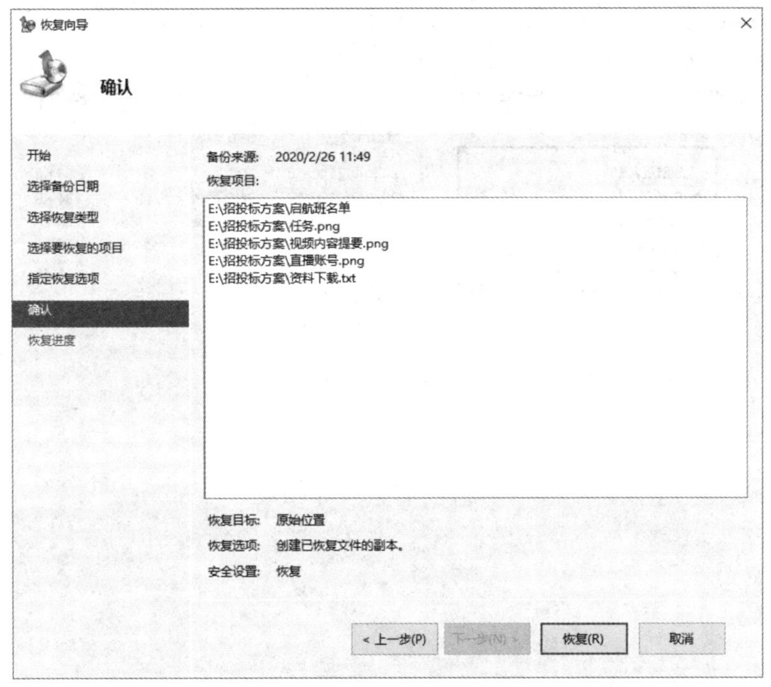

图 7.56　确认恢复

(9) 在“恢复进度”界面，状态显示“已完成”，如图 7.57 所示。

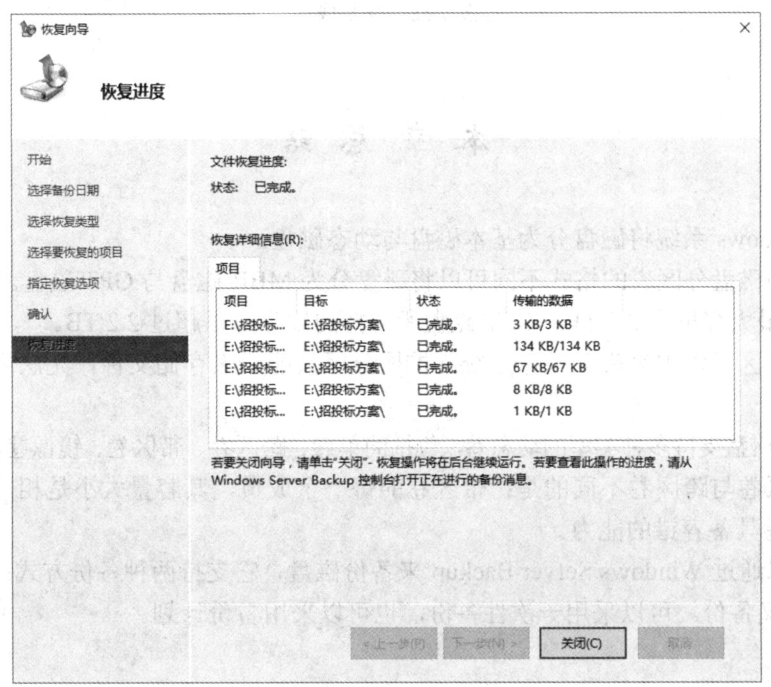

图 7.57　恢复完成

(10) 打开电脑中的“招投标方案”文件夹，发现数据已经恢复成功，如图 7.58 所示。

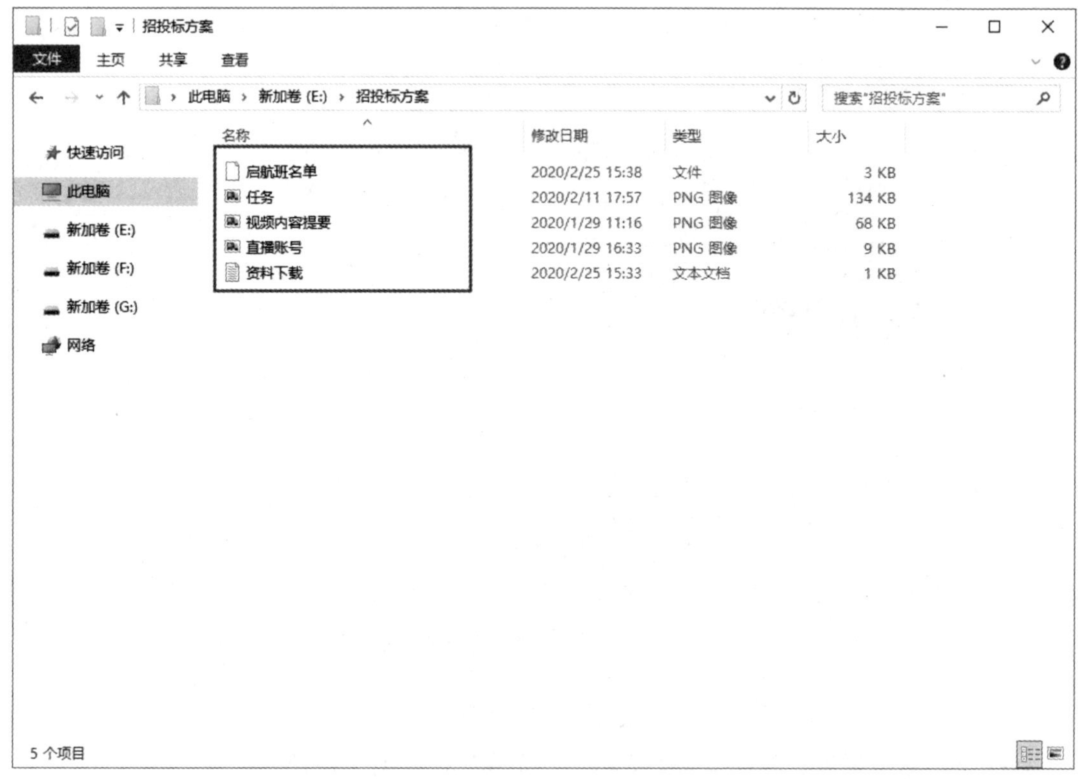

图 7.58　恢复成功

本 章 总 结

(1) Windows 系统将磁盘分为基本磁盘与动态磁盘。

(2) 按照磁盘分区表的格式不同可以将磁盘分为 MBR 磁盘与 GPT 磁盘。MBR 磁盘所支持的硬盘最大容量为 2.2 TB，GPT 磁盘所支持的硬盘可以超过 2.2 TB。

(3) 主分区可以用来启动操作系统，扩展分区只能用来存储文件，无法用来启动操作系统。

(4) 动态磁盘支持多种类型的动态卷，包括简单卷、跨区卷、带区卷、镜像卷、RAID-5 卷。

(5) 带区卷与跨区卷不同的是：带区卷的每一个成员，其容量大小是相同的。镜像卷和 RAID-5 卷具备容错的能力。

(6) 可以通过 Windows Server Backup 来备份磁盘，它支持两种备份方式：完整服务器备份和自定义备份。可以采用一次性备份，也可以采用备份计划。

习　　题

1. 在 Windows 系统中，如果用户希望对系统分区进行容错，一般将硬盘规划为(　　)卷。

A. RAID-5　　B. 带区　　C. 跨区　　D. 镜像

2. 在 Windows 系统中，为了保证数据安全性，可以采用(　　)动态磁盘来提供容错能力。

A. 简单卷　　B. 跨区卷　　C. 带区卷　　D. RAID-5 卷

3. 在 Windows 支持的几种动态磁盘类型中，(　　)可以扩展空间。

A. RAID-5 卷　　B. 镜像卷　　C. 跨区卷　　D. 带区卷

4. 一块物理硬盘最多可以创建(　　)个扩展分区。

A. 一　　B. 二　　C. 三　　D. 四

5. 如果 RAID-5 卷集有五个 100 GB 盘，奇偶校验信息需要(　　)空间存放。

A. 100 GB　　B. 80 GB　　C. 100 MB　　D. 20 GB

扫码看答案

第 8 章 Windows 的安全策略

本章目标

- 理解本地安全策略的作用；
- 学会使用账户策略设置强壮的密码策略；
- 学会使用本地策略设置用户权限策略；
- 学会使用组策略满足对计算机的个性化需求。

问题导向

- 密码策略中“密码复杂性”的要求有哪些？
- 账户锁定策略中“账户锁定阈值”的作用是什么？
- 审核策略中“审核账户管理”的作用是什么？
- 组策略中“计算机配置”和“用户配置”的区别是什么？

8.1 本地安全策略

本地安全策略是管理员在本地计算机配置时的规则，用于保护本计算机上的资源。本地安全策略包括账户策略、本地策略等。

以用户 administrator 登录电脑，依次单击“开始”图标→“Windows 管理工具”→“本地安全策略”，如图 8.1 所示。

打开“本地安全策略”窗口，如图 8.2 所示。

8.1.1 账户策略

账户策略影响用户账户与计算机的交互，包括密码策略和账户锁定策略。

1. 密码策略概述

密码策略用于确定密码的设置，如密码的复杂性和长度等。密码必须符合复杂性要求，不能包含用户的账户名，至少要包含以下四类字符中的三类字符。

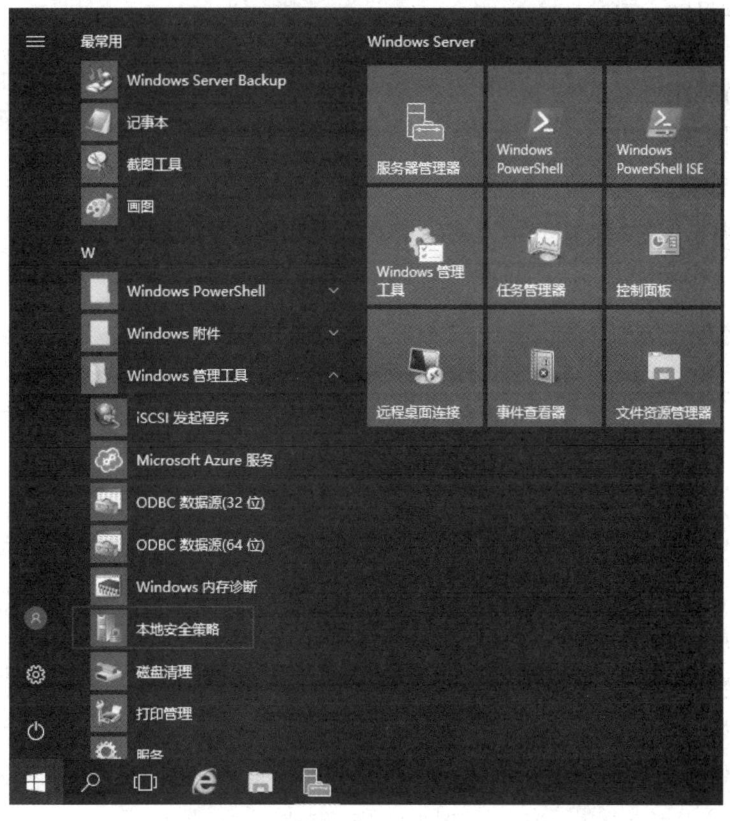

图 8.1　本地安全策略(1)

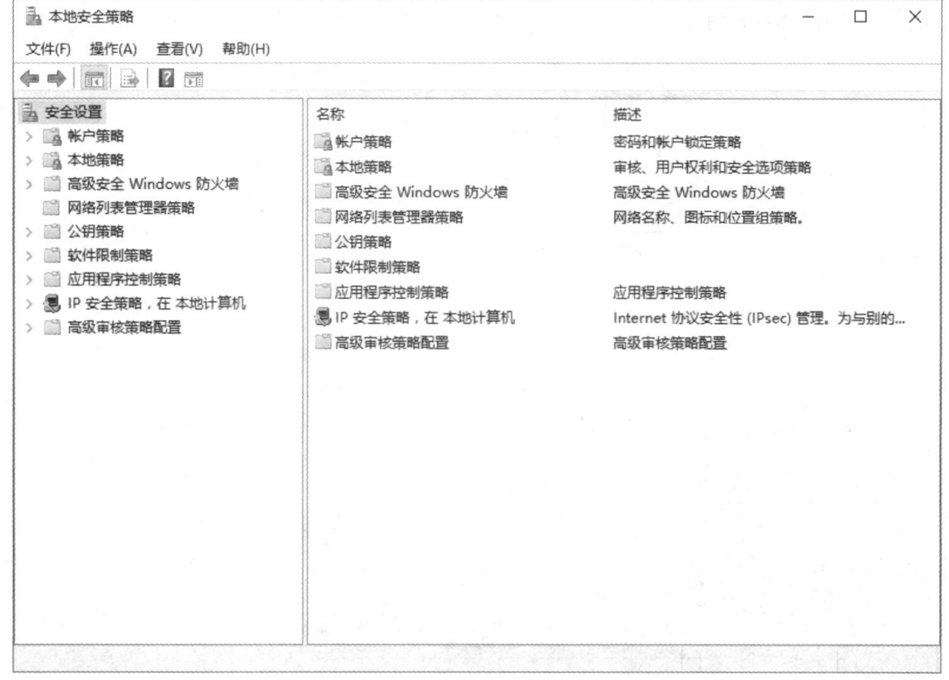

图 8.2　本地安全策略(2)

(1) 大写字母(A～Z)。

(2) 小写字母(a～z)。

(3) 数字(0～9)。

(4) 非字母字符(如!、$、#、%等)。

2. 设置密码策略

(1) 依次展开“账户策略”→“密码策略”，如图 8.3 所示。

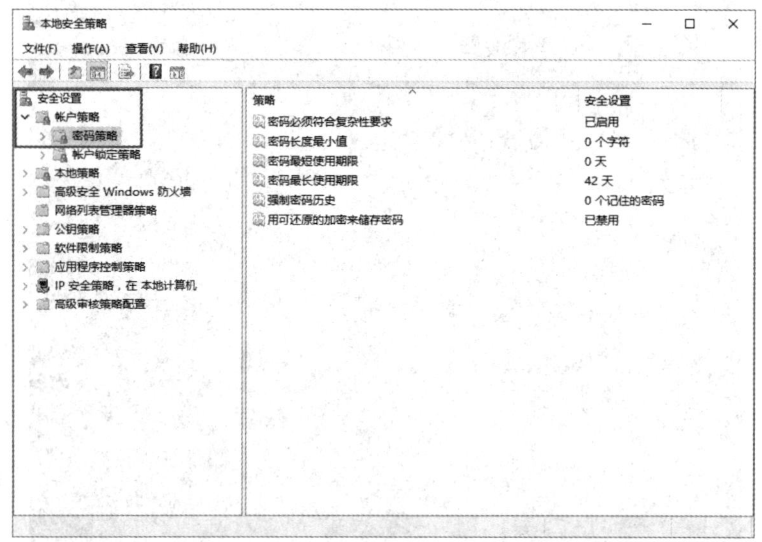

图 8.3　密码策略

(2) 双击图 8.3 所示窗口右侧的“密码必须符合复杂性要求”，在打开的对话框中选择“已启用”，如图 8.4 所示。

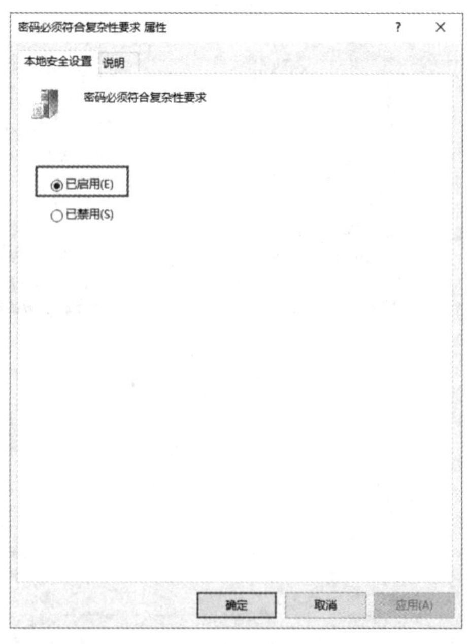

图 8.4　密码符合复杂性要求

(3) 双击图 8.3 所示窗口右侧的“密码长度最小值”，在打开的对话框中设置密码至少为“8”个字符，如图 8.5 所示，点击“确认”按钮。

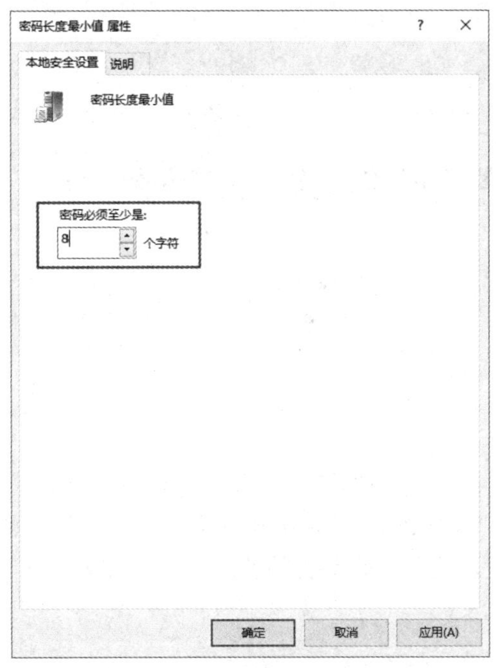

图 8.5 设置密码长度

最终的“密码策略”设置结果如图 8.6 所示。

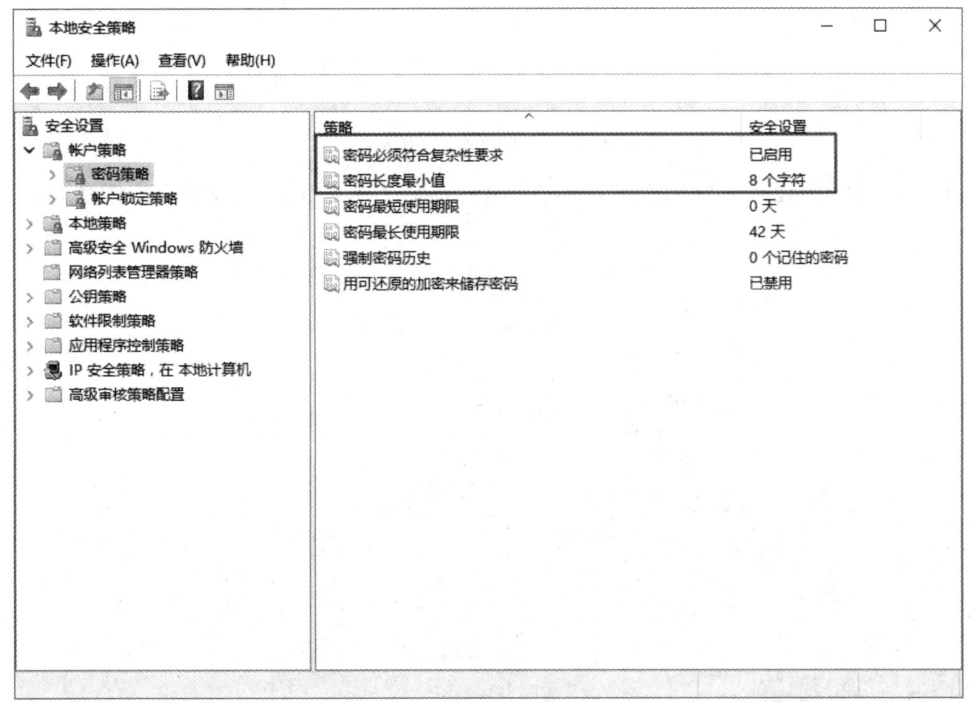

图 8.6 密码策略设置结果

(4) 打开“本地用户和组”管理窗口，修改用户“guojing”的密码，如图 8.7 所示。

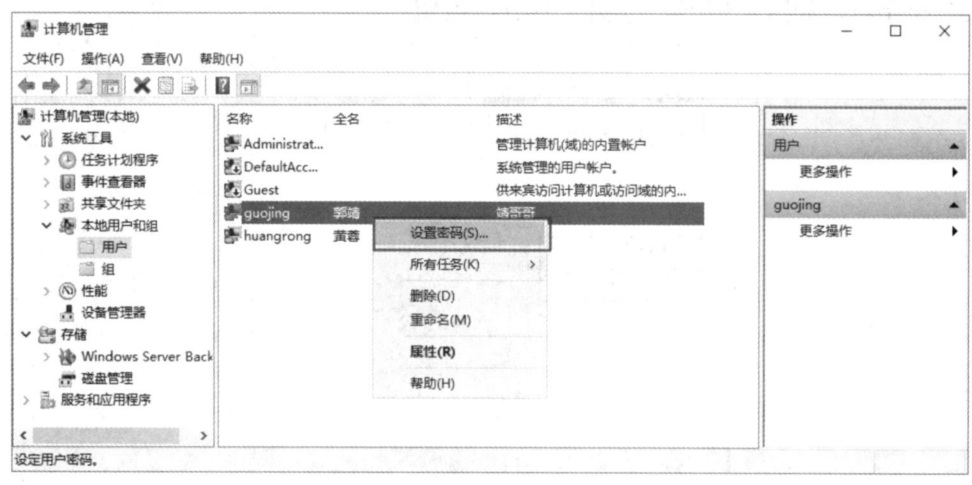

图 8.7　验证密码策略(1)

(5) 输入简单的密码“123456”，弹出对话框显示“密码不满足密码策略的要求。检查最小密码长度、密码复杂性和密码历史的要求”，如图 8.8 所示。

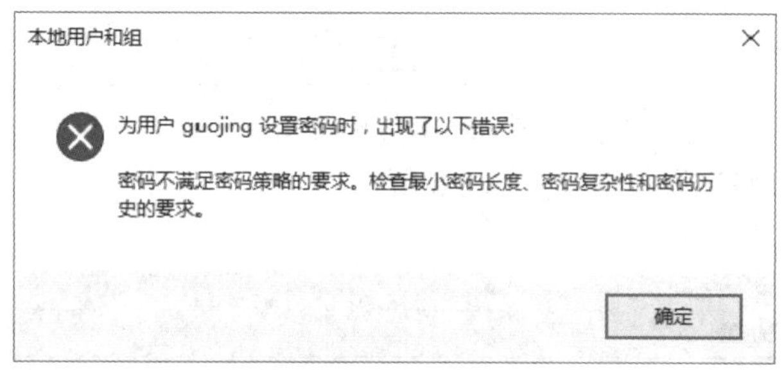

图 8.8　验证密码策略(2)

(6) 输入复杂的密码“Aa123456”，弹出对话框显示“密码已设置”，如图 8.9 所示。

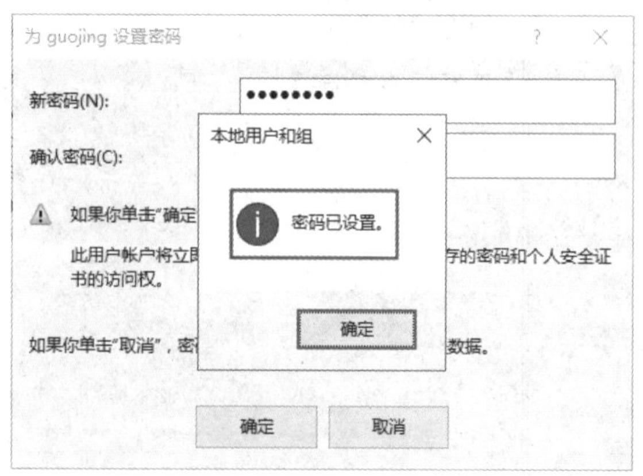

图 8.9　验证密码策略(3)

3. 设置账户锁定策略

(1) 依次展开“账户策略”→“账户锁定策略”，如图 8.10 所示。

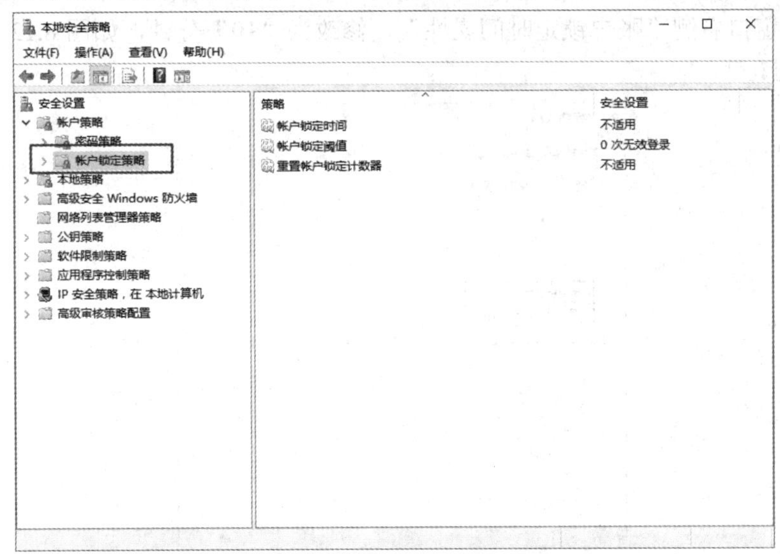

图 8.10　账户锁定策略

图 8.10 中的策略解释如下：

① 账户锁定时间：在自动解锁之前保持锁定的分钟数。其值可为 0～99 999 分钟，0 分钟表示永久锁定，不会自动被解除锁定，这种情况下需要由系统管理员手动解除锁定。

② 账户锁定阈值：登录尝试失败的次数。其值可为 0～999，默认值为 0，表示账户永远不会被锁定。

③ 重置账户锁定计数器：多长时间内累加失败的次数。

(2) 双击窗口右侧“账户锁定阈值属性”，修改为“3”次无效登录锁定账户，如图 8.11 所示。

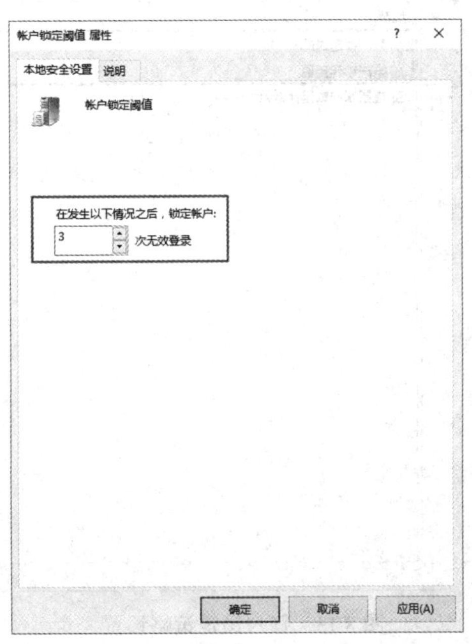

图 8.11　账户锁定阈值

(3) 双击窗口右侧“账户锁定时间属性”，修改为“10”分钟，如图 8.12 所示，点击“确认”按钮。

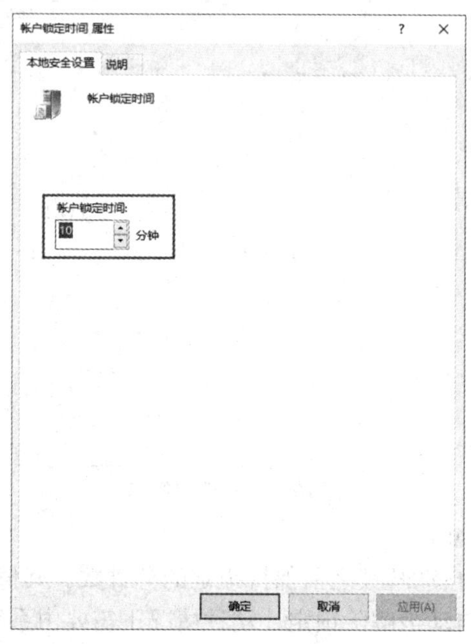

图 8.12　账户锁定时间

最终“账户锁定策略”设置结果如图 8.13 所示。

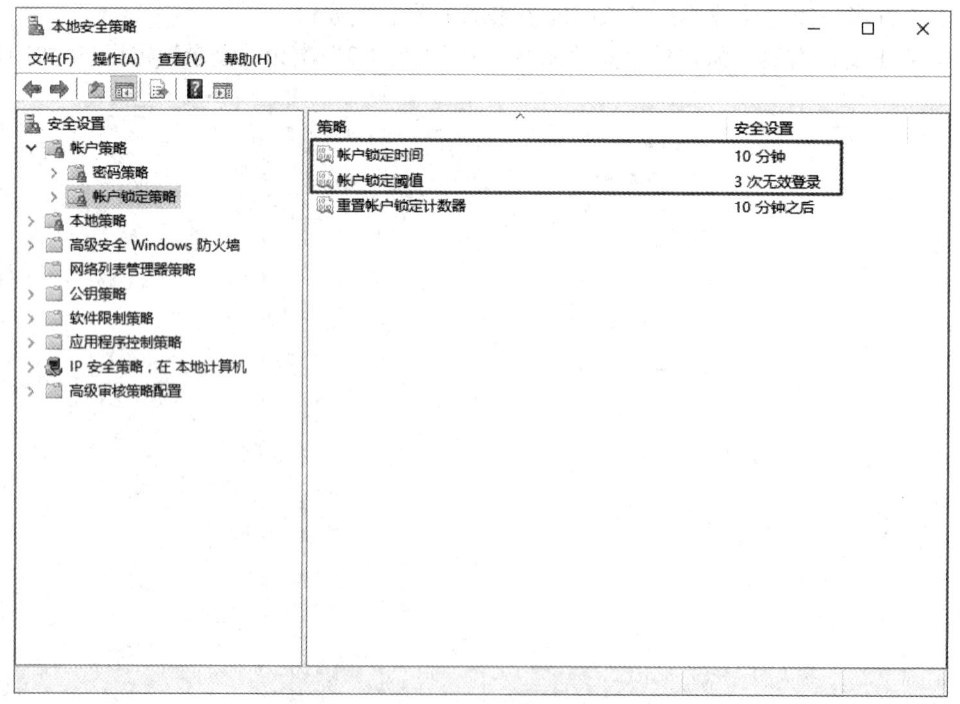

图 8.13　账户锁定策略设置

(4) 切换账户，使用“guojing”登录，先输入 3 次错误的密码，当输入第 4 次时，显示“引用的账户当前已锁定，且可能无法登录。”，如图 8.14 所示。

图 8.14　验证账户锁定策略(1)

此时需要等待 10 分钟后账户“guojing”自动解锁，或使用管理员登录后到“本地用和组”管理窗口中“手动解锁”，如图 8.15 所示。

图 8.15　验证账户锁定策略(2)

8.1.2　本地策略

本地策略适用于计算机，包括以下策略：

(1) 审核策略：设置计算机上的安全日志中的日志记录。

(2) 用户权限分配：设置用户和组的权限。

(3) 安全选项：为计算机指定安全设置。

1. 审核策略

微课视频 016

审核策略用于配置以安全日志的方式记录安全相关事件，包括以下选项：

(1) 审核策略更改：记录对策略的修改事件。

(2) 审核登录事件：记录用户登录成功或失败事件。

(3) 审核账户管理：记录用户添加/删除/重命名/禁用/启用等事件。

审核策略的设置如下：

(1) 打开“本地安全策略”窗口，依次展开“本地策略”→“审核策略”，如图 8.16 所示。

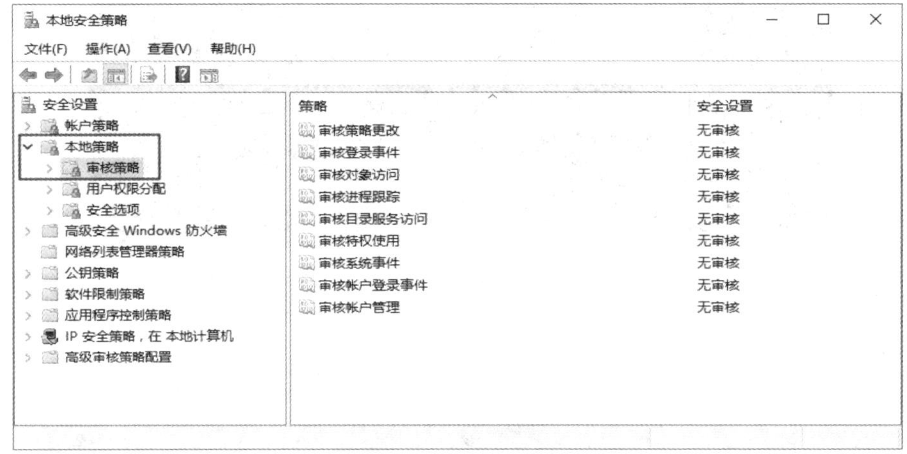

图 8.16　审核策略

(2) 在窗口右侧，双击“审核账户管理”，在弹出的“审核账户管理 属性”对话框中，勾选“成功”和“失败”，如图 8.17 所示。

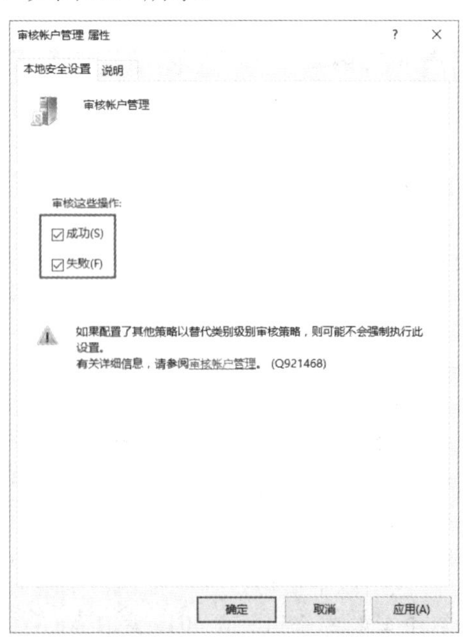

图 8.17　审核账户管理

2. 用户权限分配

用户权限分配用于将权限分配给特定的用户或组，包括以下几项：

(1) 允许通过远程桌面服务登录；

(2) 允许本地登录；

(3) 拒绝本地登录；

(4) 更改系统时间；

(5) 备份文件和目录。

分配用户权限的设置如下：

(1) 打开“本地安全策略”窗口，依次展开“本地策略”→“用户权限分配”，如图 8.18 所示。

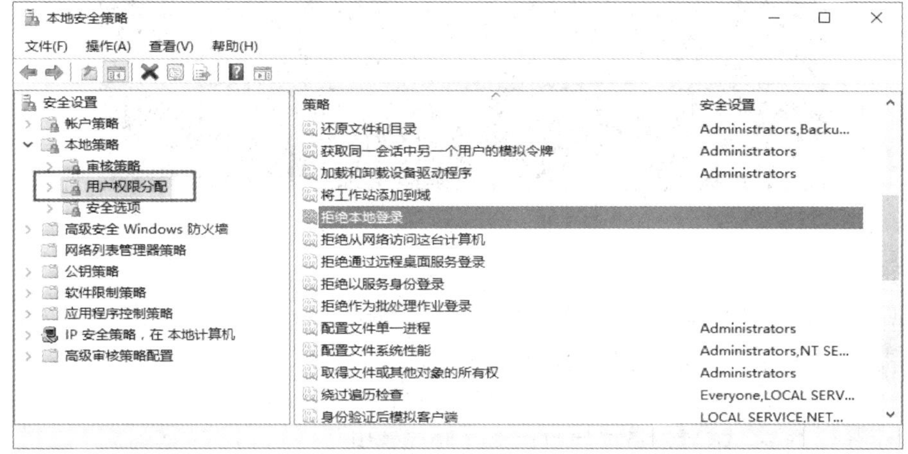

图 8.18 用户权限分配

(2) 在窗口右侧双击“拒绝本地登录”，在弹出的“拒绝本地登录 属性”对话框添加“huangrong”用户，如图 8.19 所示。

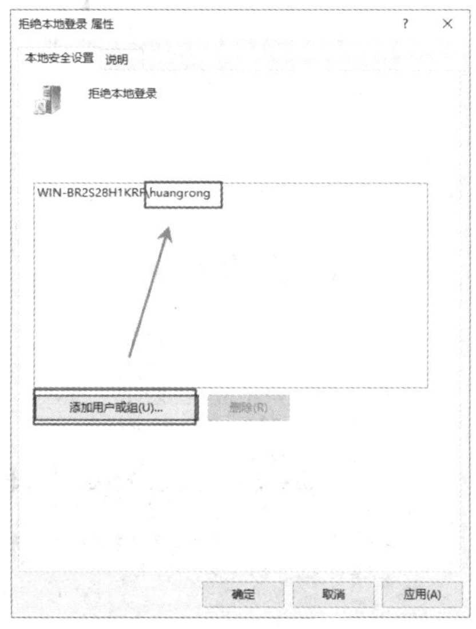

图 8.19 拒绝本地登录

(3) 当输入用户名“huangrong”和密码“Tedu.cn123”登录时，显示“不允许使用你正在尝试的登录方式。请联系你的网络管理员了解详细信息。”(如图 8.20 所示)。

图 8.20　验证用户权限分配

3. 安全选项

安全选项用于启用一些安全设置，包括以下选项：

(1) 交互式登录：无须按 Ctrl + Alt + Del，默认禁用。

(2) 交互式登录：提示用户在过期之前更改密码，默认为 5 天。

(3) 交互式登录：不显示最后的用户名，默认禁用。

(4) 关机：允许系统在未登录的情况下关闭，默认禁用。

启用安全选项的设置如下：

(1) 打开“本地安全策略”窗口，依次展开“本地策略”→“安全选项”，如图 8.21 所示。

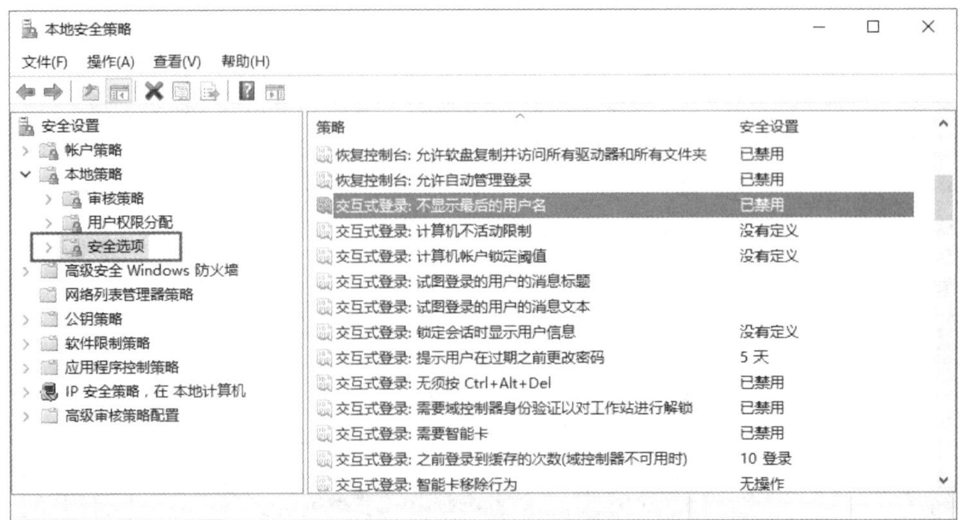

图 8.21　安全选项

(2) 在窗口右侧双击“交互式登录：不显示最后的用户名”，在“交互式登录：不显示最后的用户名 属性”对话框中选择“已启用”，如图 8.22 所示。

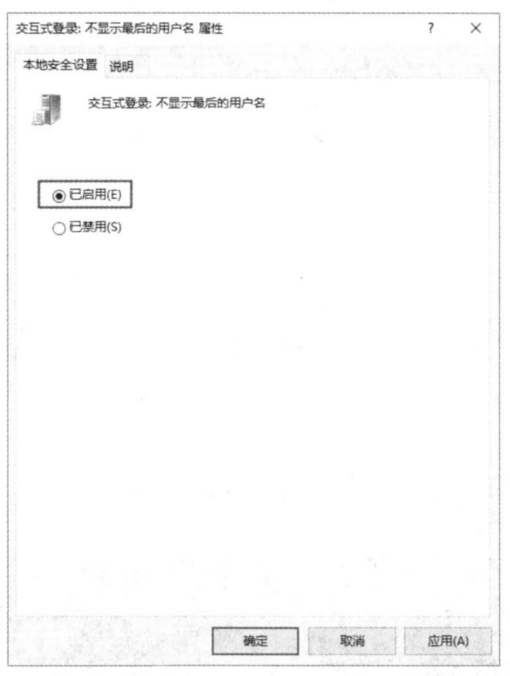

图 8.22　交互式登录设置(1)

(3) 在窗口右侧双击“交互式登录：无须按 Ctrl + Alt + Del”，在“交互式登录：无须按 Ctrl + Alt + Del 属性”对话框中选择“已启用”，如图 8.23 所示。

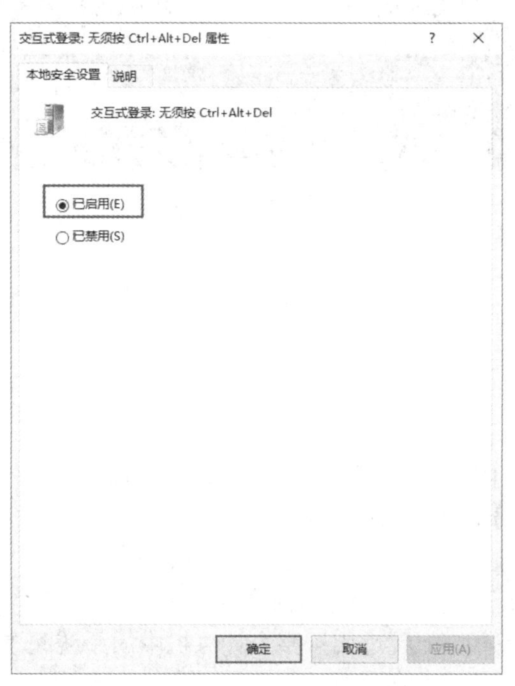

图 8.23　交互式登录设置(2)

(4) 最终“安全选项”设置结果如图 8.24 所示。

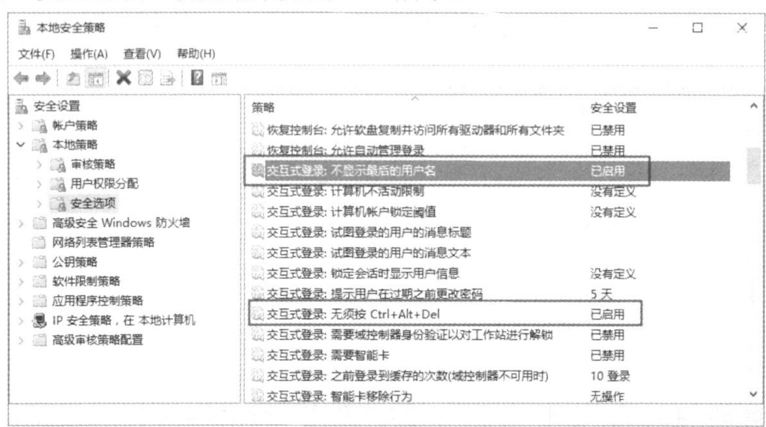

图 8.24　安全选项设置

(5) 验证“安全选项”。

切换到用户登录界面，发现无须按 Ctrl + Alt + Del，而且不显示最后的登录名，如图 8.25 所示。

图 8.25　验证安全选项

8.2　组　策　略

8.2.1　组策略概述

微课视频 017

系统管理员可以利用组策略来限制用户，控制和管理用户工作环境，这样可以减轻系统管理员的管理负担，也可以让用户拥有适当的环境，有利于加强网络系统的安全性。

组策略包含计算机配置与用户配置两部分。

(1) 计算机配置。计算机配置适用于整个计算机中的系统配置，它对所有用户的运行环境都起作用，计算机重启后配置生效。

(2) 用户配置。用户配置适用于当前用户的系统配置，它仅对登录的用户起作用，用户注销后，重新登录配置生效。

可以通过以下两种方法来设置组策略。

(1) 本地计算机策略。针对一台计算机设置策略，这个策略里的计算机配置只会被应用到这台计算机，而用户配置会被应用到在这台计算机登录的所有用户。

(2) 域组策略。在域内可以针对站点、域或组织单位来设置组策略，这部分内容将在后续章节进行介绍。

8.2.2　组策略配置与应用

在 Windows Server 2016 中配置组策略，实现拒绝 U 盘写入数据和隐藏桌面上所有图标的目标。

1. 拒绝 U 盘写入数据

(1) 运行“gpedit.msc”，将会打开“本地组策略编辑器”窗口，如图 8.26 所示。

图 8.26　运行“gpedit.msc”

(2) 在“本地组策略编辑器”窗口，依次展开“计算机配置”→“管理模板”→“系统”→“可移动存储访问”，如图 8.27 所示。

图 8.27　可移动存储访问

(3) 双击窗口右侧“可移动磁盘：拒绝写入权限”，在弹出的窗口中选中“已启用”，如图 8.28 所示。

图 8.28　拒绝写入权限

(4) 验证 U 盘不能写入。

插入真实 U 盘，VMware 虚拟机弹出“检测到新的 USB 设备”，此时选中“连接到虚拟机”，并选中“Windows Server 2016”，如图 8.29 所示。

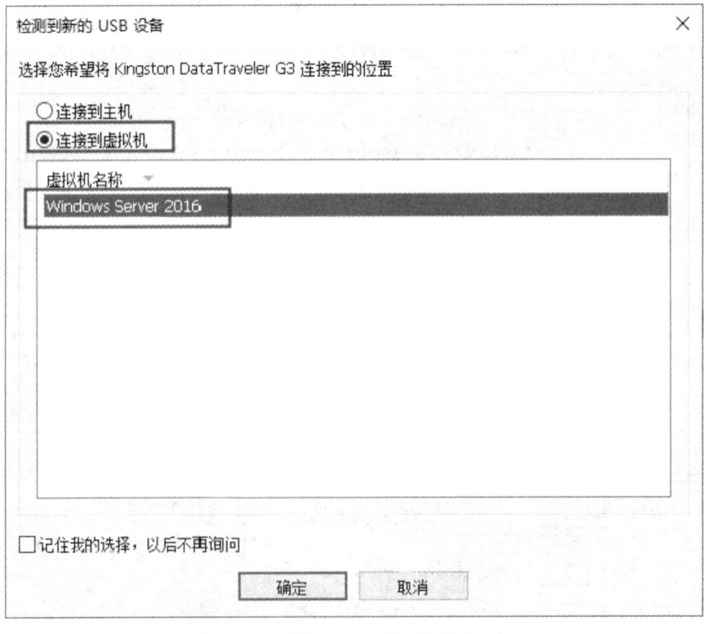

图 8.29　验证 U 盘不能写入(1)

在 Windows Server 2016 中打开 U 盘，发现无法写入数据到 U 盘(读取正常)，如图 8.30 所示。

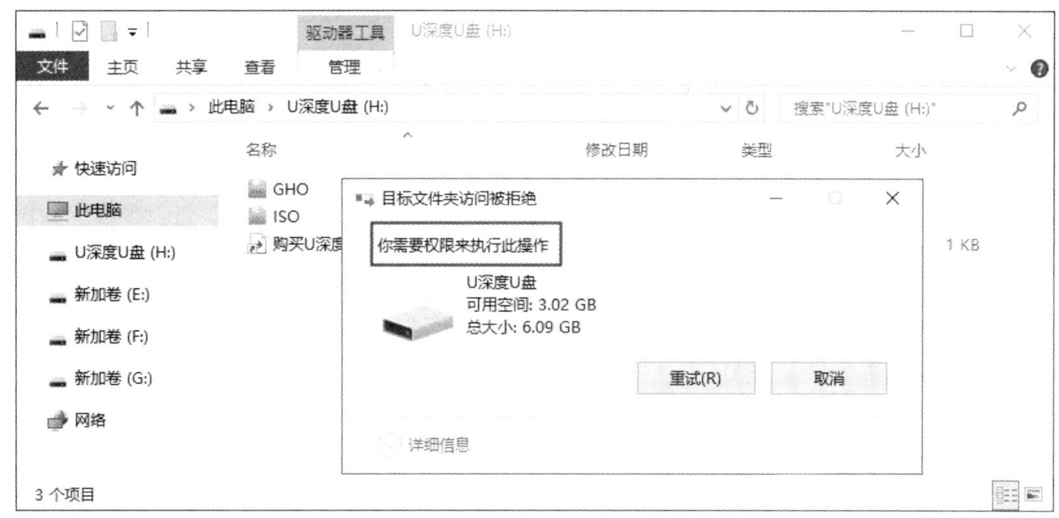

图 8.30　验证 U 盘不能写入(2)

2. 隐藏桌面上所有图标

(1) 在“本地组策略编辑器”窗口，依次展开“用户配置”→“管理模板”→“桌面”，如图 8.31 所示。

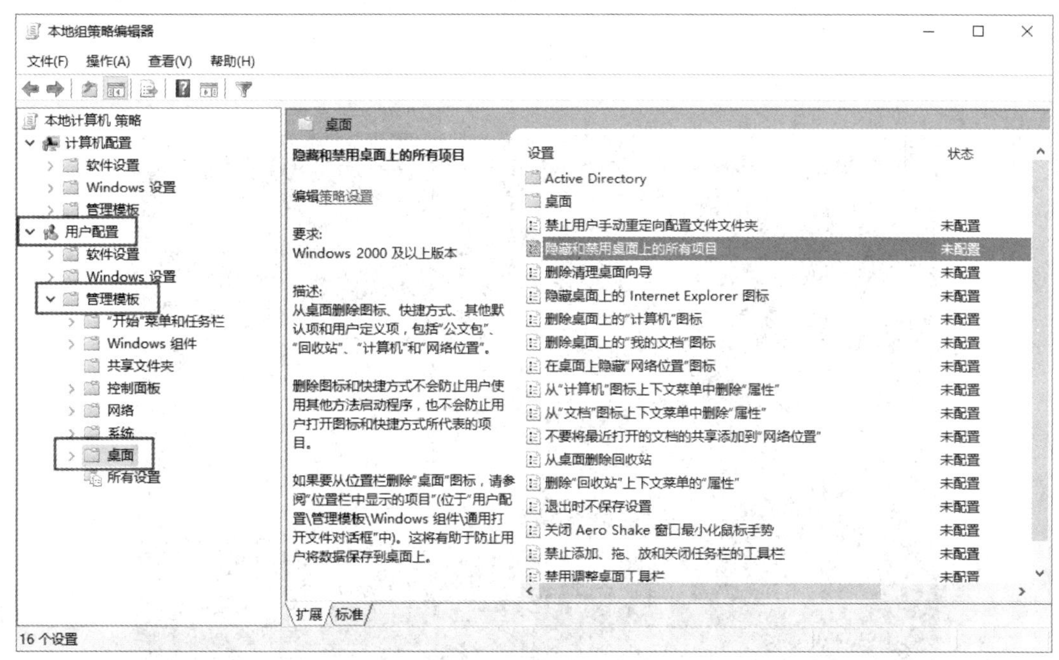

图 8.31　桌面

(2) 双击窗口右侧“隐藏和禁用桌面上的所有项目”，在弹出的窗口中选中“已启用”，如图 8.32 所示。

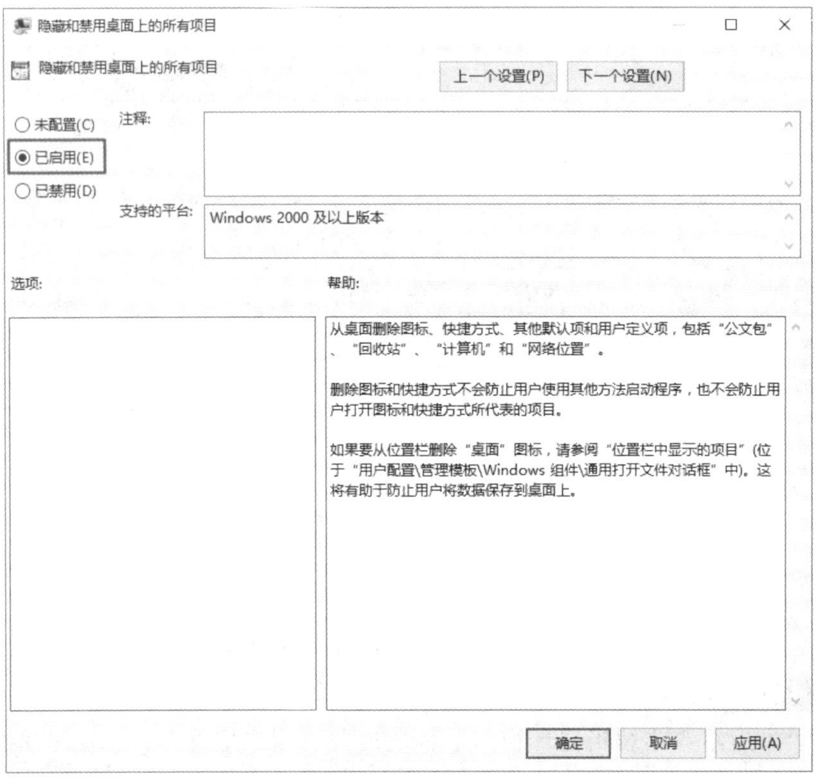

图 8.32　隐藏和禁用桌面上的所有项目

(3) 注销当前用户，重新登录后发现桌面图标都已经被隐藏，即使在桌面上右击鼠标也没有反应，如图 8.33 所示。

图 8.33　验证策略

本章总结

(1) 本地安全策略设置是管理员用于保护本计算机上的资源而在本地计算机配置的规则。本地安全策略包括账户策略、本地策略等。

(2) 账户策略影响用户账户如何与计算机交互，包括密码策略和账户锁定策略。

(3) 本地策略适用于计算机，包括审核策略、用户权限分配、安全选项。

(4) 组策略包含计算机配置与用户配置两部分。计算机配置适用于整个计算机中的系统配置，用户配置适用于当前用户的系统配置，它仅对登录的用户起作用。

(5) 可以通过本地计算机策略和域组策略两种方法来设置组策略。

习　题

1. 在 Windows Server 2016 系统中，若希望用户连续 3 次输错密码就将其锁定，应在账户锁定策略中设置(　　)的值为 3。

A. 复位账户锁定计数器　　B. 账户锁定时间

C. 账户密码历史　　D. 账户锁定阈值

2. 在 Windows Server 2016 系统中，如果密码策略中密码的最长使用期限设置为 0，表示的意思是(　　)。

A. 用户在登录时需要修改密码　　B. 用户被禁用

C. 密码永不过期　　D. 用户无法自己设置密码

3. 在 Windows Server 2016 系统中，以下(　　)权限属于“用户权限分配”。

A. 允许在本地登录

B. 账户：使用空密码的本地账户只允许进行控制台登录

C. 拒绝从网络访问这台计算机

D. 交互式登录：试图登录的用户的消息文本

4. 在 Windows 系统中，以下(　　)密码符合复杂性要求。

A. abc123　　B. abc@123　　C. ABC1　　D. Abcdef

扫码看答案

第 9 章 Windows 的共享管理

本章目标

- 学会配置文件夹共享；
- 学会访问共享文件夹的方法；
- 学会控制通过网络访问共享的有效权限。

问题导向

- Windows 主机如何把目录共享给其他客户机?
- 如何访问其他主机提供的共享目录?
- 如何控制共享目录的访问权限?
- 通过网络访问共享，如何确定有效权限?

9.1 网络资源共享

资源共享是网络的主要功能之一，可以通过公用文件夹或共享文件夹将文件资源共享给其他用户。

9.1.1 公用文件夹共享

Windows 系统中已经内置了一个公用文件夹，每一位在本地登录的用户都可以访问此文件夹。依次展开“本地磁盘(C:)”→“用户”→“公用”，如图 9.1 所示，公用文件夹内默认已经有公用文档、公用下载等文件夹，用户只要把需要共享的文件复制到其中即可。

系统管理员也可以允许用户通过网络来访问公用文件夹，具体操作步骤如下所述。

1. 启用公用文件夹共享

(1) 实验环境。

Windows Server 2016 虚拟机配置 IP 地址为 192.168.1.20/24，添加访问共享用户“jingjing”。

真实机配置 VMnet8 的 IP 地址为 192.168.1.10/24，确保真实机与虚拟机互通。

图 9.1　公用文件夹

(2) 以管理员 Administrator 登录 Windows Server 2016，将图像文件存放到“C:\用户\公用\公用图片”目录中，如图 9.2 所示。

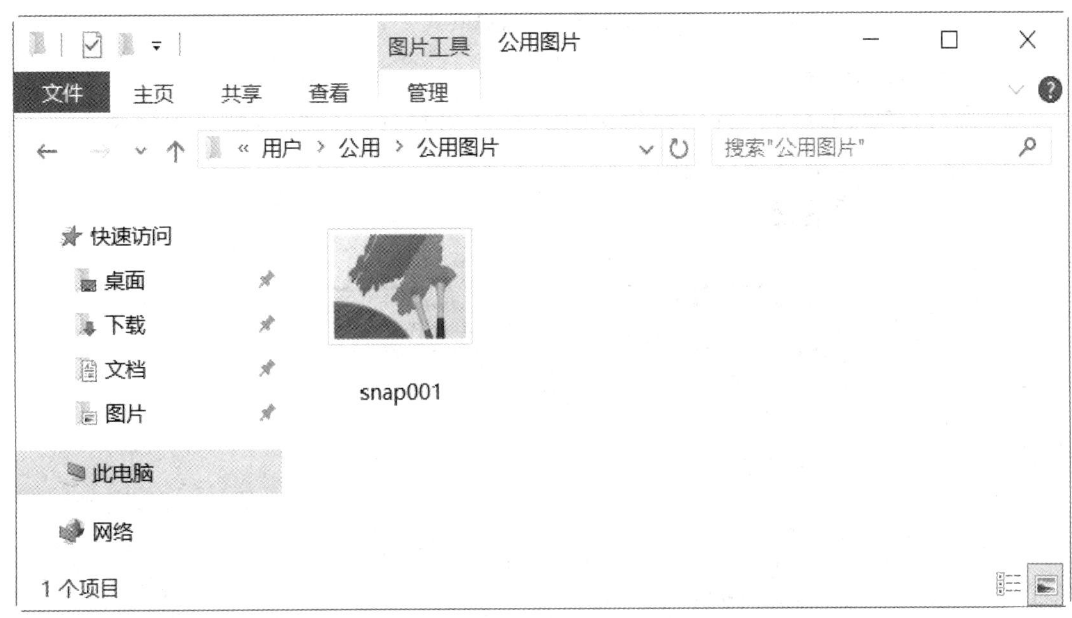

图 9.2　图像文件

(3) 开启公用文件夹共享。

依次展开“控制面板”→“网络和 Internet”→“网络和共享中心”→“高级共享设置”，启用共享后保存更改，如图 9.3 所示。

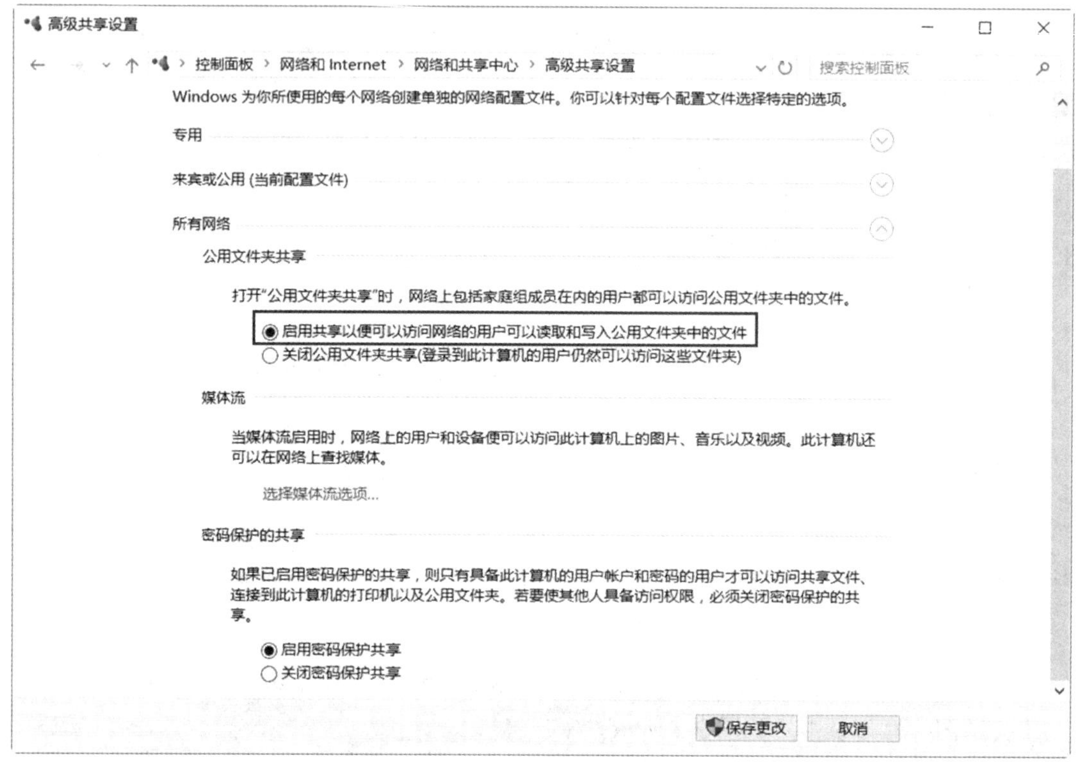

图 9.3　开启公用文件夹共享

2. 客户端访问共享

(1) 在真实机桌面双击“此电脑”→“网络”，开启网络发现，如图 9.4 所示。

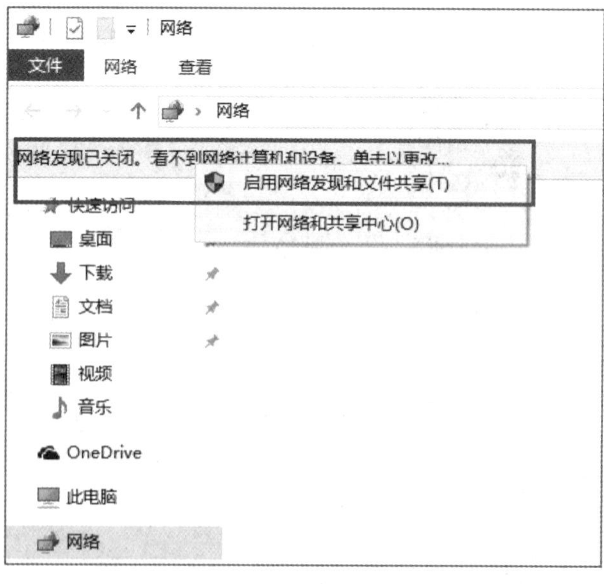

图 9.4　开启网络发现

(2) 双击“WIN2016”，根据提示输入访问共享的用户名及密码，如图 9.5 所示。

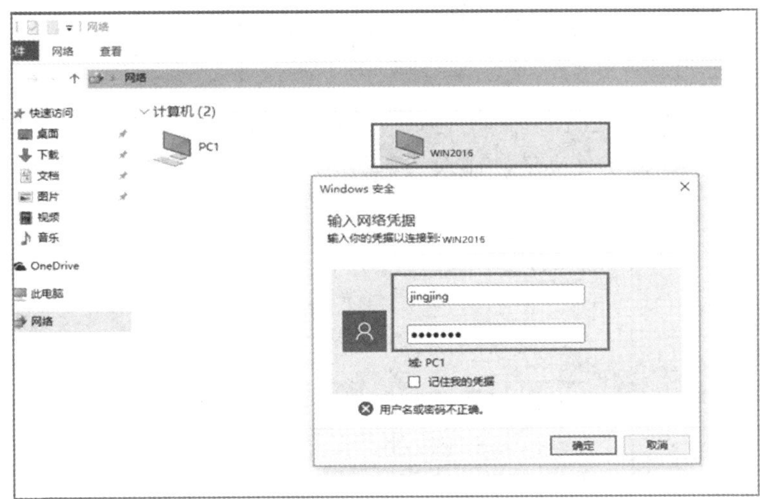

图 9.5　访问共享(1)

(3) 双击“Users”→“公用”→“公用图片”，如图 9.6 所示，表示访问成功。

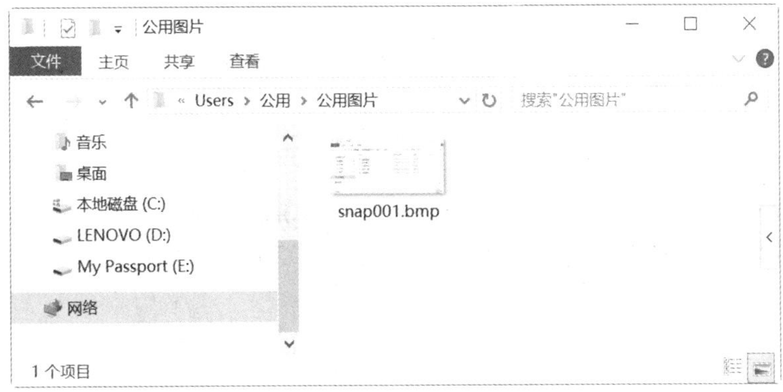

图 9.6　访问共享(2)

也可以采用 UNC(Universal Naming Convention，通用命名规则)路径的方式访问。例如按下快捷键“Win+R”，调出“运行”，输入“\\192.168.1.20”，如图 9.7 所示。

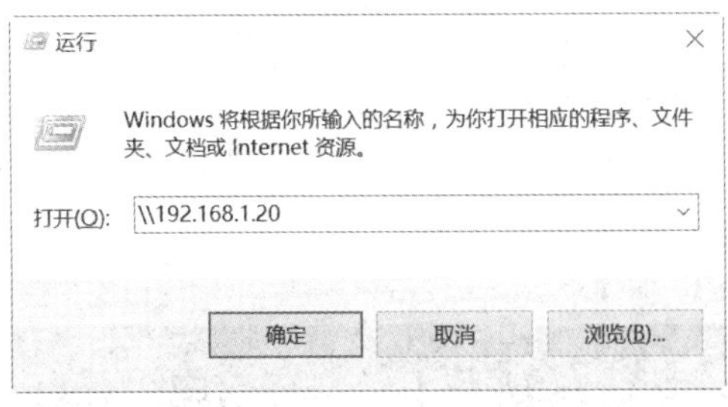

图 9.7　采用 UNC 方式访问

9.1.2　配置文件夹共享

微课视频 018

如果不使用公用文件夹，则可以采用配置共享文件夹的方式将文件共享给网络上的其他用户。当某个文件夹被设置为共享文件夹后，用户就可以通过网络来访问此文件夹内的文件或文件夹。

1. 创建文件夹共享

(1) 在 Windows Server 2016 上右击目录“D:\软件”，点击“属性”→“共享”→“高级共享”，勾选“共享此文件夹”，输入共享名“tools”，如图 9.8 所示。

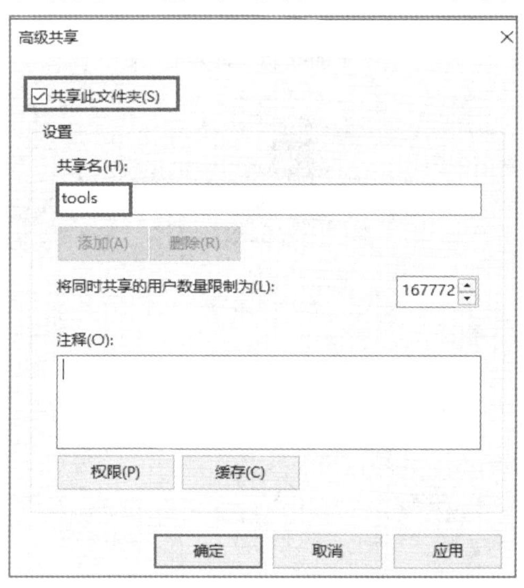

图 9.8　共享文件夹

(2) 客户端可以采用 UNC 路径的方式(也就是\\计算机名称\共享名)访问。

使用快捷键“Win+R”调出“运行”，输入“\\192.168.1.20\tools”，如图 9.9 所示。

图 9.9　采用 UNC 路径方式访问

客户端也可以通过映射网络驱动器访问共享。

在“运行”对话框中输入 cmd，进入命令环境，输入“net use h: \\192.168.1.20\tools”，如图 9.10 所示。

图 9.10　映射网络驱动器(1)

客户端主机打开资源管理器，可查看到增加了 H 盘，如图 9.11 所示。

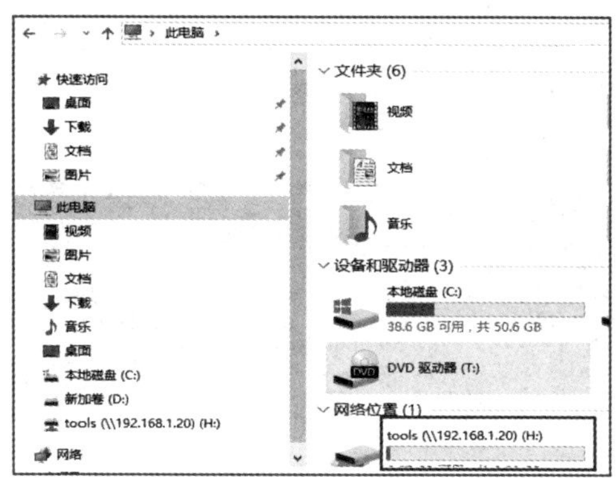

图 9.11　映射网络驱动器(2)

2. 隐藏的共享

如果共享文件夹有特殊的使用目的，不想让用户在网络上浏览到，则只要在共享名后加上一个符号“$”，就可以隐藏共享文件夹。

系统已经自动建立了多个隐藏的共享文件夹，它们是供系统内部使用或系统管理用的。例如，C$代表 C 盘，ADMIN$代表 Windows Server 2016 的安装文件夹(如 C:\Windows)等。

(1) 在 Windows Server 2016 上右击目录“D:\大片”，点击“属性”→“共享”→“高级共享”，勾选“共享此文件夹”，输入共享名“dapian$”，如图 9.12 所示。

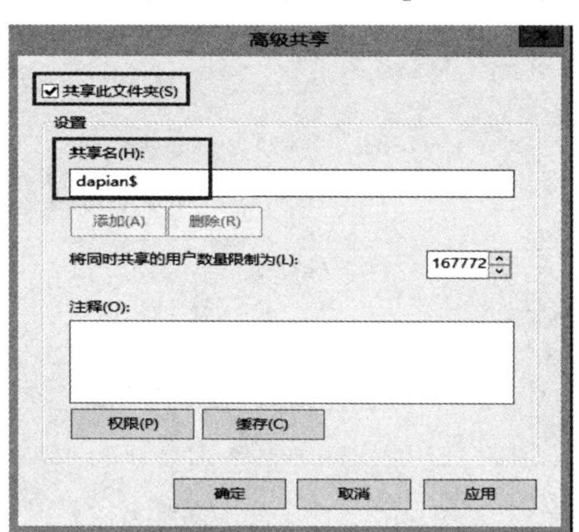

图 9.12　隐藏共享文件夹

(2) 客户端采用 UNC 路径访问隐藏的共享文件夹，即在“运行”对话框中输入“\\192.168.1.20\dapian$”，如图 9.13 所示。

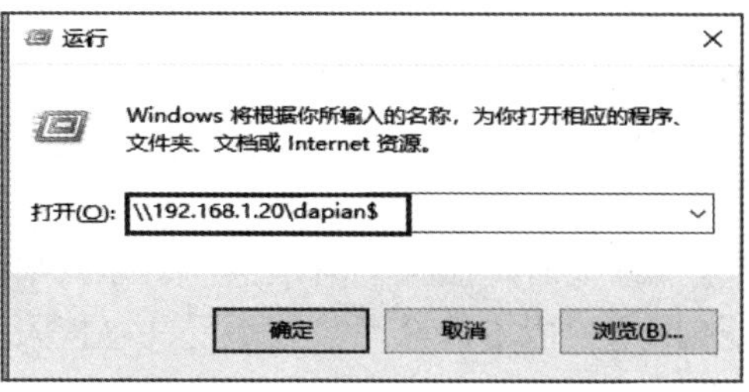

图 9.13　采用 UNC 方式访问

客户端主机也可以通过映射网络驱动器访问隐藏的共享文件夹，即在命令环境输入“net use f: \\192.168.1.20\dapian$”，如图 9.14 所示。

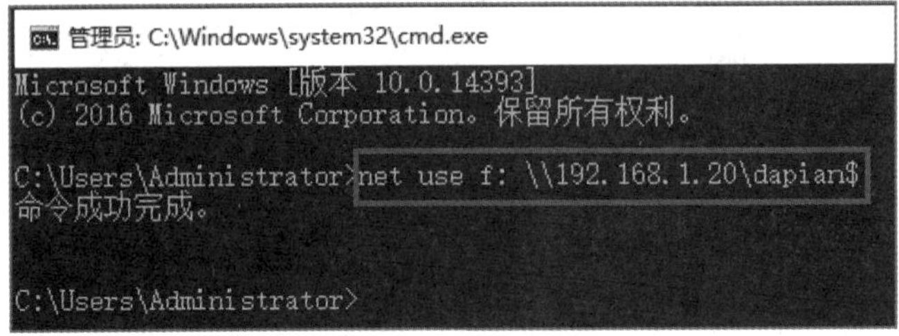

图 9.14　映射网络驱动器(1)

客户端主机打开资源管理器，可查看到增加了 F:盘，如图 9.15 所示。

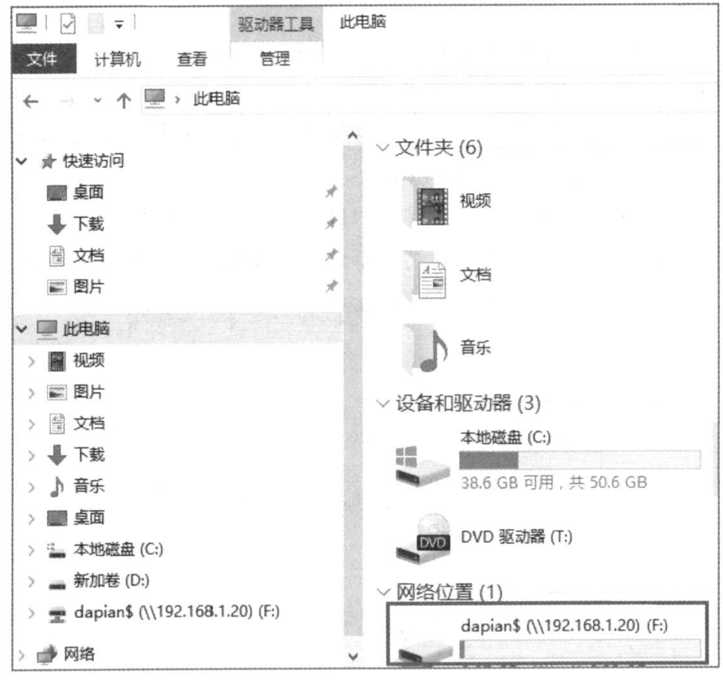

图 9.15　映射网络驱动器(2)

9.2　共享权限控制

9.2.1　共享权限及其设置

微课视频 019

1. 共享权限概述

用户通过网络访问共享文件夹时，必须拥有适当的共享权限才可以进行访问。需要注意的是，如果用户由本地登录，则不受共享权限的约束。

共享权限的种类如表 9-1 所示。

表 9-1　共享权限的种类

共享权限	权 限 描 述
读取	查看文件内容和属性、查看文件名称和子文件夹名称、运行程序
更改	包括读取权限、创建文件和子文件夹、修改文件内容、删除文件和文件夹
完全控制	包括读取和更改权限、允许修改文件和文件夹的 NTFS 权限

2. 共享权限与 NTFS 权限

如果共享文件夹位于 NTFS 磁盘内，那么还可以设置此文件夹的 NTFS 权限，从而能够进一步增加安全性。

访问 NTFS 共享文件夹时的有效权限如下：

(1) 本地访问时，不受共享权限影响；

(2) 网络访问时，取共享权限和 NTFS 权限的最严格的设置。

例如，用户“jingjing”对共享文件夹 D:\ruanjian 的共享权限为读取，对此文件夹的 NTFS 权限为完全控制，则用户“jingjing”的最后有效权限为两者之中最严格的，即读取权限。但如果用户“jingjing”是直接由本地登录而不是通过网络登录，其有效权限是由 NTFS 权限来决定的，也就是完全控制，如表 9-2 所示。

表 9-2　共享权限与 NTFS 权限的配合

权限类型	权限设置	有效权限(网络)	有效权限(本地)
共享权限	读取	读取	完全控制
NTFS 权限	完全控制		

3. 共享权限的配置

(1) 在 Windows Server 2016 上创建 D:\share2\01.txt 文件，并输入文件内容“11111”，如图 9.16 所示。

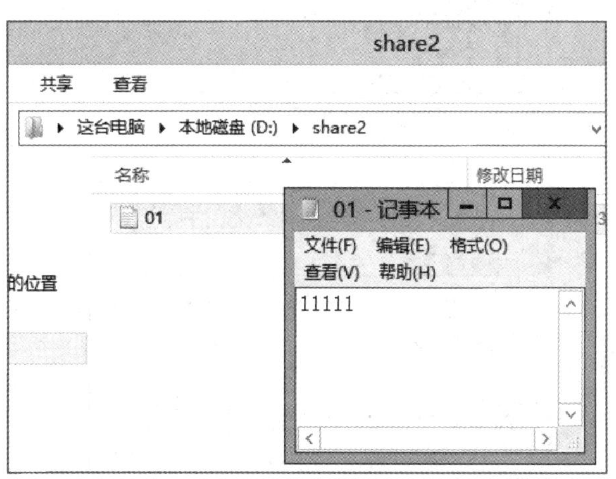

图 9.16　创建测试文件

(2) 创建共享并配置共享权限。

依次右击“D:\share2”目录→“属性”→“共享”→“高级共享”→勾选“共享此文

件夹”→输入共享名→“权限”→设置“jingjing”用户权限为“读取”，如图 9.17 所示。

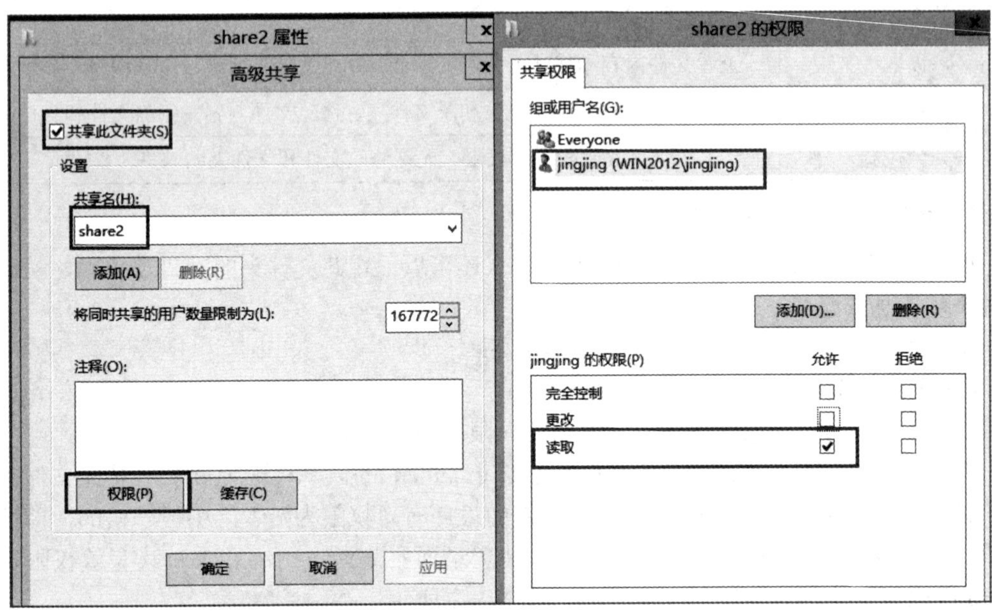

图 9.17　创建共享并配置共享权限

(3) 配置共享文件夹的 NTFS 权限。

依次右击“D:\share2”目录→“属性”→“安全”→设置“jingjing”用户的 NTFS 权限，如图 9.18 所示。

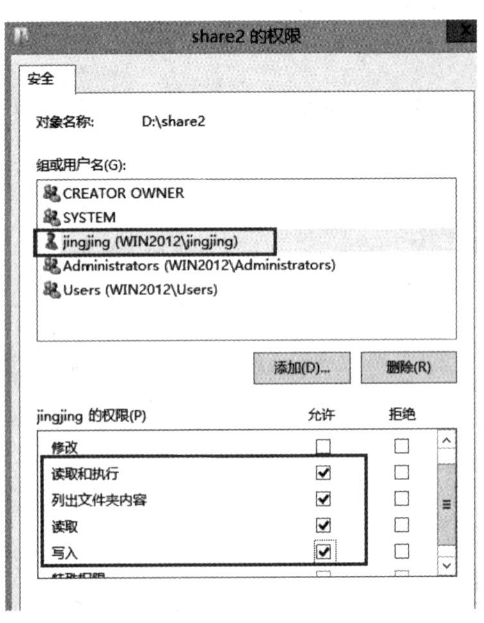

图 9.18　配置共享文件夹的 NTFS 权限

(4) 客户端主机通过 UNC 路径，用“jingjing”用户访问共享文件夹，然后打开共享目录中的“01.txt”，添加新内容并保存，提示“拒绝访问”，如图 9.19 所示。

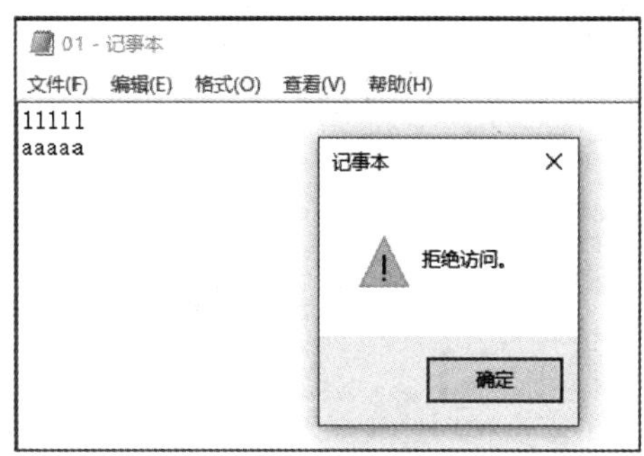

图 9.19　拒绝访问

9.2.2　管理共享

可以通过计算机管理来管理共享文件夹。

(1) 快速查看本机所有共享。

依次打开“计算机管理”→“共享文件夹”→“共享”，如图 9.20 所示，列出了现有共享文件夹的名称，包含 C$、ADMIN$等隐藏的共享文件夹、文件夹路径、适用于哪一种客户端来访问、当前已经连接到此共享文件夹的用户数量等。

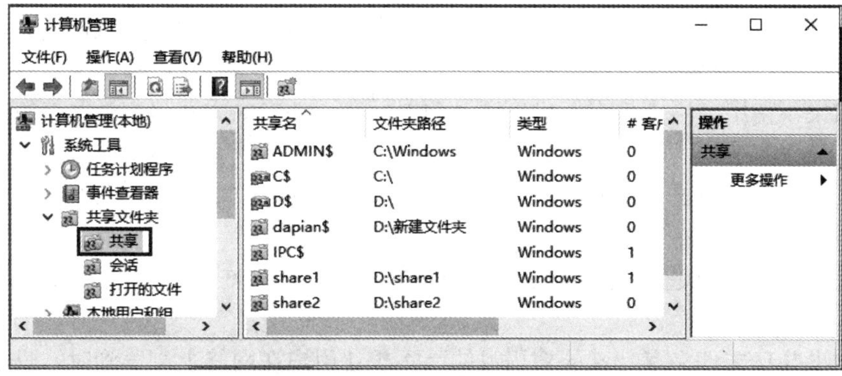

图 9.20　查看本机所有共享

如果要停止共享，只需要右击将要停止共享的共享名，然后停止共享即可。

(2) 查看访问共享的用户。

依次打开“计算机管理”→“共享文件夹”→“会话”，如图 9.21 所示。

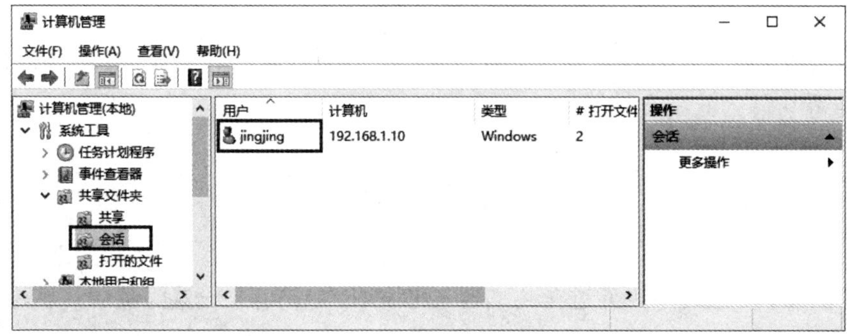

图 9.21　查看访问共享的用户

(3) 查看访问的共享文件。

依次打开“计算机管理”→“共享文件夹”→“打开的文件”，如图 9.22 所示。

图 9.22　查看访问的共享文件

本 章 总 结

(1) Windows 系统中已经内置了一个公用文件夹，每一位在本地登录的用户都可以访问此文件夹。

(2) 如果不使用公用文件夹，可以通过配置共享文件夹的方式将文件共享给网络上的其他用户。

(3) 客户端可以通过 UNC(Universal Naming Convention，通用命名规则)路径的方式访问共享，也就是\\计算机名称\共享名。

(4) 客户端也可以通过映射网络驱动器访问共享，例如在命令环境输入“net use h: \\192.168.1.20\tools”。

(5) 如果共享文件夹有特殊的使用目的而不想让用户在网络上浏览到时，只要在共享名后加上一个符号“$”，就可以隐藏共享文件夹。

(6) 用户通过网络访问共享文件夹时，必须拥有适当的共享权限才可以访问。共享权限包括读取、更改、完全控制。

(7) 如果共享文件夹位于 NTFS 磁盘内，那么还可以设置此文件夹的 NTFS 权限，网络访问时，取共享权限和 NTFS 权限的最严格的设置。

(8) 可以通过计算机管理来管理共享文件夹，例如查看本机所有共享、查看访问共享的用户、查看访问的共享文件等。

习　　题

1. 在 Windows 系统中，通过在共享名末尾添加(　　)可以设置隐藏的共享。

A. “￥”　　B. “@”　　C. “#”　　D. “$”

2. 一台 Windows Server 2016 文件服务器在 NTFS 分区上共享了一个文件夹，若希望用户在通过网络访问时仅具有只读权限，可以按照(　　)对该用户进行设置。

A. 清空所有共享权限，设置 NTFS 权限为只读

B. 设置共享权限为只读，清空所有 NTFS 权限

C. 设置共享权限为完全控制，NTFS 权限为读取

D. 设置共享权限为只读，NTFS 权限为拒绝完全控制

3. 有一台 Windows Server 2016 文件服务器，IP 地址为 192.168.1.100，将 E:\ftp\share 目录设置为共享，共享名为 share$，则通过路径(　　)可以访问此共享资源。

A. \\192.168.1.100\e:\ftp\share$

B. \\192.168.1.100

C. \\192.168.1.100\share$

D. \\192.168.1.100\d:\share

4. 一台 Windows Server 2016 文件服务器，一个文件的共享权限为默认设置，NTFS 权限设置为部门经理有完全控制权限，员工组为只读权限，此外没有设置其他 NTFS 权限，则以下描述正确的是(　　)。

A. 经理通过网络访问文件有完全控制权限

B. 经理通过网络访问文件有只读权限

C. 员工通过网络访问文件有完控制权限

D. 员工通过网络访问文件有只读权限

5. 在 Windows Server 2016 系统中，某共享文件夹的 NTFS 权限和共享权限设置得并不一致，则对于通过网络访问该文件夹的用户而言，下列(　　)有效。

A. 文件夹的共享权限

B. 文件夹的 NTFS 权限

C. 文件夹的共享权限和 NTFS 权限二者的累加权限

D. 文件夹的共享权限和 NTFS 权限二者中最严格的那个权限

扫码看答案

第 10 章　FTP 服务的配置与访问

本章目标

- 理解 FTP 通信的基本原理；
- 学会构建 FTP 的文件传输服务；
- 学会获取 FTP 资源。

问题导向

- 如何使用 IIS 搭建 FTP 服务？
- 关于 FTP 服务构建，FileZilla Server 与 IIS 有何区别？
- 有哪些方法可以访问 FTP 资源？

10.1　配置 FTP 服务

本节首先介绍 Windows Server 2016 自带的 IIS 搭建 FTP 服务，然后介绍使用 FileZilla 软件搭建 FTP 服务。

10.1.1　FTP 服务概述

FTP(File Transfer Protocol，文件传输协议)属于应用层协议，是使用最为广泛的文件传输应用。

FTP 基于 C/S 架构进行下载、上传通信，由服务端程序提供资源，通过客户端程序与服务端通信来实现下载、上传操作。

FTP 使用控制连接和数据连接来传输文件。控制连接使用端口号 TCP 21，主要用于发送 FTP 命令信息；而数据连接使用端口号 TCP 20，用于上传、下载数据。

数据连接的建立类型分为主动模式和被动模式。

1. 主动模式

如图 10.1 所示，首先由客户端向服务端的 21 端口建立 FTP 控制连接，当需要传输数据时，服务器从 20 端口向客户端的随机端口 6666 发送请求并建立数据连接。

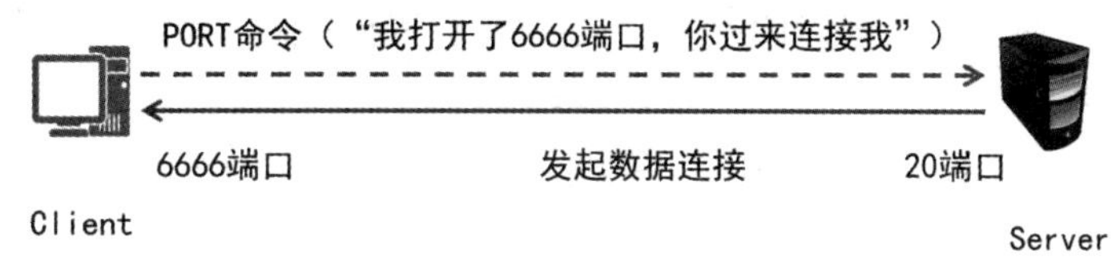

图 10.1　FTP 主动模式

2. 被动模式

如果客户机所在网络的防火墙禁止主动模式连接，通常会使用被动模式。

如图 10.2 所示，首先由客户端向服务端的 21 端口建立 FTP 控制连接，当需要传输数据时，客户端向服务器的随机端口 2222 发送请求并建立数据连接。可以看到，被动模式下服务器一般并不使用 20 端口。

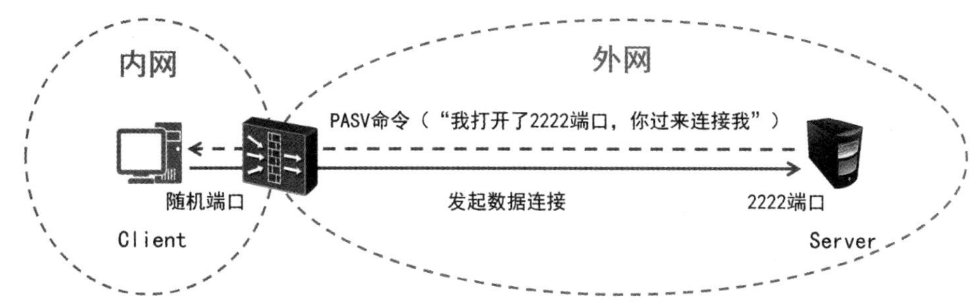

图 10.2　FTP 被动模式

10.1.2　IIS 搭建 FTP 服务

微课视频 020

使用 Windows Server 2016 自带的 IIS 搭建 FTP 服务的步骤如下所述。

1. 安装 IIS 组件

(1) 在“开始”菜单→“服务器管理器”中，点击“管理”→“添加角色和功能”，选择“基于角色或基于功能的安装”→“从服务器池中选择服务器”→勾选“Web 服务器(IIS)”，如图 10.3 所示。

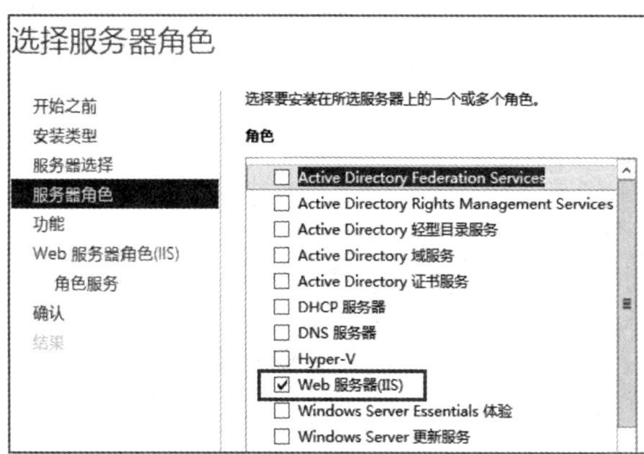

图 10.3　安装 IIS 组件(1)

(2) 在“角色服务”中勾选“FTP 服务”，如图 10.4 所示，然后安装即可。

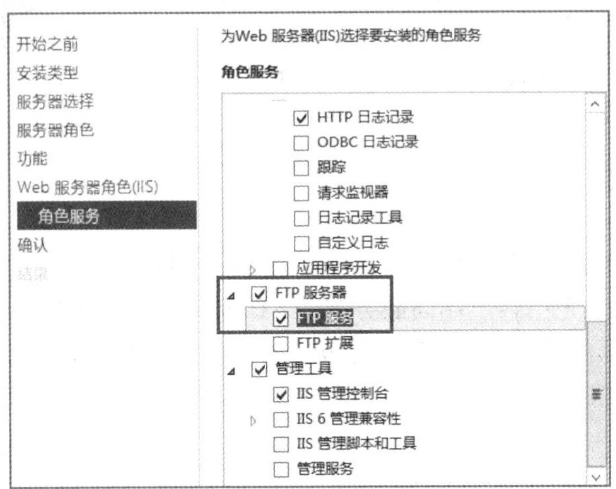

图 10.4　安装 IIS 组件(2)

2. 创建 FTP 站点

(1) 创建 FTP 根目录。

创建 D:\FTP 目录并创建 day01.txt 和 day02.txt 文件。

(2) 在“开始”菜单→“Windows 管理工具”中，启动“Internet Information Services(IIS)管理器”，如图 10.5 所示。

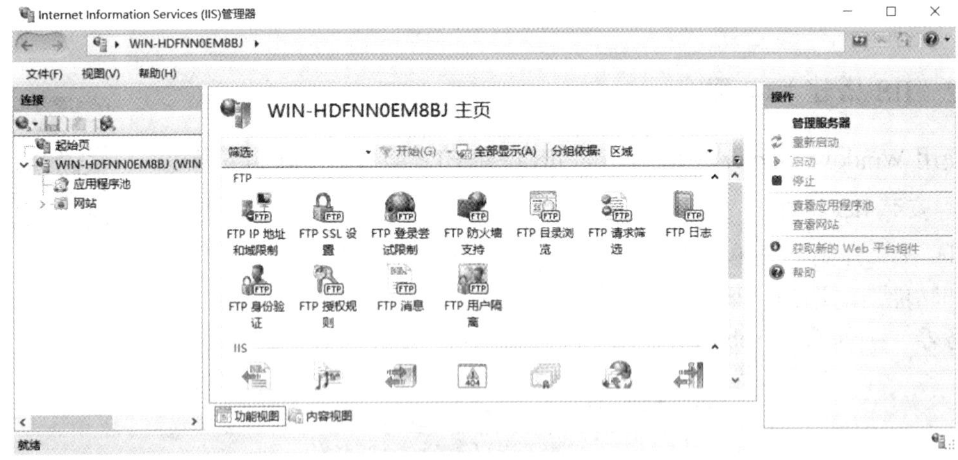

图 10.5　IIS 管理器

(3) 右击“网站”，选择“添加 FTP 站点”，如图 10.6 所示。

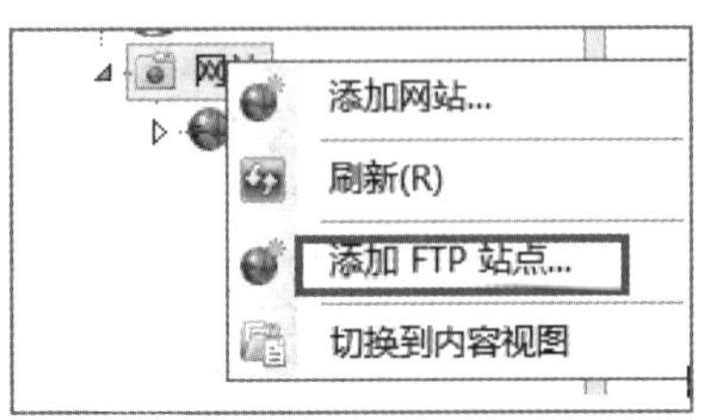

图 10.6　添加 FTP 站点

(4) 输入站点名称“FTP”，选择物理路径“D:\FTP”，如图 10.7 所示。

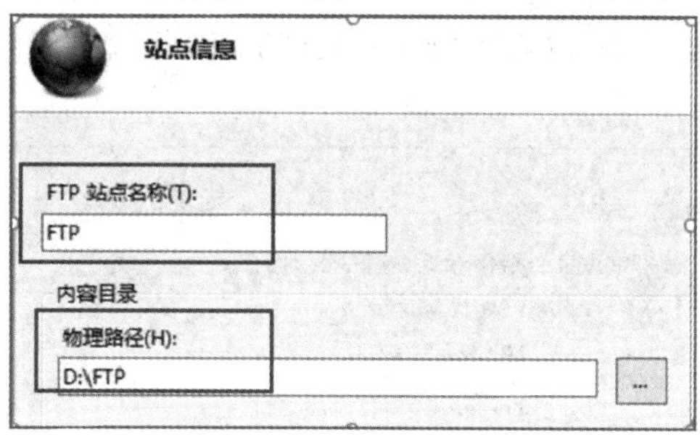

图 10.7　配置 FTP(1)

(5) 在弹出的对话框中，SSL 项选择“无 SSL(L)”，如图 10.8 所示。

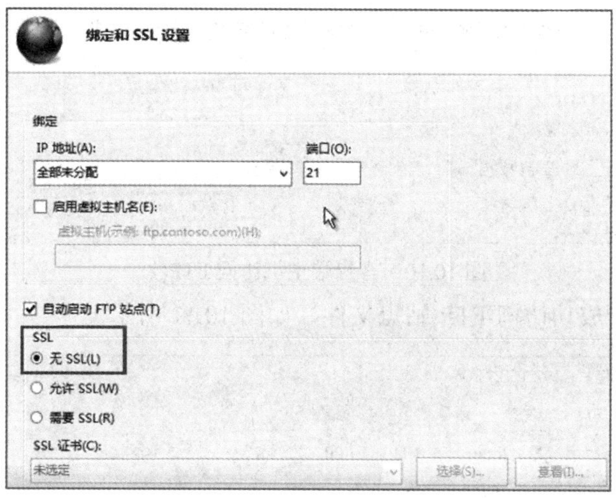

图 10.8　配置 FTP(2)

(6) 身份验证选择“基本”，授权允许“所有用户”访问，权限为“读取”“写入”，如图 10.9 所示。

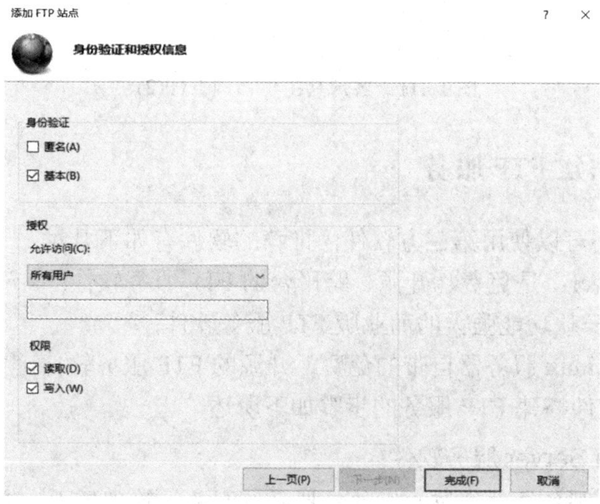

图 10.9　配置 FTP(3)

3. 客户端主机访问 FTP

客户端主机资源管理器地址输入“ftp://192.168.1.20”，输入用户名“jingjing”及密码，如图 10.10 所示。

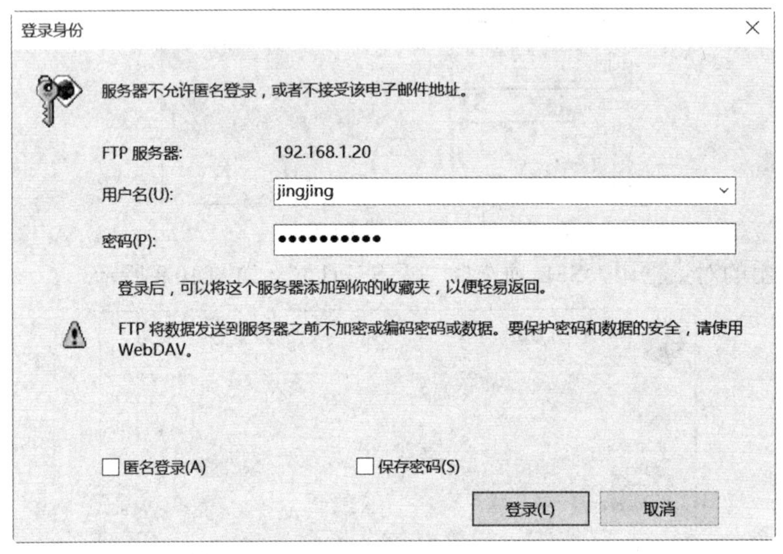

图 10.10　客户端主机访问 FTP(1)

点击“登录”可成功访问 FTP 站点文件，如图 10.11 所示。

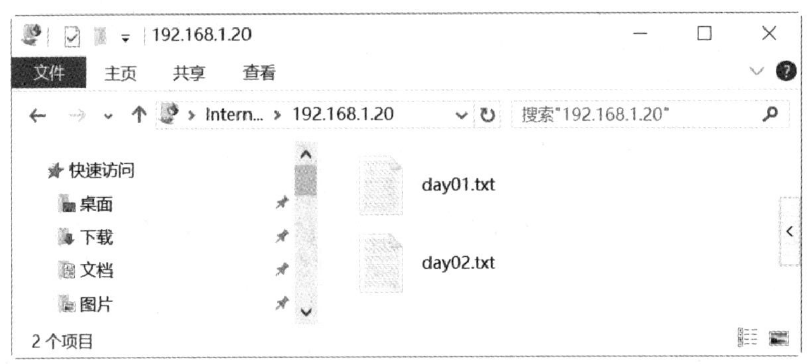

图 10.11　客户端主机访问 FTP(2)

10.1.3　FileZilla 搭建 FTP 服务

微课视频 021

搭建 FTP 服务还可以使用第三方软件，推荐的软件有如下几种：

(1) FileZilla Server：是免费、开源、跨平台的 FTP 服务软件；

(2) Serv-U：是一款功能强大的商业版 FTP 服务软件；

(3) vsftpd：是 Linux 服务器自带的免费、开源的 FTP 服务软件。

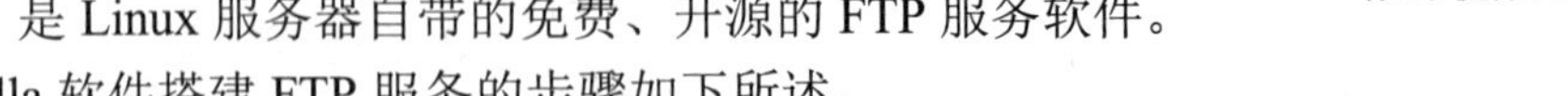

使用 FileZilla 软件搭建 FTP 服务的步骤如下所述。

1. 安装 FileZilla Server 服务软件

FileZilla Server 服务软件的核心组件包括系统服务、管理界面，安装过程基本默认即可，如图 10.12 所示。

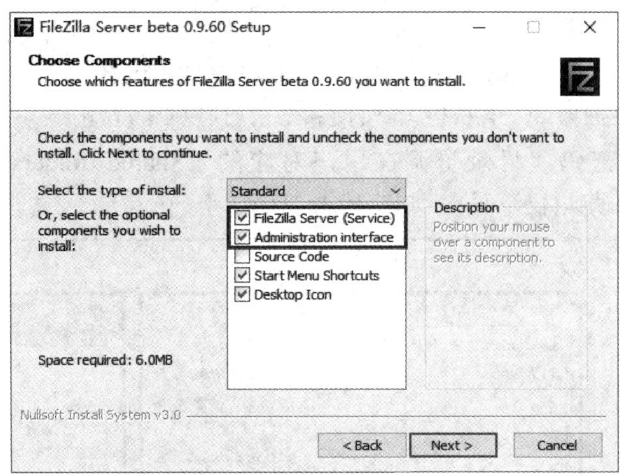

图 10.12　安装 FileZilla(1)

注意：其中的 FTP 功能安装为系统服务，并随 Windows 开机时自动运行，如图 10.13 所示。

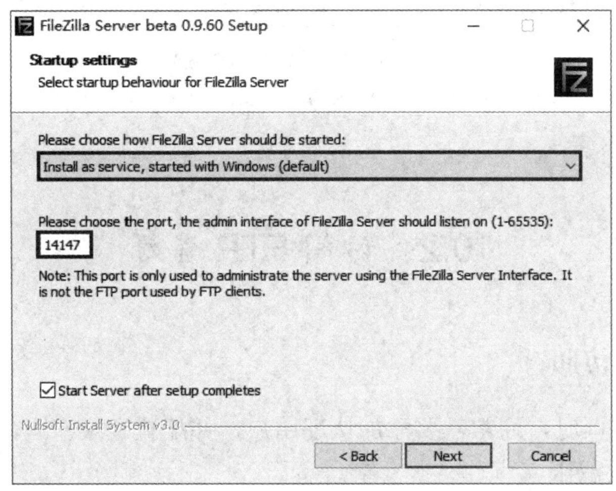

图 10.13　安装 FileZilla(2)

双击桌面上的“FileZilla Server Interface”图标，可打开管理程序，如图 10.14 所示。通过管理程序可以配置各种 FTP 资源访问、监控连接情况。

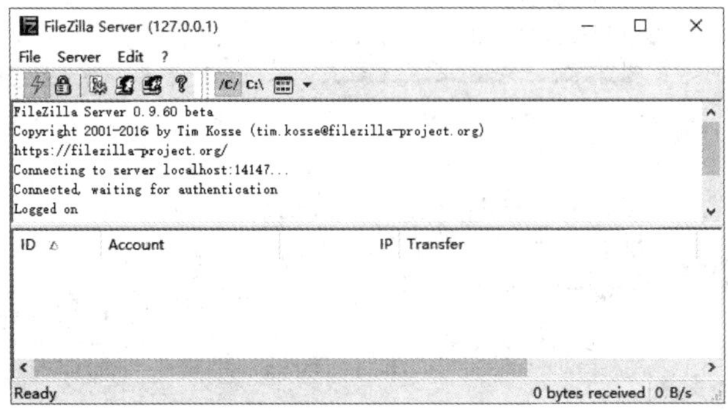

图 10.14　FileZilla 管理程序

2. 配置匿名 FTP 资源

(1) 添加匿名 FTP 账号(ftp、anonymous)，并指定目录资源。

通过 FileZilla 管理器的“Edit”→“Users”可以管理 FTP 账号。

匿名用户无须密码，目录资源在用户对应的“Shared folders”一栏，比如设为“D:\tools”，权限为默认(仅下载)，如图 10.15 所示。

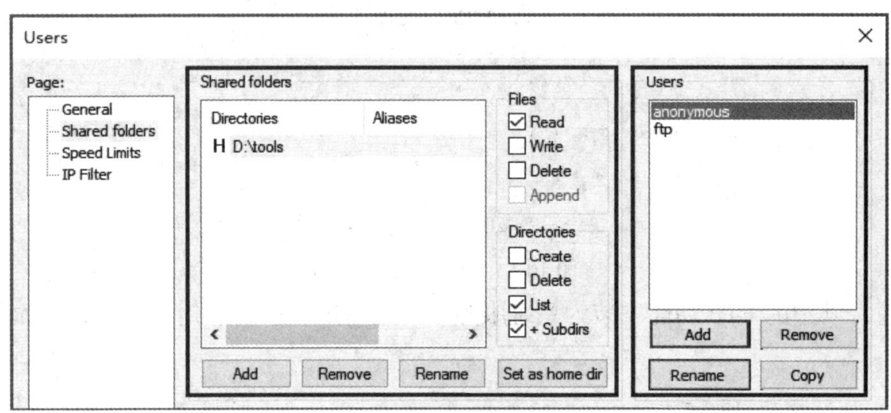

图 10.15　添加匿名 FTP 账号

(2) 在客户端主机资源管理器地址栏输入“ftp://192.168.1.20”，无须输入用户名即可访问。

10.2　访问 FTP 资源

10.2.1　配置认证访问

配置 FTP 服务器时，通常需要添加认证用户，并配置登录密码，然后为认证用户的 FTP 根目录配置读写权限。

1. 配置认证 FTP 资源

(1) 添加认证用户“vip”，并设置密码“tedu.cn1234”，如图 10.16 所示。

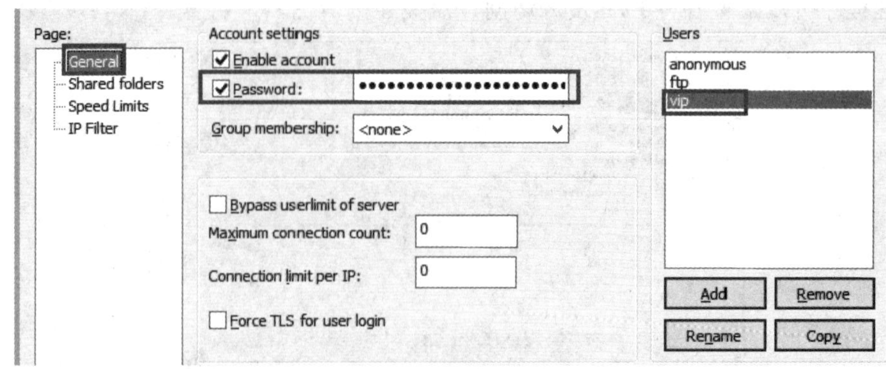

图 10.16　添加认证用户

(2) 为认证用户指定根目录 D:\ntd，如图 10.17 所示。

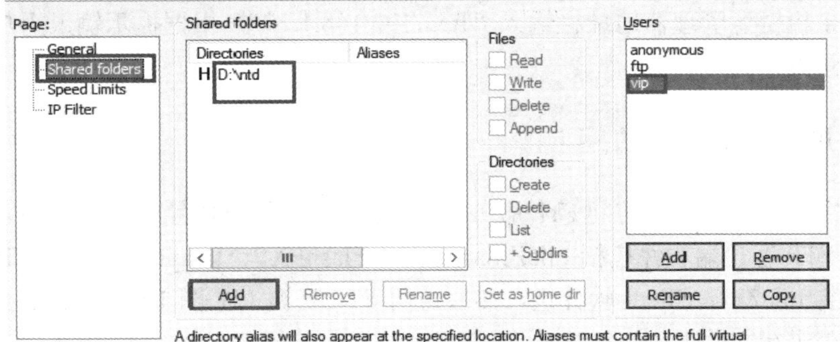

图 10.17　配置认证用户(1)

允许读写操作，如图 10.18 所示。

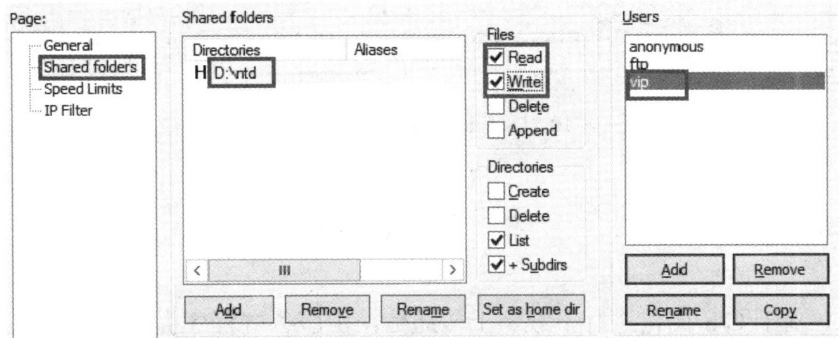

图 10.18　配置认证用户(2)

(3) 配置访问控制。例如，设置访问下载限速为 100 kb/s，如图 10.19 所示。

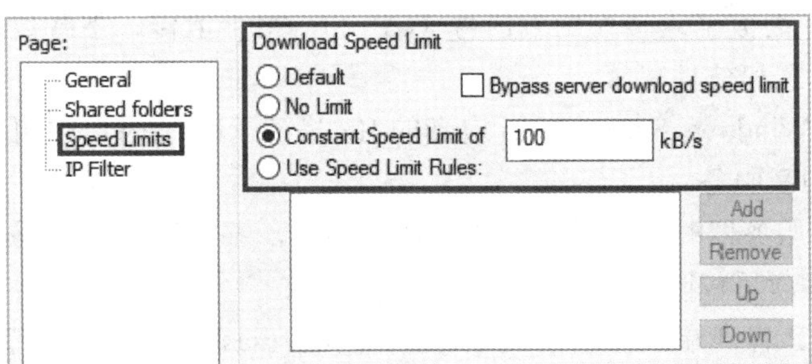

图 10.19　配置访问控制(1)

设置最大连接数为“100”，每 IP 最大连接数为“3”，如图 10.20 所示。

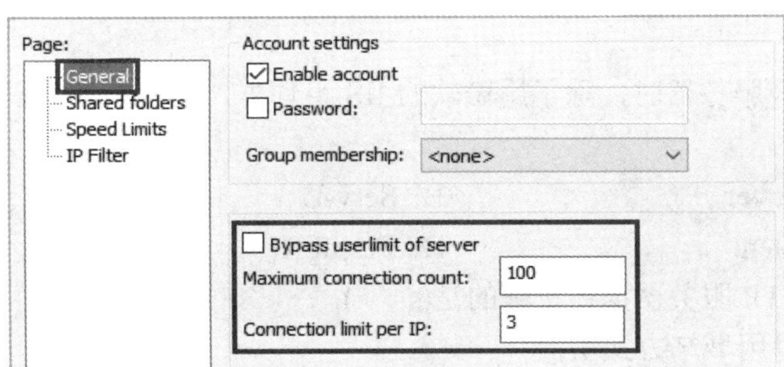

图 10.20　配置访问控制(2)

2. 客户端主机访问 FTP

客户端主机资源管理器地址栏输入“ftp://192.168.1.20”，根据提示输入用户名“vip”及密码，登录成功。

10.2.2 使用客户端程序访问 FTP

除了直接在 Windows 中访问 FTP 服务器外，还可以使用 FTP 客户端软件访问 FTP 资源。常用的 FTP 客户端软件包括 FileZilla Client、FlashFXP、LeapFTP、CuteFTP 等。

首先安装 FileZilla Client 软件包，然后访问 FTP 资源，如图 10.21 所示，连接成功后即可验证能否进行文件下载。

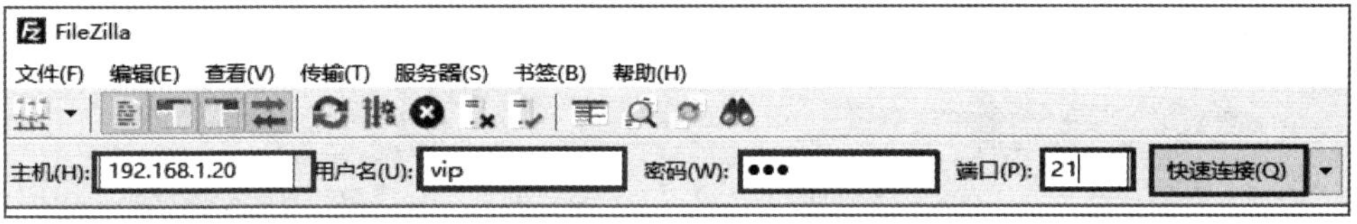

图 10.21　FileZilla Client 访问 FTP

本 章 总 结

(1) FTP 基于 C/S 架构进行下载、上传通信，由服务端程序提供资源，通过客户端程序与服务端通信来实现下载、上传操作。

(2) FTP 使用控制连接和数据连接来传输文件。控制连接使用端口号 TCP 21，用于发送 FTP 命令信息；而数据连接使用端口号 TCP 20，用于上传、下载数据。数据连接的建立类型分为主动模式和被动模式。

(3) 可以使用 Windows Server 2016 自带的 IIS 搭建 FTP 服务，也可以使用 FileZilla 等第三方软件搭建 FTP 服务。

(4) 配置 FTP 服务器时，通常需要添加认证用户，并配置登录密码，然后为认证用户的 FTP 根目录配置读写权限。

(5) 常用的 FTP 客户端软件包括 FileZilla Client、FlashFXP、LeapFTP、CuteFTP 等。

习　　题

1. 在搭建 FTP 服务器时，除了用微软的 IIS 组件外，还可以通过以下(　　)程序搭建 FTP 服务器。

A. FileZilla Server　　　　B. Serv-U

C. FileZilla Client　　　　D. FlashFXP

2. 以下关于 FTP 服务器描述正确的是(　　)。

A. FTP 不可以用域名方式访问

B. FTP 不可与 Web 服务器共用一个 IP 地址

C. FTP 服务也需要一个主目录和默认文档

D. FTP 可以与 Web 服务器共用一个 IP 地址

3. 如果没有特殊声明，FTP 匿名访问用户名为(　　)。

A. Guest　　B. User

C. Anonymous　　D. Admin

4. 在 Windows 环境中，常见的 FTP 客户端软件包括(　　)。

A. Serv-U　　B. LeapFTP

C. FileZilla Client　　D. FoxMail

扫码看答案

第 11 章　DNS 与 Web 服务的配置

本章目标

- 学会配置 DNS 服务；
- 学会配置 Web 服务；
- 能够实现虚拟 Web 主机。

问题导向

- DNS 的作用是什么？
- 正向解析、反向解析、CNAME 分别表示什么意思？
- 部署 Web 网站需要哪些过程？
- 虚拟 Web 主机的作用是什么？

11.1　DNS 域名解析

11.1.1　DNS 解析原理

1. DNS 的概念

整个 Internet 连接了数以亿计的主机，其中绝大部分网站使用了域名形式的地址，如 www.google.com、www.baidu.com 等。显然，这种形式的地址要比 64.233.189.147、119.75.217.56 这样的 IP 地址更加直观，而且更容易被用户记住。

DNS(Domain Name System，域名系统)维护着一个地址数据库，其中记录了各种主机域名与 IP 地址的对应关系，以便为客户程序提供正向或反向的地址查询服务，即正向解析与反向解析。

正向解析是指根据域名查 IP 地址，即将指定的域名解析为相对应的 IP 地址。

反向解析是指根据 IP 地址查域名，即将指定的 IP 地址解析为相对应的域名。域名的反向解析不是很常用，只在一些特殊场合(如反垃圾邮件的验证)才会用到。

2. DNS 域名空间

整个 DNS 是一个层次化的结构，这个结构称为 DNS 域名空间，如图 11.1 所示。

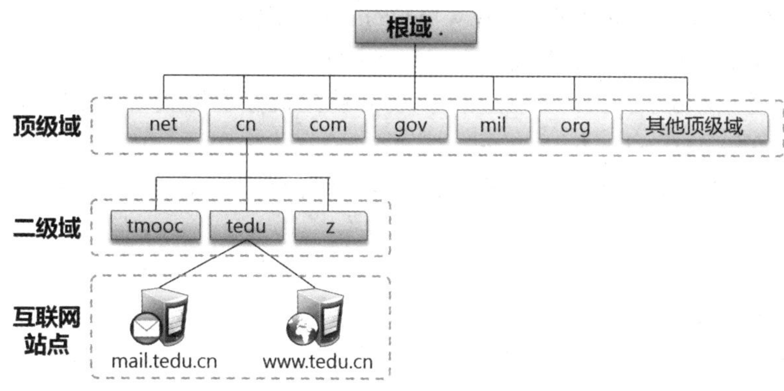

图 11.1　DNS 域名空间

位于结构最上层的是根域，一般用“.”来表示。根域内有多台 DNS 服务器，分别由不同机构来负责管理。根域的下面为顶级域，顶级域用来将组织分类。常见的顶级域包括组织域、国家/地区域，如表 11-1 所示。

表 11-1　部分顶级域

<table>
<tr><th>组织域</th><th>含义</th><th>国家/地区域</th><th colspan="2">含义</th></tr>
<tr><td>gov</td><td>政府部门</td><td>cn</td><td rowspan="3">中国</td><td>大陆</td></tr>
<tr><td>com</td><td>商业部门</td><td>hk</td><td>香港</td></tr>
<tr><td>edu</td><td>教育部门</td><td>tw</td><td>台湾</td></tr>
<tr><td>org</td><td>民间团体组织</td><td>us</td><td colspan="2">美国</td></tr>
<tr><td>net</td><td>网络服务机构</td><td>ru</td><td colspan="2">俄罗斯</td></tr>
<tr><td>mil</td><td>军事部门</td><td>…</td><td colspan="2">其他</td></tr>
</table>

顶级域的下面为二级域，供公司或组织申请使用。例如，tedu.cn 是达内公司申请的域名。

公司可以在其所申请的二级域下面再细分三级域，如 yjy.tedu.cn。

图 11.1 中的 mail 和 www 是公司的主机，它们的完整名称分别是 mail.tedu.cn 和 www.tedu.cn，此完整名称被称为 FQDN(Full Qualified Domain Name，完全合格域名)。

3. DNS 查询过程及方式

DNS 客户端向 DNS 服务器查询 IP 地址的过程是怎样的呢？下面以查询 www.tedu.cn 为例说明整个查询过程，如图 11.2 所示。

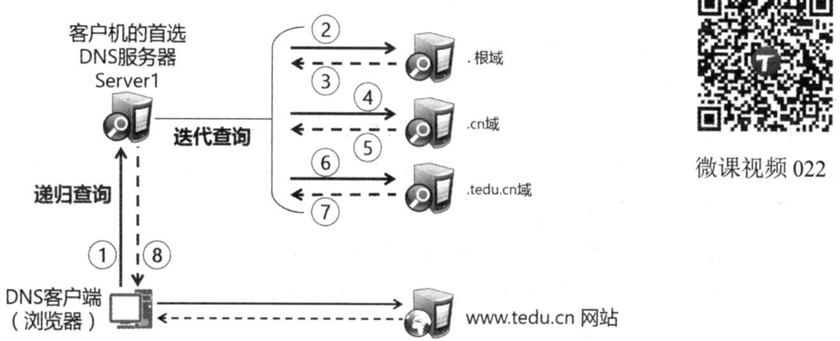

图 11.2　DNS 查询过程及方式

① DNS 客户端向 Server1 查询 www.tedu.cn 的 IP 地址。

② 如果 Server1 没有此主机的记录，Server1 就会将此查询请求转发到根域服务器。

③ 根域服务器根据主机名 www.tedu.cn 得知此主机位于顶级域.cn 之下，将.cn 域服务器的 IP 地址发送给 Server1。

④ Server1 得到.cn 域服务器的 IP 地址后，就向.cn 域服务器查询 www.tedu.cn 的 IP 地址。

⑤ .cn 域服务器根据主机名 www.tedu.cn 得知此主机位于 tedu.cn 域之下，将 tedu.cn 域服务器的 IP 地址发送给 Server1。

⑥ Server1 得到 tedu.cn 域服务器的 IP 地址后，就向 tedu.cn 域服务器查询 www.tedu.cn 的 IP 地址。

⑦ tedu.cn 域服务器将 www.tedu.cn 的 IP 地址发送给 Server1。

⑧ Server1 将此 IP 地址发送给 DNS 客户端，此时 DNS 客户端就可以通过 IP 地址访问 www.tedu.cn 了。

在 DNS 客户端或 DNS 服务器查询 IP 地址的过程中，有两种查询方式。

(1) 递归查询。如果主机所查询的域名服务器内没有所需要的记录，那么该域名服务器就以 DNS 客户的身份，向其他根域名服务器继续发出查询请求，而不是让主机自己进行下一步查询。主机向域名服务器的查询一般都采用递归查询。

(2) 迭代查询。DNS 服务器与 DNS 服务器之间的查询大部分都是迭代查询。在上面的例子中，当 Server1 向根域服务器提出查询请求后，如果根域服务器内没有所需要的记录，它会提供.cn 域服务器的 IP 地址给 Server1，让 Server1 自行向.cn 域服务器查询。

4. DNS 区域

每一台 DNS 服务器都只负责管理一个有限范围内的主机域名和 IP 地址的对应关系，这些特定的 DNS 域称为 zone(区域)。在这个 DNS 区域内的主机数据存储在 DNS 服务器的区域文件内。在区域文件内的数据被称为资源记录。

根据地址解析的方向不同，DNS 区域相应地分为正向区域(包含域名到 IP 地址的解析记录)和反向区域(包含 IP 地址到域名的解析记录)。

5. DNS 服务器

常见的 DNS 服务器类型如下所述。

(1) 缓存域名服务器：没有自己控制的区域地址数据，只提供域名解析结果的缓存功能，目的在于提高查询速度和效率。构建缓存域名服务器时，必须设置根域或指定其他 DNS 服务器作为解析来源。

(2) 主域名服务器：维护某一个特定 DNS 区域的地址数据库，对其中的解析记录具有自主控制权，是指定区域中唯一存在的权威服务器。构建主域名服务器时，需要自行建立所负责区域的地址数据文件。

(3) 从域名服务器：与主域名服务器提供完全相同的 DNS 解析服务，通常用于 DNS 服务器的热备份。构建从域名服务器时，需要指定主域名服务器的位置，以便服务器能自动同步区域的地址数据库。

11.1.2　安装配置 DNS

在服务器上配置 DNS 需要设置固定 IP 地址，如 192.168.10.80。

1. 安装 DNS 服务器

通过服务器管理器添加“DNS 服务器”角色，如图 11.3 所示。

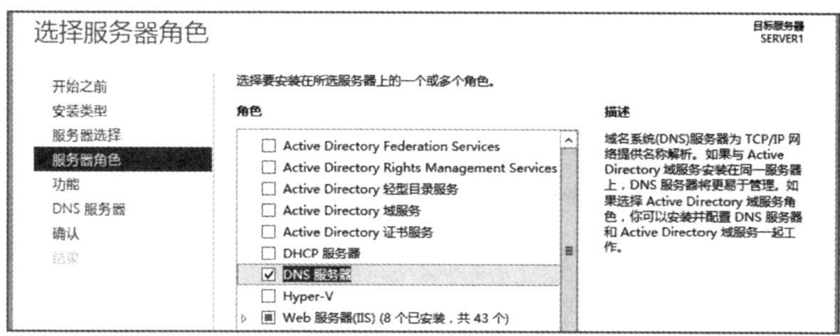

图 11.3　添加“DNS 服务器”角色

2. 配置 DNS 服务器，添加正向区域

通过 Win+R 运行 dnsmgmt.msc 可快速调出“DNS 管理器”，展开“DNS”→“SERVER1”→“正向查找区域”，右击 tedu.cn，选择“新建区域”，然后依次选“主要区域”、指定区域名称“tedu.cn”，然后依次单击“下一步”完成，如图 11.4 所示。

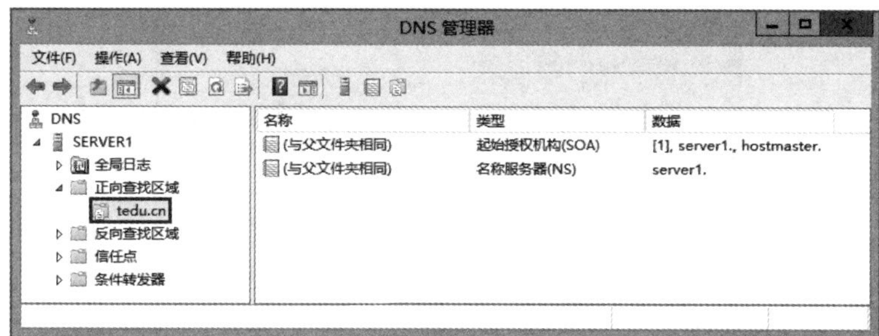

图 11.4　添加正向区域

11.1.3　配置 DNS 解析

DNS 服务器支持各种不同类型的资源记录。资源记录的类别如表 11-2 所示。

表 11-2　资源记录的类别

资源记录	说　　明
SOA(起始授权记录)	定义此区域的管理信箱及 DNS 刷新/有效期等参数
NS(名称服务器)	记录此区域的所有权威服务器的 FQDN 信息
A(主机)	指定此区域中某个 FQDN→IP 地址的记录
PTR(指针)	指定此区域中某个 IP 地址→FQDN 的记录
MX(邮件交换记录)	指出此区域内邮件服务器的 FQDN
CNAME(别名)	将多个名字映射到同一个站点，以方便用户访问

1. 配置 DNS 正向解析

(1) 在“tedu.cn”区域下右击“tedu.cn”，选择“新建主机(A 或 AAAA)(S)”，如图 11.5 所示。

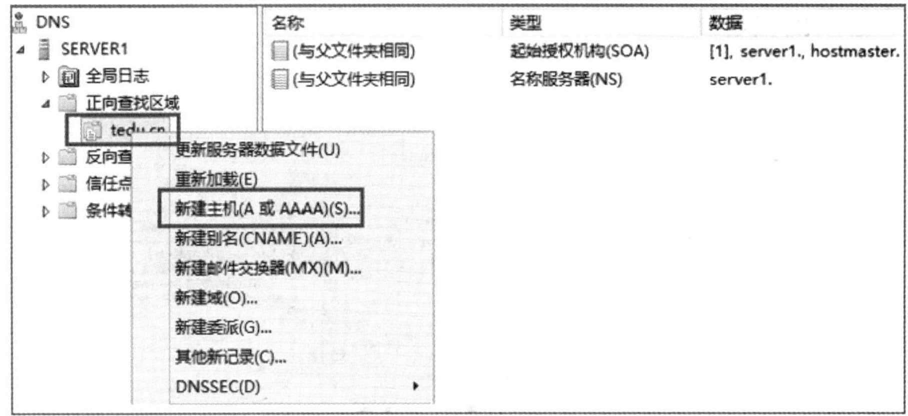

图 11.5　新建 A 记录(1)

(2) 在弹出的对话框中输入“www”及“192.168.10.200”，如图 11.6 所示。

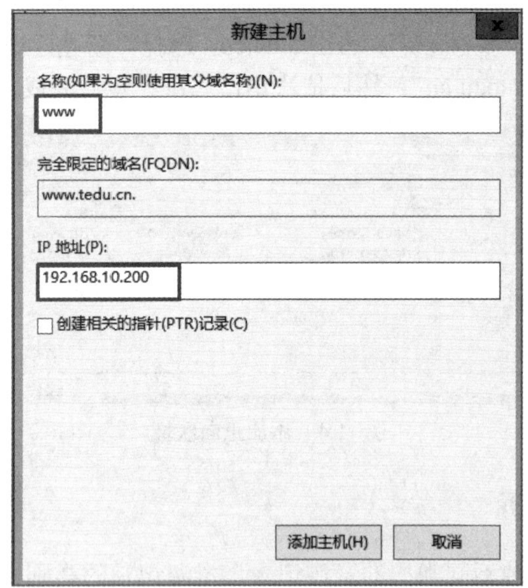

图 11.6　新建 A 记录(2)

(3) 配置客户机与服务器网络连通，配置客户机首选 DNS 服务器为 192.168.10.80，如图 11.7 所示。

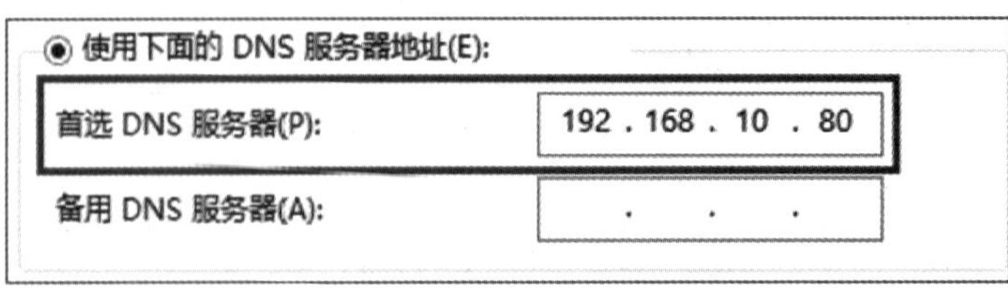

图 11.7　配置首选 DNS 服务器

(4) 使用 nslookup www.tedu.cn 查询并观察结果，如图 11.8 所示。

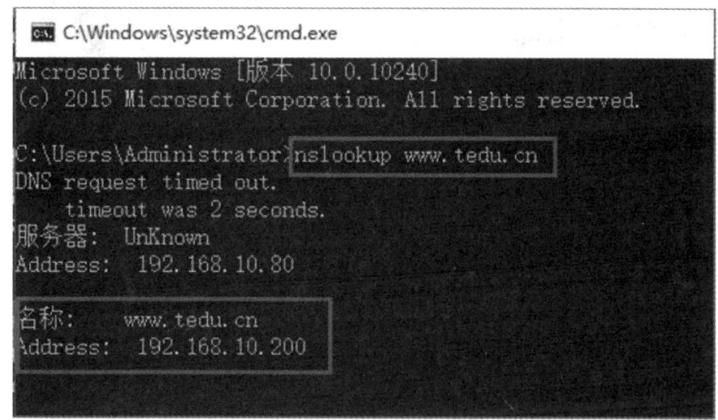

图 11.8　使用 nslookup 查询

2. 配置 DNS 反向解析

(1) 右击“反向查找区域”，选择“新建区域(Z)”，如图 11.9 所示。

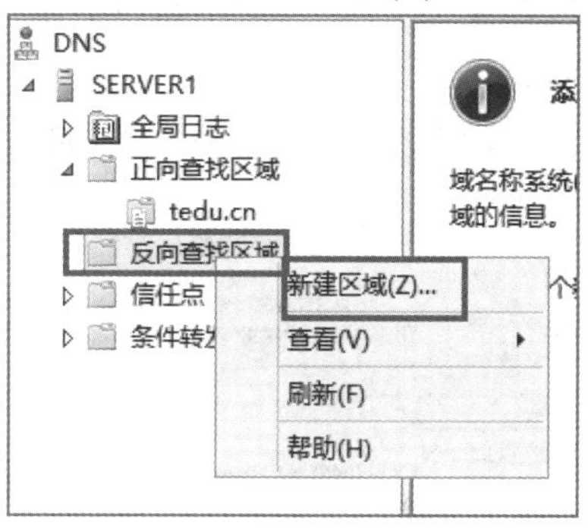

图 11.9　新建反向查找区域

(2) 在弹出的对话框中，根据向导选择“IPv4 反向查找区域(4)”，如图 11.10 所示。点击“下一步”，在“网络 ID”中输入“192.168.10”，如图 11.11 所示。

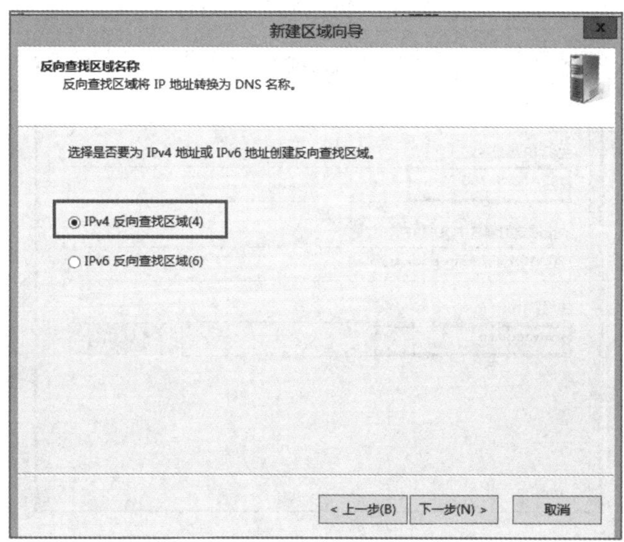

图 11.10　配置反向查找区域(1)

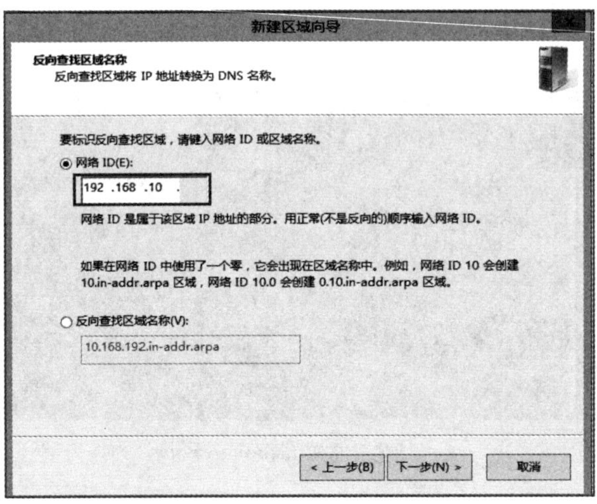

图 11.11　配置反向查找区域(2)

(3) 新建 PTR 指针如图 11.12 所示，输入主机 IP 为“192.168.10.200”，主机名为“www.tedu.cn”，如图 11.13 所示。

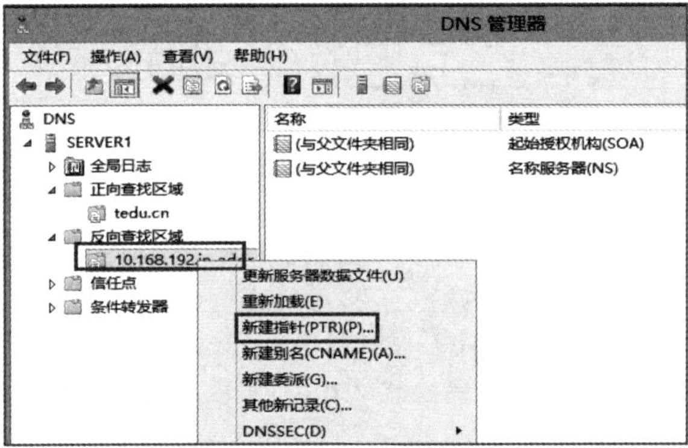

图 11.12　新建 PTR 记录(1)

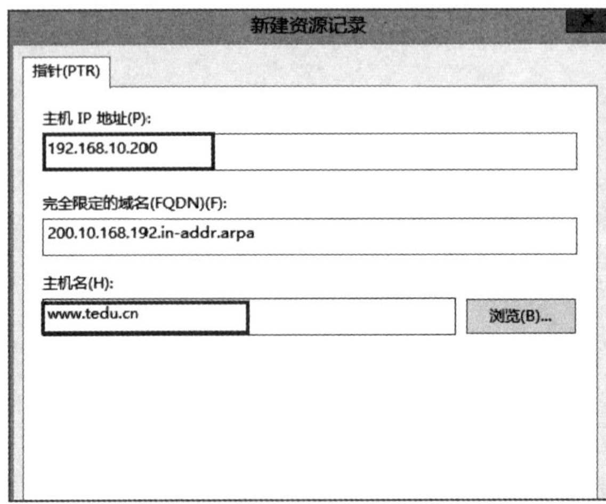

图 11.13　新建 PTR 记录(2)

(4) 配置客户机与服务器网络连通，客户机首选 DNS 服务器为 192.168.10.80，使用 nslookup 查询并观察结果，查询 192.168.10.200，如图 11.14 所示。

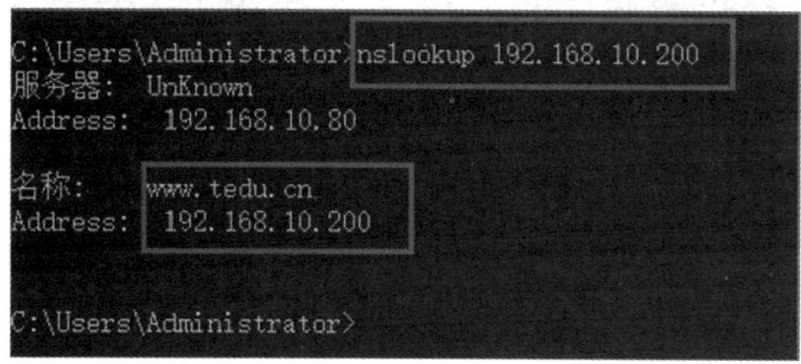

图 11.14　使用 nslookup 查询

3. 配置 DNS 别名解析

(1) 依次右击“tedu.cn”→“新建别名(CNAME) ”，如图 11.15 所示。

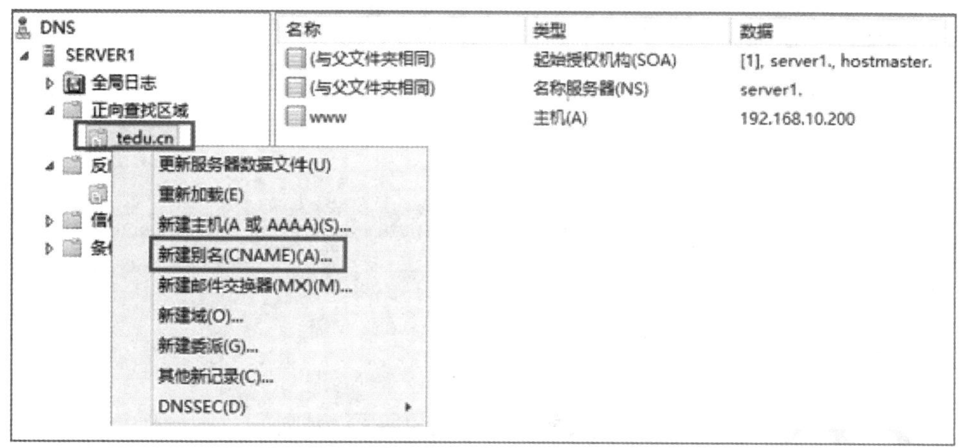

图 11.15　新建 CNAME 记录(1)

(2) 输入别名与目标主机的完全合格域名，如图 11.16 所示。

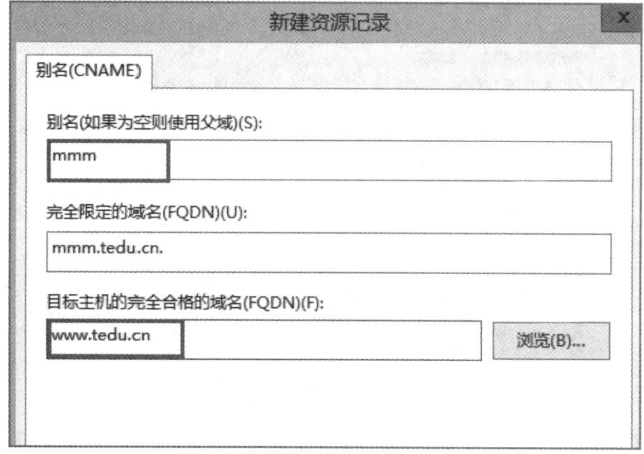

图 11.16　新建 CNAME 记录(2)

(3) 配置客户机与服务器网络连通，客户机首选 DNS 服务器为 192.168.10.80，使用

nslookup 查询并观察结果，查询 mmm.tedu.cn，如图 11.17 所示。

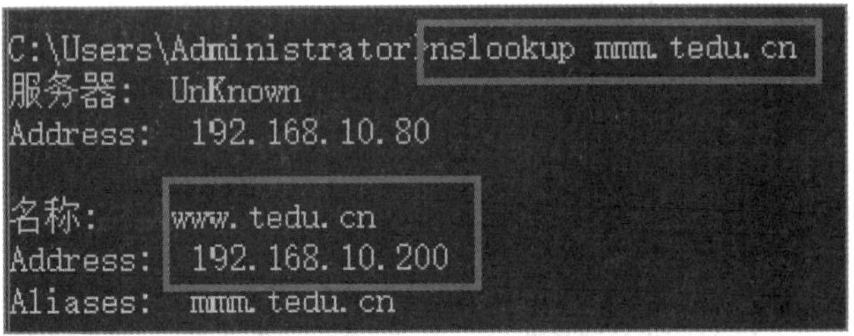

图 11.17　使用 nslookup 查询

11.1.4　根提示与转发器

DNS 客户端向 DNS 服务器发出查询请求后，如果服务器内没有所需的记录，那么 DNS 服务器会向位于“根提示”内的 DNS 服务器查询或向“转发器”查询。

1. “根提示”服务器

“根提示”内的 DNS 服务器可以通过 DNS 管理器来查看，选中“Server1”后双击“根提示”，如图 11.18 所示。

图 11.18　查看“根提示”服务器

2. “转发器”的设置

当 DNS 客户端请求查询非本机管辖区域的地址记录时，DNS 服务器可以转交给指定的其他 DNS 服务器处理。可以通过 DNS 管理器来查看，选中“SERVER1”后双击“转发器”，如图 11.19 所示。

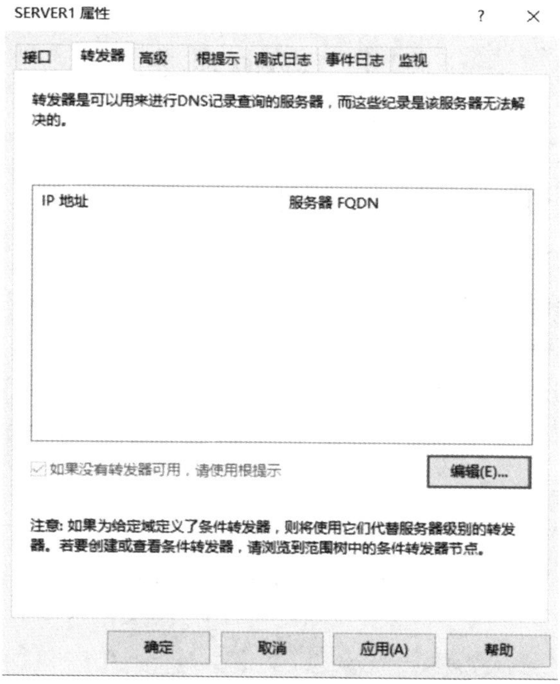

图 11.19　配置“转发器”(1)

在图 11.22 中，默认勾选了“如果没有转发器可用，请使用根提示”，这说明 DNS 服务器优先使用“转发器”。再点击“编辑”，然后输入要转发的 DNS 服务器的 IP 地址，如 8.8.8.8，如图 11.20 所示。

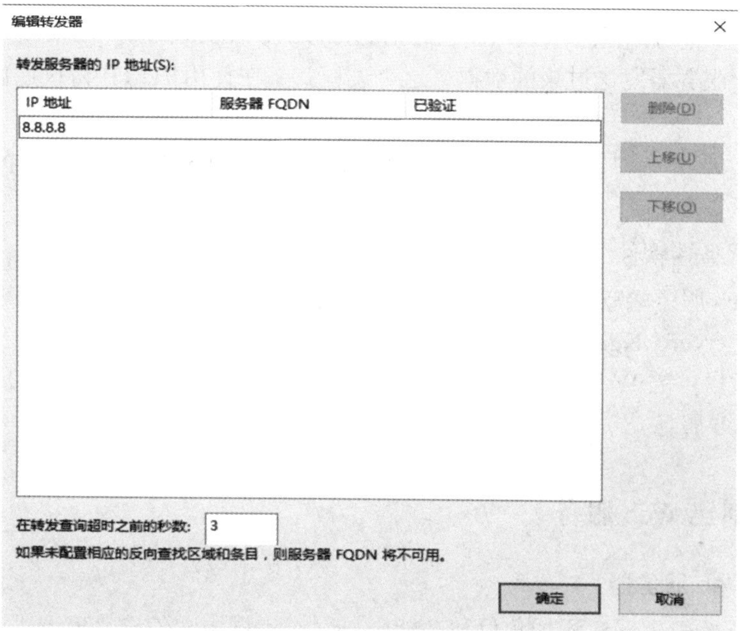

图 11.20　配置“转发器”(2)

11.2　Web 服务

微课视频 023

11.2.1　Web 服务概述

1. Web 服务与 HTTP 协议

超文本传输协议(HTTP，HyperText Transfer Protocol)是互联网上应用最为广泛的一种网络协议。客户机和 Web 服务器通过 HTTP 协议进行通信。

HTTP 协议采用的是请求/响应模式，即客户机发起 HTTP 请求，Web 服务器接收并解析处理 HTTP 请求，然后将 HTTP 响应发送给客户机，如图 11.21 所示。

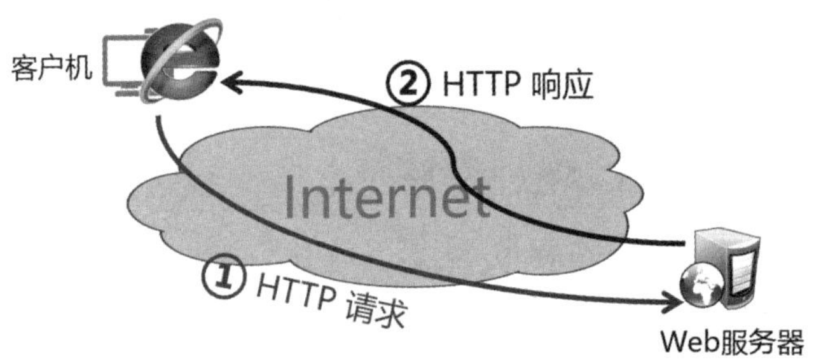

图 11.21　HTTP 请求与响应

当客户机(浏览器)输入一个 URL(Uniform Resource Locator，统一资源定位器)地址，就能接收到 Web 服务器发送过来的数据，这个过程就是在使用 HTTP 协议通信。URL 的格式如下。

资源类别://服务器地址/目录路径/文件名，例如 http://www.tedu.cn/、http://www.tmooc.cn/course/302962.shtml。

2. Web 服务端软件

常见的 Web 服务端软件有 Microsoft IIS(Internet Information Service，互联网信息服务)、Apache HTTP Server、Nginx 等。

IIS 是微软提供的 Web 服务产品，集成在服务器版 Windows 系统中，可以通过图形管理工具配置 Web 服务。

11.2.2　IIS 创建 Web 服务

1. 安装 Web 服务器

(1) 在服务器管理器“添加角色和功能向导”对话框中，勾选“Web 服务器(IIS)”，按照提示完成安装，如图 11.22 所示。

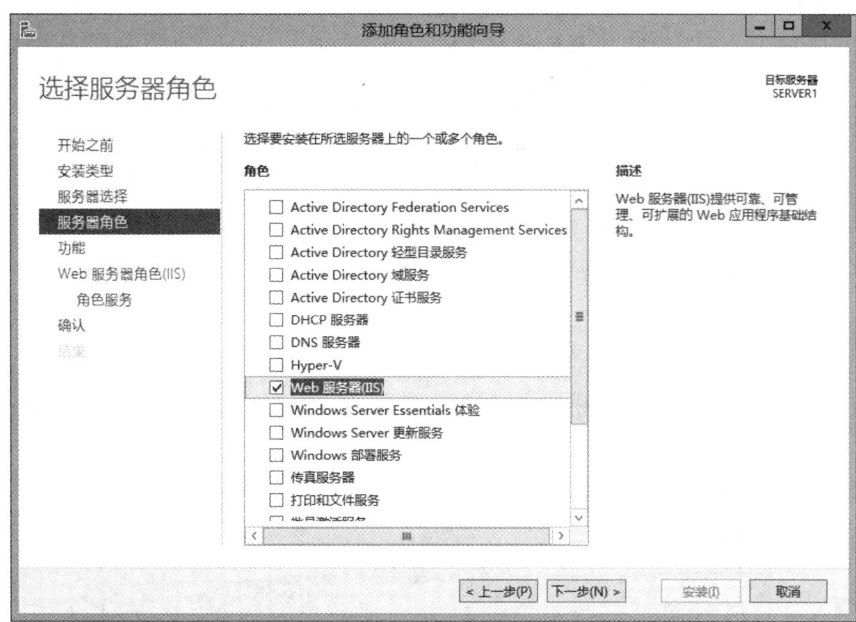

图 11.22　添加 Web 服务器

(2) 确认安装结果。

成功安装“Web 服务器(IIS)”角色后，在服务器管理器左侧会多出一栏“IIS”，或者也可以“Win+R”执行“inetmgr”快速调出 IIS 管理器，如图 11.23 所示。

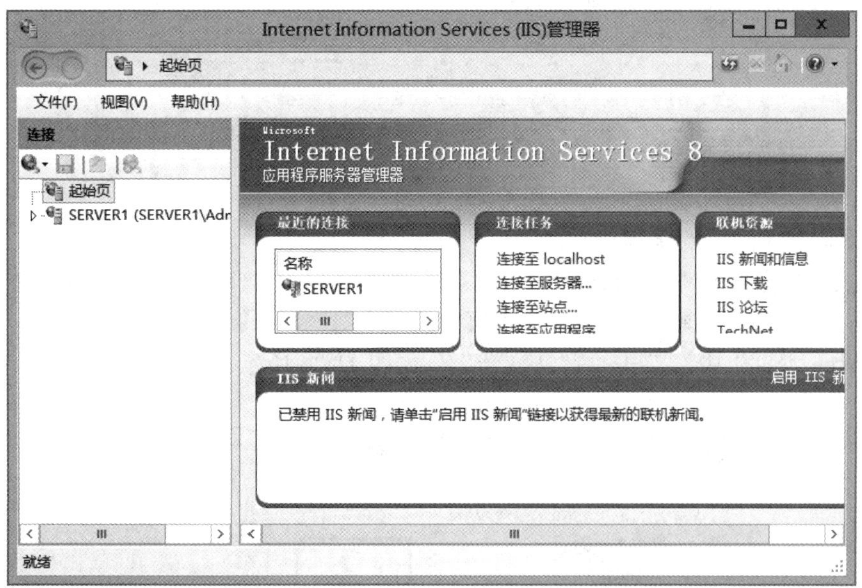

图 11.23　IIS 管理器

2. 配置网站

(1) 调整网页目录。

在 IIS 管理器中，首先禁用默认站点，再右击“网站”→“添加网站”，如图 11.24 所示。

图 11.24　添加站点(1)

在弹出的“添加网站”对话框中，网站名输入“web”，物理路径为 D:\muban1，如图 11.25 所示。

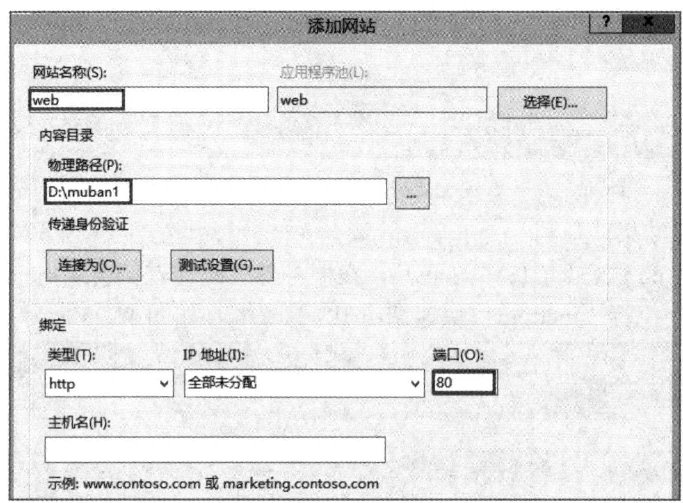

图 11.25　添加站点(2)

(2) 配置默认文档的优先级。

默认文档指的是当客户机访问此网站目录时，IIS 提供给浏览器的第一个文档。大多数网站将 index.html 作为默认文档(俗称首页)。

在“web 主页”中，双击“默认文档”，如图 11.26 所示。

图 11.26　默认文档(1)

接下来选中想要的默认文档名(如 index.html)，将其“上移”作为第一个就可以了，如图 11.27 所示。

图 11.27　默认文档(2)

(3) 为网站准备网页资料。

将事先做好的网页文件存到服务器 D:\muban1\index.html，如图 11.28 所示。

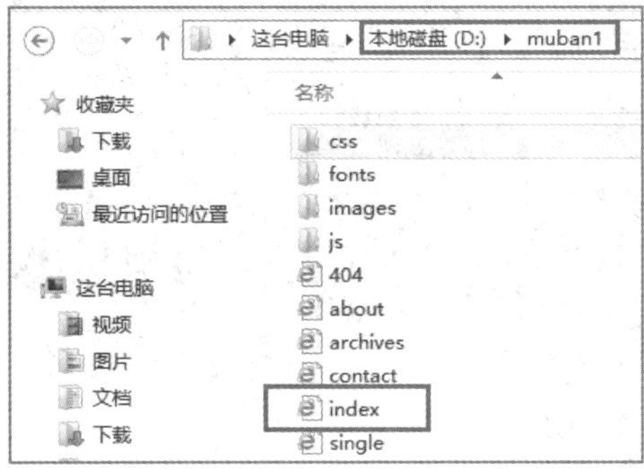

图 11.28　网页资料

3. 访问网站服务器

从浏览器访问 IIS 服务器，输入“http://192.168.10.80/”，如图 11.29 所示。

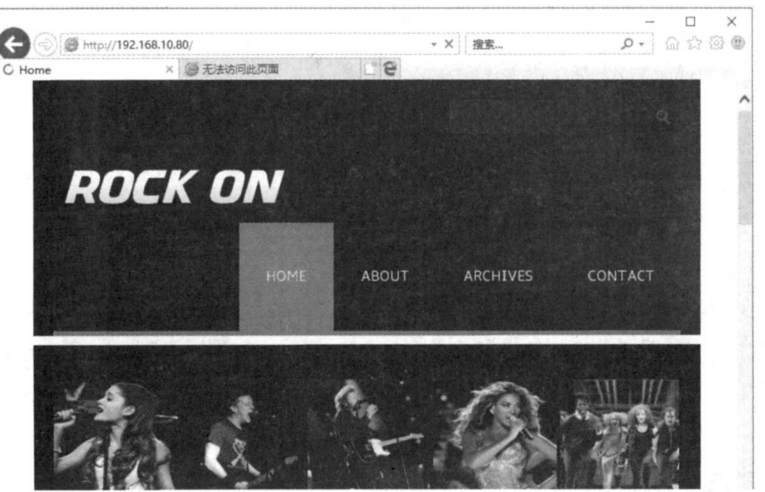

图 11.29　访问网站

4. 配置 DNS 通过域名方式访问网站

(1) 添加正向查找区域 www.muban1.com，IP 地址为 192.168.10.80，如图 11.30 所示。

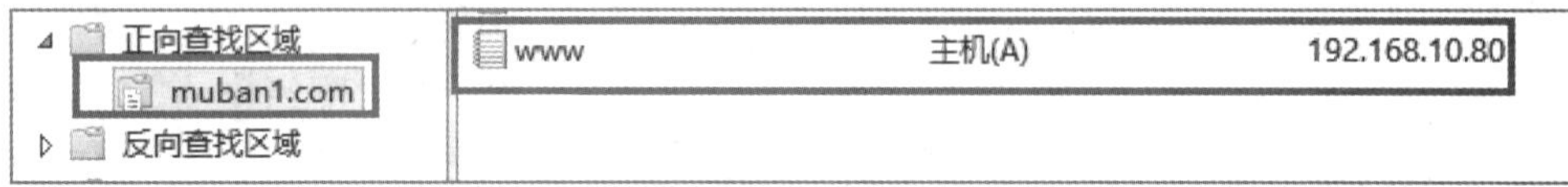

图 11.30　添加正向查找区域

(2) 配置客户端主机 IP 地址及首选 DNS，从浏览器访问 IIS 服务器，输入“http://www.muban1.com/”，如图 11.31 所示。

图 11.31　通过域名方式访问网站

11.2.3　虚拟主机

服务器上运行的多个网站称为虚拟主机，多个网站提供不同的 web 网站内容，例如 http://www.web1.com/、http://www.web2.com/、http://www.web3.com/。

按访问方式划分，虚拟主机可以分为以下三种类型：

(1) 基于端口的虚拟主机；

(2) 基于 IP 地址的虚拟主机；

(3) 基于域名的虚拟主机。

其中，最常用的是基于域名的虚拟主机。

接下来我们配置基于域名的虚拟主机 www.web1.com 和 www.web2.com，其 IP 地址均为 192.168.10.80。当从浏览器访问 http://www.web1.com/时，网页显示“达内教育”，当访问 http://www.web2.com/时，网页显示“网络运维与安全”。

1. 配置 DNS 服务器

添加两个正向解析区域，分别为 web1.com 和 web2.com，如图 11.32 和图 11.33 所示。

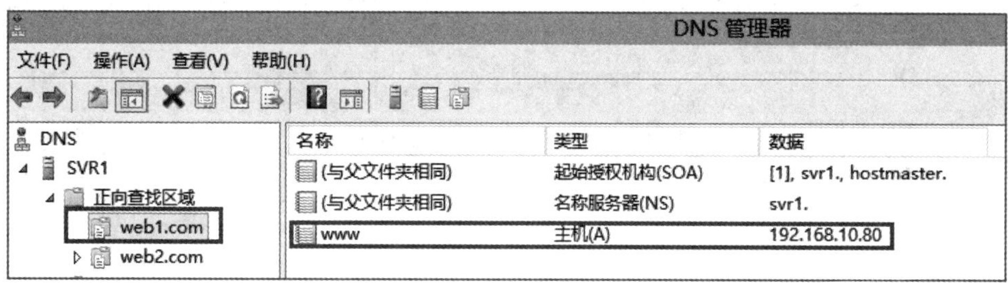

图 11.32　添加正向解析区域 web1.com

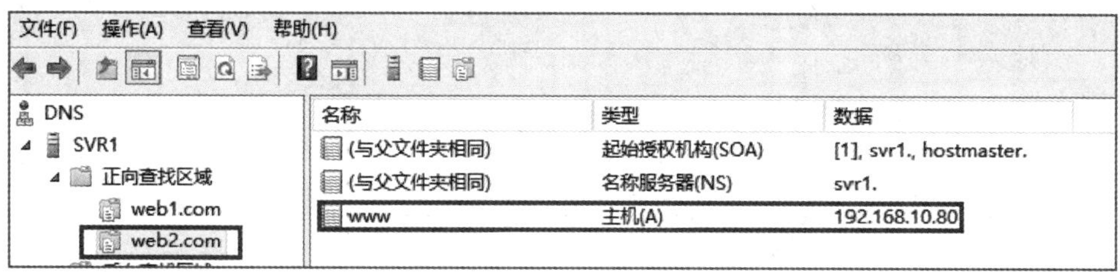

图 11.33　添加正向解析区域 web2.com

2. 为网站准备网页资料

(1) 在 D 盘的 web1 目录中添加网页文件，网页内容“达内教育”，文件名为“index.html”，如图 11.34 所示。

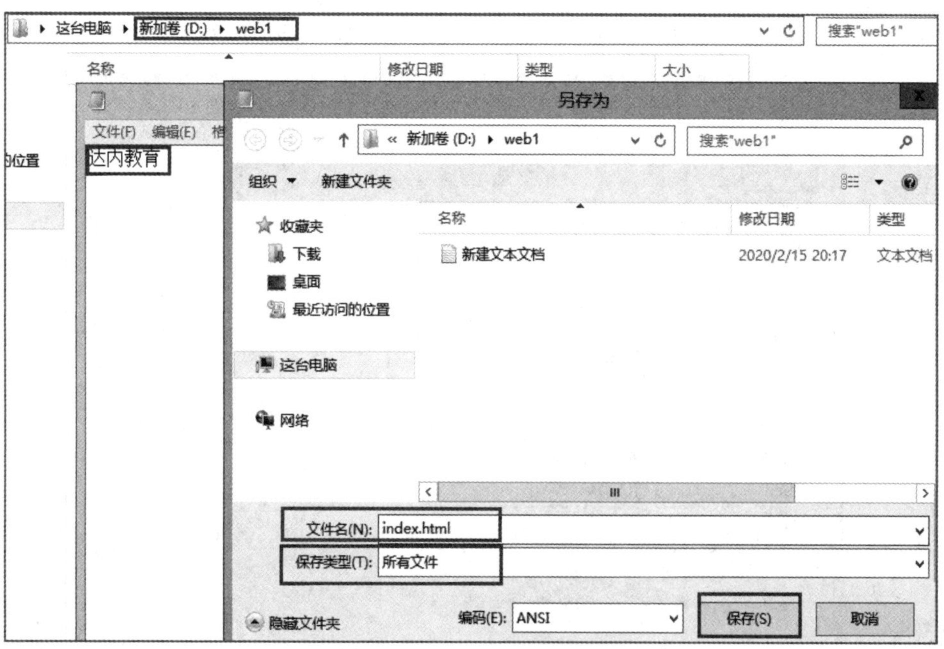

图 11.34　web1 目录中添加网页文件

(2) 在 D 盘的 web2 目录中添加网页文件，网页内容“网络运维与安全”，文件名为“index.html”，如图 11.35 所示。

图 11.35　web2 目录中添加网页文件

3. 配置基于域名的 Web 站点

(1) 删除或禁用其他站点，添加网站 web1，物理路径为 D:\web1，访问 IP 地址为 192.168.10.80，端口号为 80，主机名为“www.web1.com”，如图 11.36 所示。

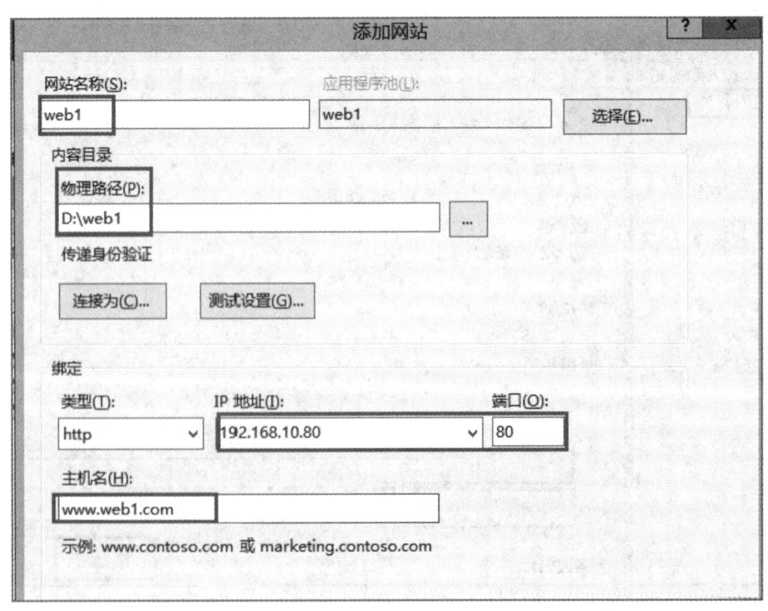

图 11.36　添加网站 web1

(2) 添加网站 web2，物理路径为 D:\web2，访问 IP 地址为 192.168.10.80，端口号为 80，主机名为“www.web2.com”，如图 11.37 所示。

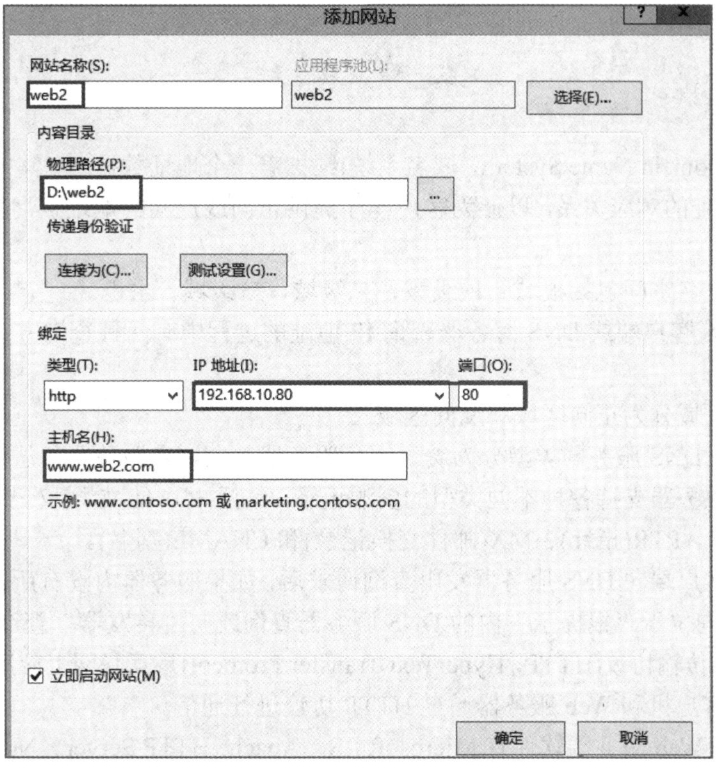

添加网站

网站名称(S): web2　应用程序池(L): web2　选择(E)...

内容目录

物理路径(P): D:\web2　...

传递身份验证

连接为(C)...　测试设置(G)...

绑定

类型(T): http　IP 地址(I): 192.168.10.80　端口(O): 80

主机名(H): www.web2.com

示例: www.contoso.com 或 marketing.contoso.com

☑ 立即启动网站(M)

确定　取消

图 11.37　添加网站 web2

4. 访问网站服务器

从浏览器分别访问 http://www.web1.com/和 http://www.web2.com，如图 11.38 和图 11.39 所示。

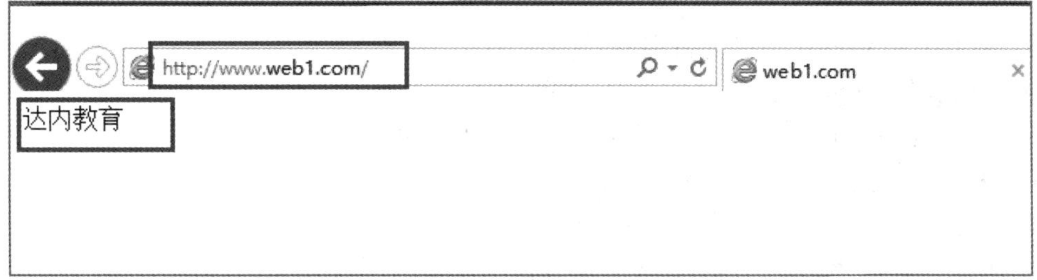

图 11.38　访问网站 web1

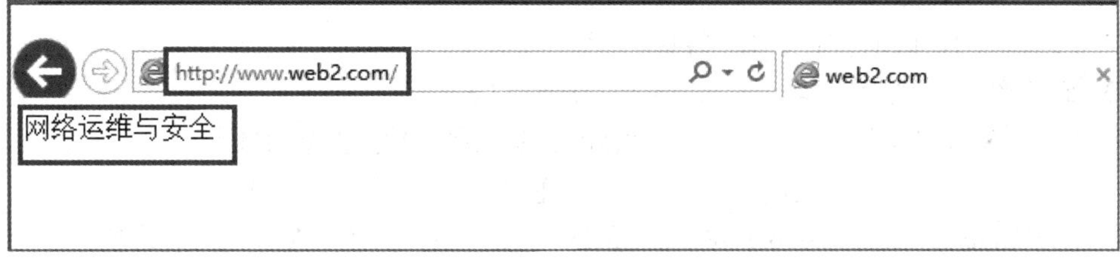

图 11.39　访问网站 web2

本 章 总 结

(1) DNS(Domain Name System，域名系统)维护着一个地址数据库，其中记录了各种主机域名与 IP 地址的对应关系，以便为客户程序提供正向或反向的地址查询服务，即正向解析与反向解析。

(2) DNS 域名空间包括根域、顶级域、二级域、三级域、主机。

(3) 在 DNS 客户端或 DNS 服务器查询 IP 地址的过程中有两种查询方式，分别是递归查询和迭代查询。

(4) DNS 区域分为正向区域和反向区域。

(5) 常见的 DNS 服务器类型分为缓存域名服务器、主域名服务器和从域名服务器。

(6) DNS 服务器支持各种不同类型的资源记录，包括 SOA(起始授权记录)、NS(名称服务器)、A(主机)、PTR(指针)、MX(邮件交换记录)和 CNAME(别名)。

(7) DNS 客户端向 DNS 服务器发出查询请求后，如果服务器内没有所需的记录，那么 DNS 服务器会向位于“根提示”内的 DNS 服务器查询或向“转发器”查询。

(8) 超文本传输协议(HTTP，HyperText Transfer Protocol)是互联网上应用最为广泛的一种网络协议。客户机和 Web 服务器通过 HTTP 协议进行通信。

(9) 常见的 Web 服务端软件有 Microsoft IIS、Apache HTTP Server、Nginx 等。

(10) 虚拟主机可以分为基于端口的虚拟主机、基于 IP 地址的虚拟主机和基于域名的虚拟主机。其中最常用的是基于域名的虚拟主机。

习　题

1. 以下关于 Web 站点描述错误的是(　　)。

A. 可利用单网卡、双 IP 搭建 Web 站点

B. 大多数 Internet 上的站点访问采取的是匿名方式

C. Web 站点的默认端口是 80

D. Web 站点的根目录要求存放在 C:\webroot

2. 在以下域名中，(　　)的后缀域名分别为 .edu、.gov、.mil、.com。

A. 教育机构、商业机构、国际组织、政府部门

B. 教育机构、军事部门、政府部门、商业机构

C. 教育机构、政府部门、军事部门、商业机构

D. 政府部门、教育机构、军事部门、商业机构

3. 在 DNS 域名查询应用中，(　　)解析表示根据 IP 地址查询域名。

A. 正向　　B. 反向　　C. 递归　　D. 迭代

4. 在 Windows Server 2016 系统上配置 DNS 服务器，其中“A”记录指的是(　　)记录。

A. 把域名映射为 IP 地址　　B. 把 IP 地址映射为域名

C. 别名　　　　　　　　　　D. 邮件服务器地址

5. 在 DNS 域名查询应用中，(　　)解析表示根据域名查询 IP 地址。

A. 反向　　　　B. 正向　　　　C. 国家　　　　D. 逆向

扫码看答案

第 12 章　邮件服务的配置与应用

本章目标

- 学会配置邮件服务器；
- 学会使用 Web 方式收发邮件；
- 学会使用 Foxmail 客户端收发邮件。

问题导向

- 如果 lvbu@qq.com 发邮件给 diaochan@163.com，请分析这封邮件的通信过程？
- 使用 Winmail 搭建邮件服务器需要注意什么？
- 分别通过 Web、Foxmail 方式收发邮件，它们各有哪些优势？

12.1　邮件服务器部署

12.1.1　电子邮件概述

电子邮件(E-mail)又称电子信箱，是一种利用电子手段提供信息交换的通信方式，这种通信方式是非即时、交互式的。

1. 电子邮件系统的组成

电子邮件系统的组成可分为如下两个部分。

(1) MUA(Mail User Agent，邮件用户代理)：一般被称为邮件客户端软件。MUA 软件的功能是为用户提供发送、接收和管理电子邮件的界面。在 Windows 平台中常用的 MUA 软件包括 Outlook Express、Outlook、Foxmail 等。

(2) MTA(Mail Transfer Agent，邮件传输代理)：一般被称为邮件服务器软件。MTA 软件负责接收客户端软件发送的邮件，并将邮件传输给其他 MTA 程序，是电子邮件系统中的核心部分。Exchange(微软公司著名的邮件服务器软件)、Winmail 等服务器软件都属于 MTA。

2. 常见的邮件协议

最常用的三种邮件协议如下所述。

(1) SMTP(Simple Mail Transfer Protocol，简单邮件传输协议)：主要用于发送和传输邮件。MUA 使用 SMTP 协议将邮件发送到 MTA 服务器中，而 MTA 将邮件传输给其他 MTA 服务器时也使用 SMTP 协议。SMTP 协议使用的 TCP 端口号为 25。

如果要支持发信认证，需要使用扩展的 SMTP 协议(Extended SMTP)。

(2) POP(Post Office Protocol，邮局协议)：主要用于从邮件服务器中收取邮件。目前 POP 协议的最新版本是 POP3，大多数 MUA 软件都支持使用 POP3 协议。POP3 协议使用的 TCP 端口号为 110。

(3) IMAP(Internet Message Access Protocol，互联网消息访问协议)：同样用于收取邮件。目前 IMAP 协议的最新版本是 IMAP4。与 POP3 相比较，IMAP4 协议提供了更为灵活和强大的邮件收取、邮件管理功能。IMAP4 协议使用的 TCP 端口号为 143。

12.1.2　Winmail 的安装与配置

微课视频 024

Winmail 是一款安全易用、功能齐全的邮件服务器软件，完全满足中小型企业等单位自建邮件服务器的要求，支持 SMTP、POP3、IMAP、Webmail，支持 Outlook、Foxmail 等客户端软件。其官方网站是 https://www.winmail.cn。

1. 安装 Winmail 系统

(1) 在 Windows Server 2016 服务器(IP 地址为 192.168.10.80)上安装 Winmail，选择“我接受协议”，如图 12.1 所示。

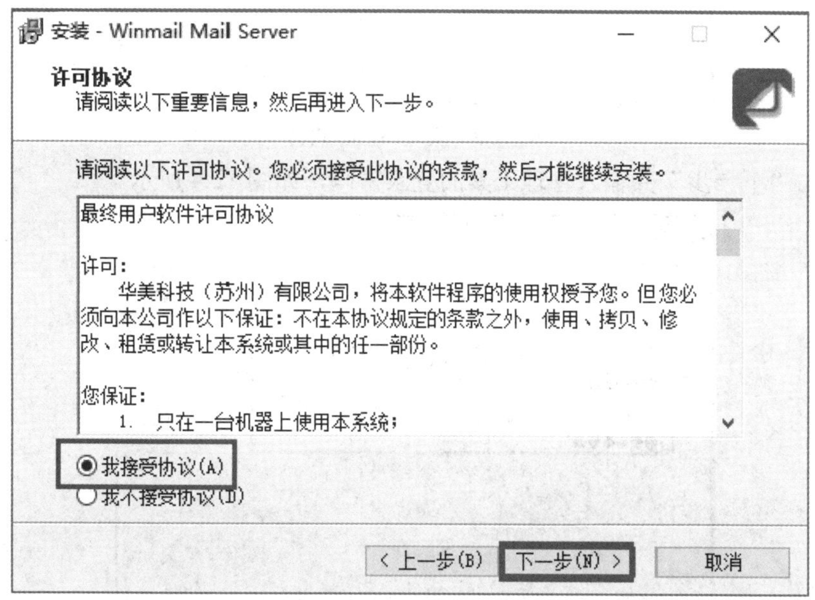

图 12.1　安装 Winmail(1)

(2) 点击“下一步”，选择安装位置，再点击“下一步”，选择组件，如图 12.2 所示。

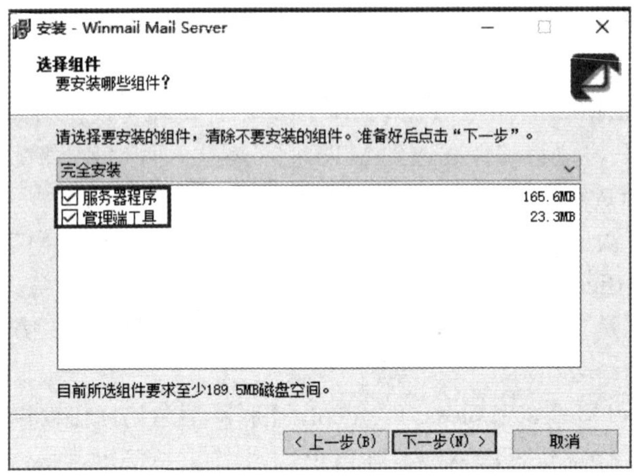

图 12.2　安装 Winmail(2)

(3) 点击“下一步”，选择服务器运行方式，默认为“注册为服务”，如图 12.3 所示。

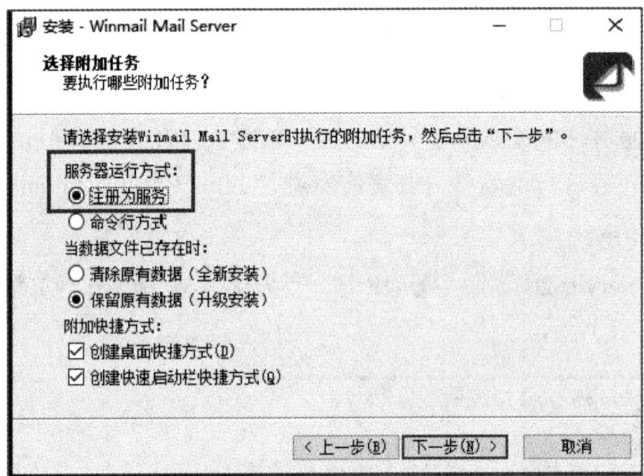

图 12.3　安装 Winmail(3)

(4) 点击“下一步”并输入管理工具的登录密码，如图 12.4 所示。

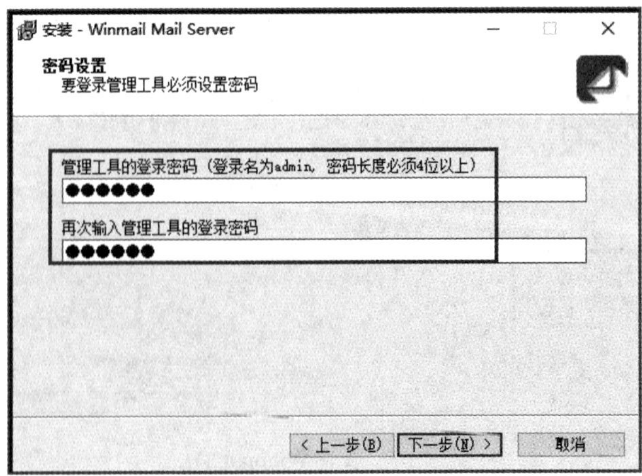

图 12.4　安装 Winmail(4)

(5) 安装完毕后，提示如图 12.5 所示，点击“确定”。

图 12.5　安装 Winmail(5)

(6) 勾选“现在就运行 Winmail Mail Server”，点击“完成”，如图 12.6 所示。

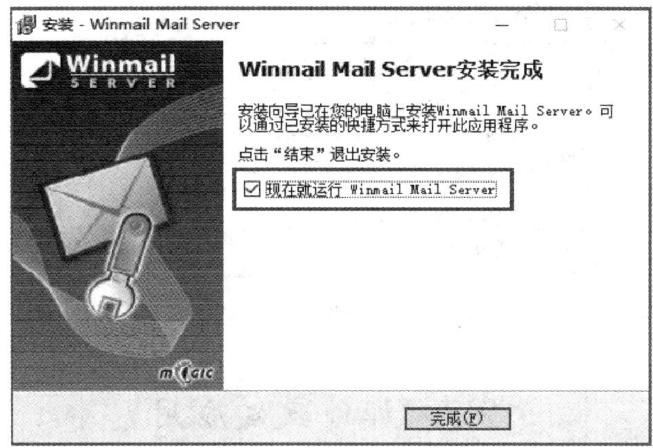

图 12.6　安装 Winmail(6)

2. 完成初始设置

(1) 输入新建邮箱地址及密码，如图 12.7 所示。

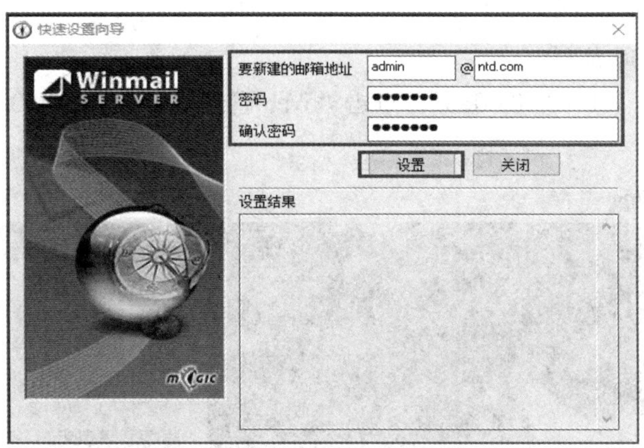

图 12.7　完成初始设置(1)

(2) 点击“设置”后确认设置结果，如图 12.8 和图 12.9 所示。

图 12.8　完成初始设置(2)

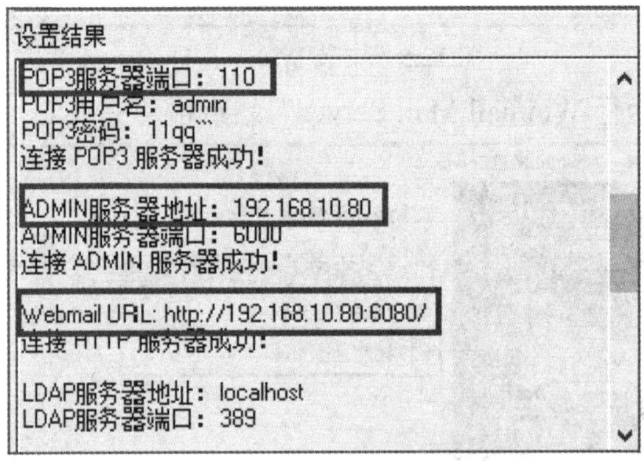

图 12.9　完成初始设置(3)

12.2　邮件收发应用

12.2.1　配置邮件

1. 添加邮件用户

(1) 进入服务管理界面。

访问“http://192.168.10.80:6080”，点击“Web 管理”，如图 12.10 和图 12.11 所示。

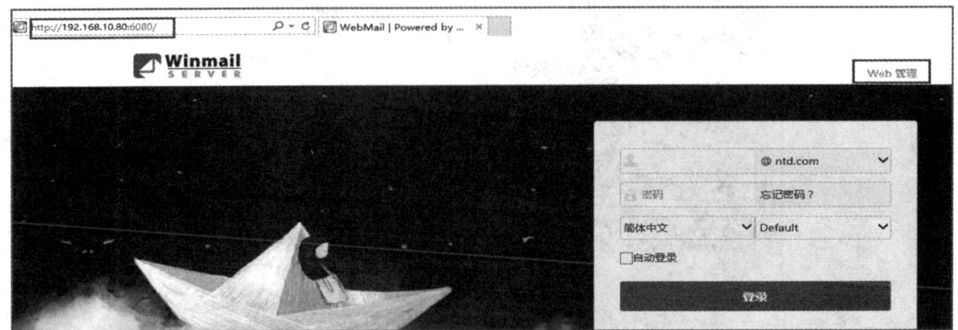

图 12.10　进入服务管理界面(1)

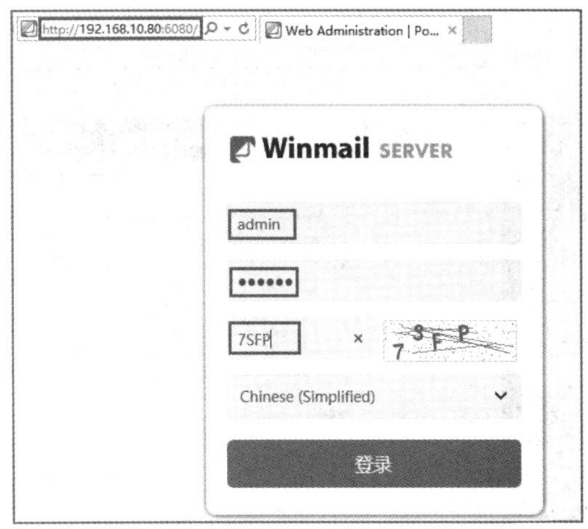

图 12.11　进入服务管理界面(2)

(2) 确认登录管理界面，如图 12.12 所示。

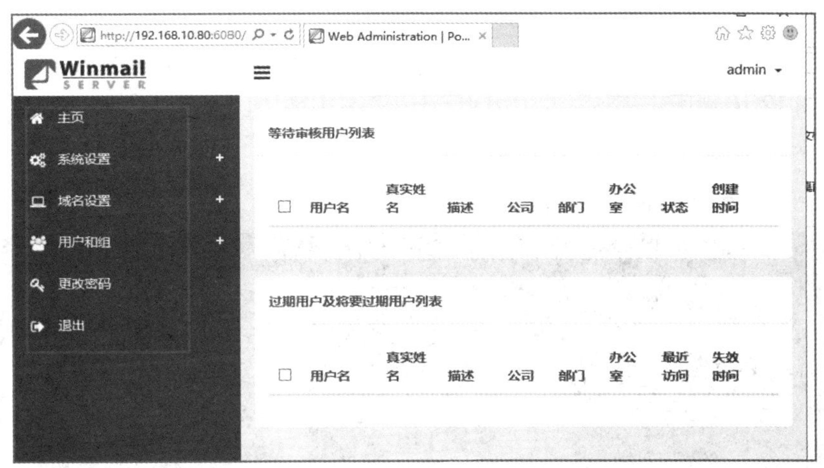

图 12.12　进入服务管理界面(3)

(3) 依次展开“用户和组”→“用户管理”→“新增”，如图 12.13 所示。

图 12.13　用户管理(1)

(4) 输入用户名及密码，如图 12.14 所示。

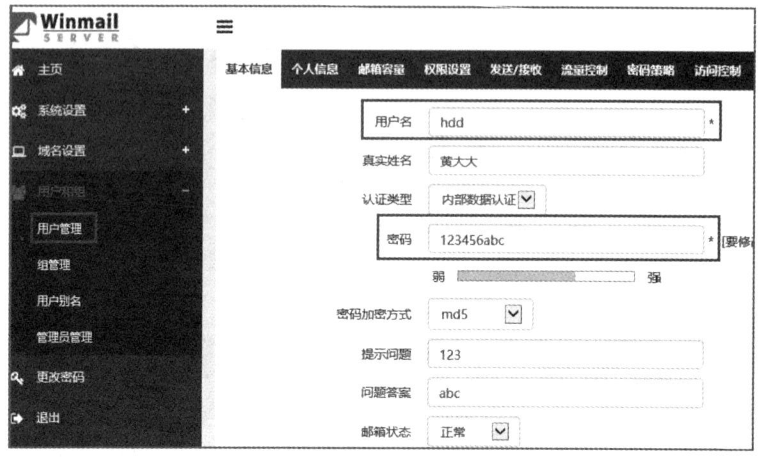

图 12.14　用户管理(2)

2. 通过 Web 方式登录邮箱

客户机访问 http://192.168.10.80:6080，使用用户名“hdd”通过 Web 方式登录邮箱，如图 12.15 和图 12.16 所示。

图 12.15　通过 Web 方式登录邮箱(1)

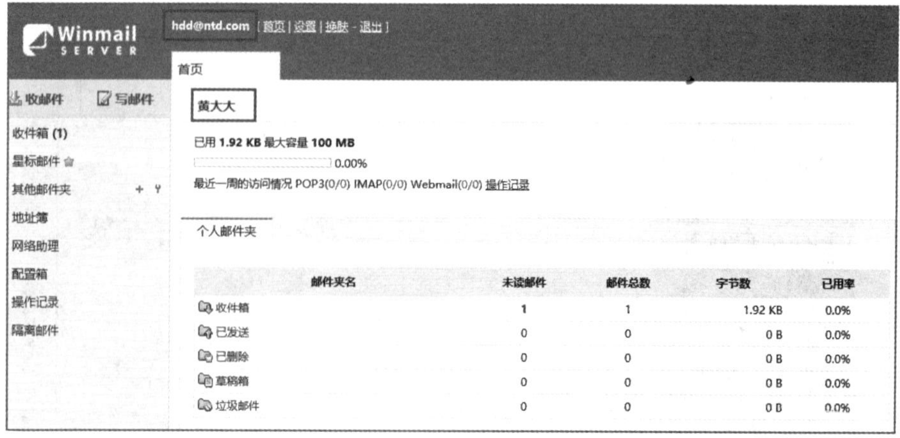

图 12.16　通过 Web 方式登录邮箱(2)

3. 测试发送与接收邮件

(1) 点击“写邮件”，输入收件人邮箱“admin@ntd.com”，输入主题、邮件正文，点击“发送”，如图 12.17 所示。

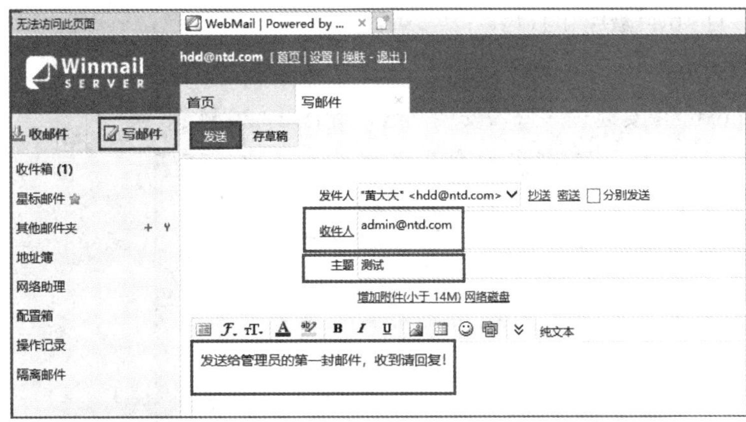

图 12.17　发送邮件

(2) 切换用户“admin”进行登录，发现未读邮件，如图 12.18 所示。

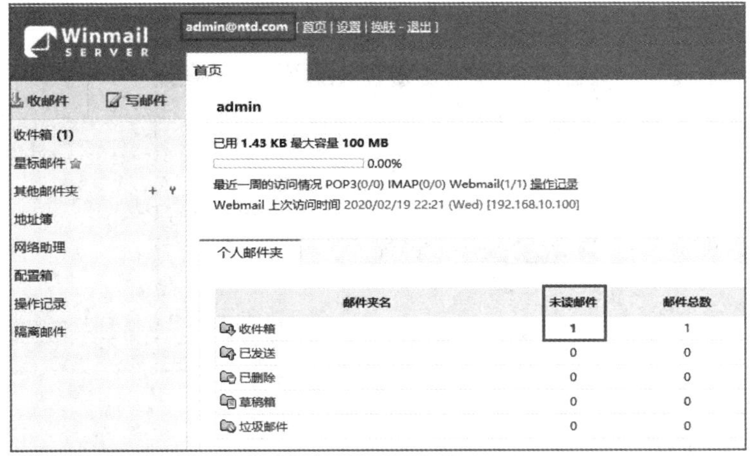

图 12.18　未读邮件

(3) 点击“收件箱”，点击标题为“测试”的邮件查看正文内容，如图 12.19 所示。

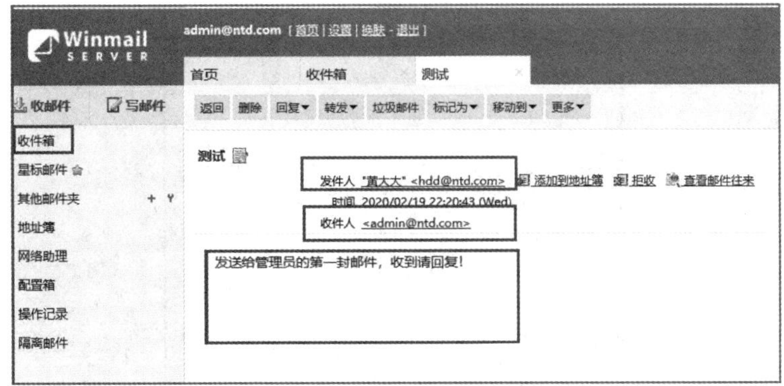

图 12.19　查看邮件

12.2.2　配置 Foxmail

微课视频 025

Foxmail 是由张小龙开发的一款优秀的国产电子邮件客户端软件，该软件于 2005 年 3 月 16 日被腾讯收购。

1. 安装 Foxmail

(1) 双击 Foxmail 安装程序进入安装向导，如图 12.20 所示。

图 12.20　安装 Foxmail(1)

(2) 根据安装向导直到安装成功点击“完成”，如图 12.21 所示。

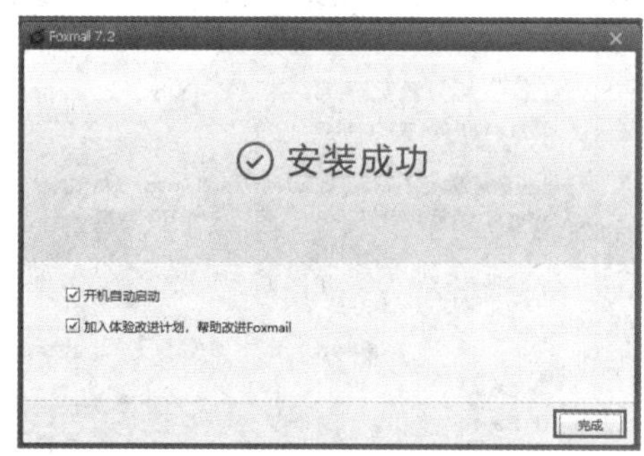

图 12.21　安装 Foxmail(2)

2. 配置邮件账号

(1) 双击桌面上的 Foxmail 快捷方式运行 Foxmail 程序，输入 E-mail 地址及密码，如图 12.22 所示。

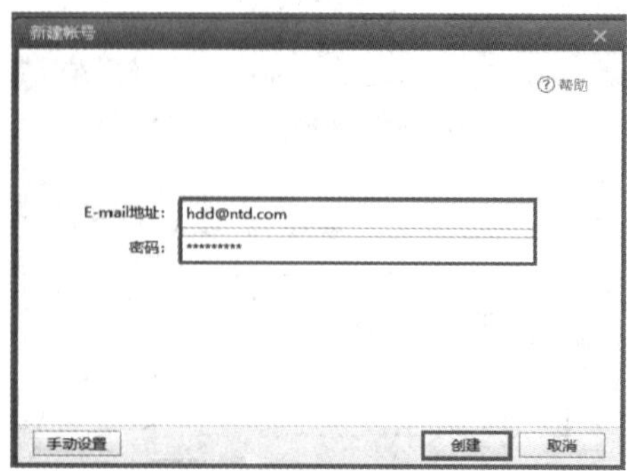

图 12.22　配置邮件账号(1)

(2) 输入 POP3 服务器及 SMTP 服务器 IP 地址，如图 12.23 所示。

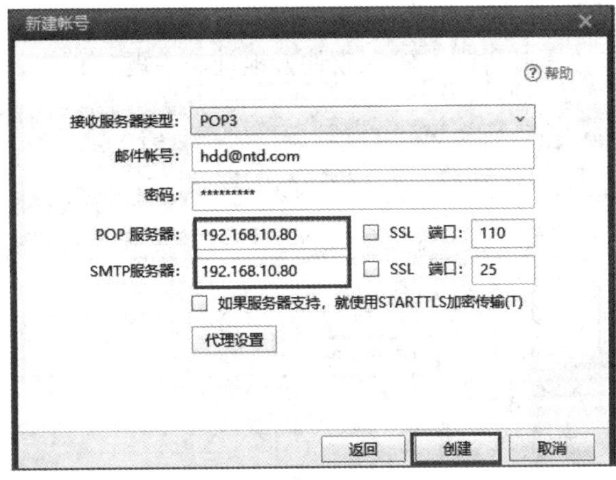

图 12.23　配置邮件账号(2)

(3) 设置成功后点击“完成”，如图 12.24 所示。

图 12.24　配置邮件账号(3)

(4) 登录邮箱验证是否可以成功登录，如图 12.25 所示。

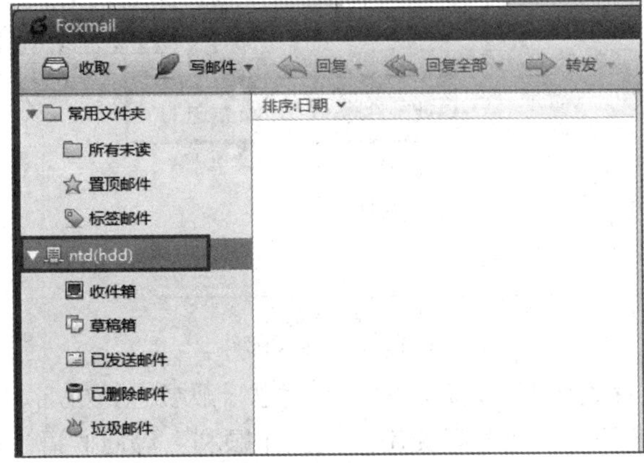

图 12.25　登录邮箱

3. 配置 Foxmail 收发邮件

(1) 发件人通过 Foxmail 发送邮件。双击桌面上的 Foxmail 快捷方式，直接进入事先配置好的邮箱，然后点击“写邮件”，输入收件人地址、主题、正文，如图 12.26 所示。

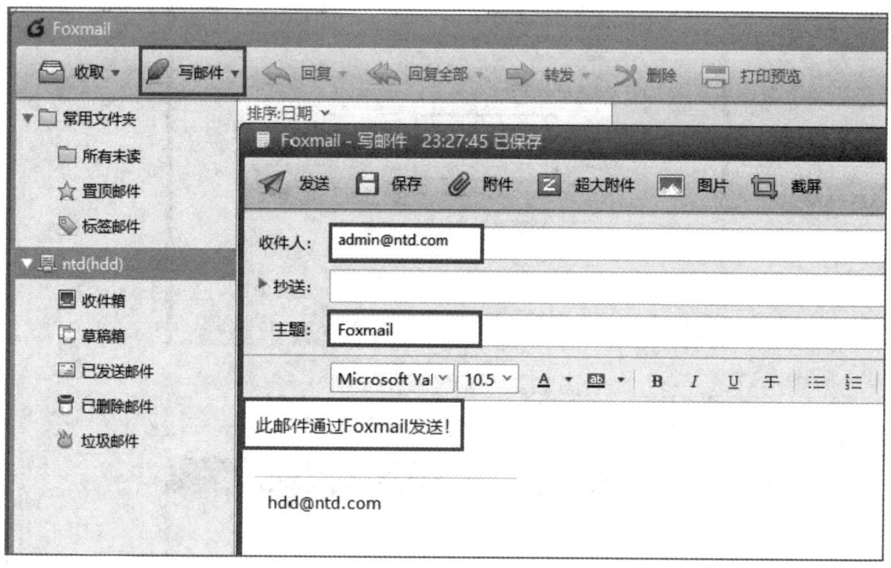

图 12.26　发送邮件

(2) 收件人通过访问 Web 邮箱收取邮件，如图 12.27 所示。

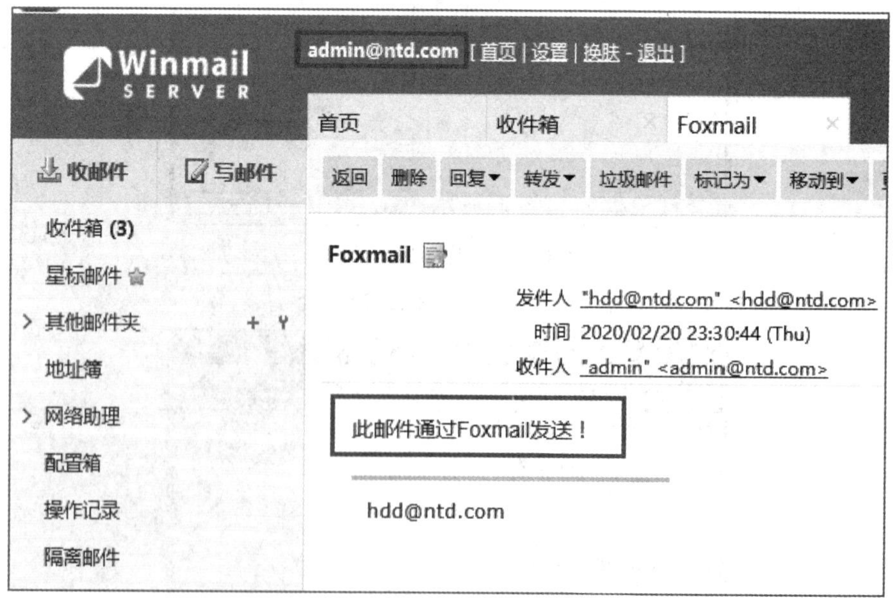

图 12.27　接收邮件

(3) 为 Foxmail 设置签名。正文最后的签名信息一般要包括姓名、所属部门、联系方式、邮箱、地址等发件人的信息，还可以使用“祝工作顺利”等问候语，如图 12.28 所示。

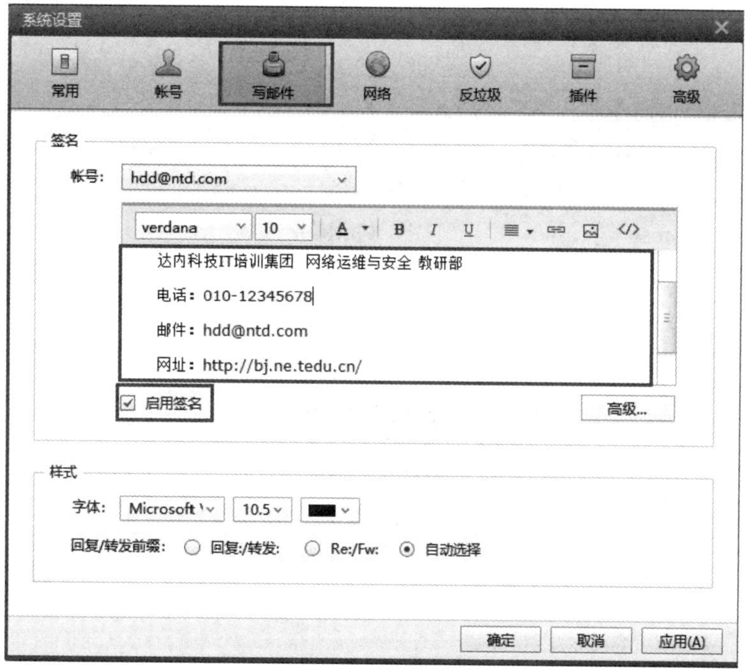

图 12.28　设置签名

本 章 总 结

(1) 电子邮件系统的组成可分为 MUA(Mail User Agent，邮件用户代理)和 MTA(Mail Transfer Agent，邮件传输代理)。

(2) 最常用的三种邮件协议包括 SMTP(Simple Mail Transfer Protocol，简单邮件传输协议)、POP(Post Office Protocol，邮局协议)、IMAP(Internet Message Access Protocol，互联网消息访问协议)。

(3) Winmail 是一款安全易用、功能齐全的邮件服务器软件，完全满足中小型企业等单位自建邮件服务器的要求，支持 SMTP、POP3、IMAP、Webmail，支持 Outlook、Foxmail 等客户端软件。

(4) Foxmail 是由张小龙开发的一款优秀的国产电子邮件客户端软件，于 2005 年 3 月 16 日被腾讯收购。

(5) Foxmail 可以设置签名，正文最后的签名信息一般要包括姓名、所属部门、联系方式、邮箱、地址等发件人的信息，还可以使用“祝工作顺利”等问候语。

习　　题

1. (　　)邮件协议主要用于发送和传输邮件。

A. SMTP　　B. POP　　C. IMAP　　D. MUA

2. SMTP 协议使用的 TCP 端口号为(　　)。

A. 25　　B. 80　　C. 110　　D. 143

3. POP3 协议使用的 TCP 端口号为(　　)。

A. 25　　B. 80　　C. 110　　D. 143

4. 在 Windows 平台中常用的 MUA 软件包括(　　)。

A. Outlook Express　　B. Outlook

C. Foxmail　　D. Winmail

扫码看答案

第 13 章　Windows 的活动目录

本章目标

- 学会基于 Windows 服务器构建 AD 域；
- 掌握域用户与组管理；
- 掌握域环境组策略的配置。

问题导向

- Windows 的活动目录的作用是什么？
- 根据组的使用范围，域内的组可分为哪三种？
- 内置的组策略对象有哪两个？

13.1　构建 AD 域

13.1.1　活动目录概述

1. 域与活动目录

微课视频 026

域是由多台计算机通过网络连接在一起所组成的，域内所有计算机共享一个集中式的目录数据库，该目录数据库包含着整个域内所有用户账户、打印机与共享文件夹等相关数据。

活动目录(Active Directory)是 Windows 网络中的目录服务，它可以让用户快速查找所需的数据。在域内提供目录服务的组件为 Active Directory 域服务，它负责目录数据库的添加、删除、修改与查询等工作。

每个域中至少有一台域控制器(Domain Controller)，目录数据库存储在域控制器内。

2. 域树与森林

域树是具有连续域名空间的多个域，如图 13.1 所示。最上层的域名为“beijing.com”，它是此域树的根域，根域下面还有 2 个子域，分别为“haidian.beijing.com”和“chaoyang.beijing.com”。

图 13.1　域树

森林由一个或多个域树组成，如图 13.2 所示。图 13.2 中，“beijing.com”是第 1 个域树的根域，它就是整个森林的根域，而森林的名称就是“beijing.com”。

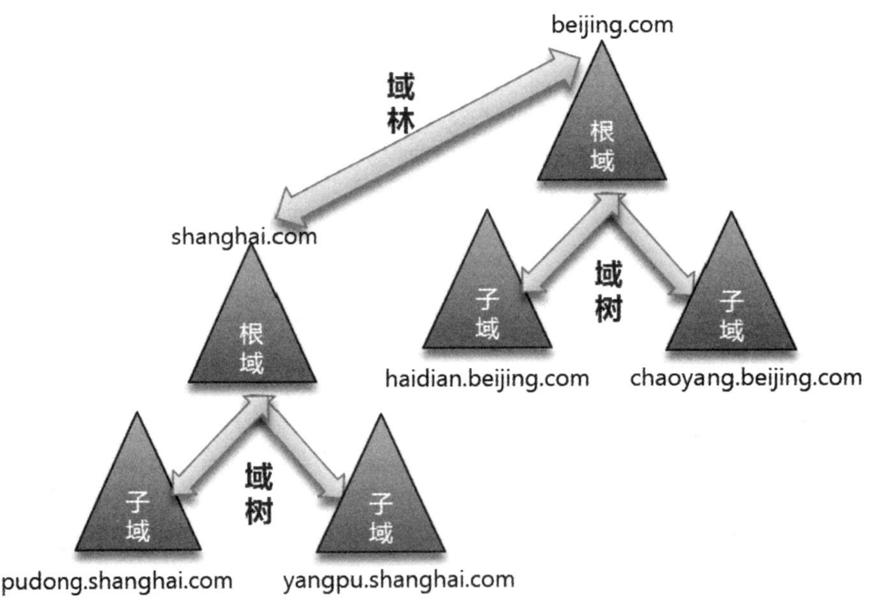

图 13.2　森林

13.1.2　创建 AD 域

当企业办公网络的规模扩大到一定程度后，集中管理可以提高运行维护效率，可以基于 Windows Server 2016 系统搭建域控制器，将其他客户机加入域。

实验环境：使用一台 Windows Server 2016 虚拟机(IP 地址为 192.168.10.100)，将其安装为域控制器，用来组建名为“ntd.com”的 AD 域；另一台 Windows 10 虚拟机(IP 地址为 192.168.10.10)作为域内的客户机。

案例的操作步骤如下所述。

1. 将一台 Windows Server 2016 服务器安装为域控制器

(1) 确认网络环境和主机名。

查看现有的主机名，如图 13.3 所示。

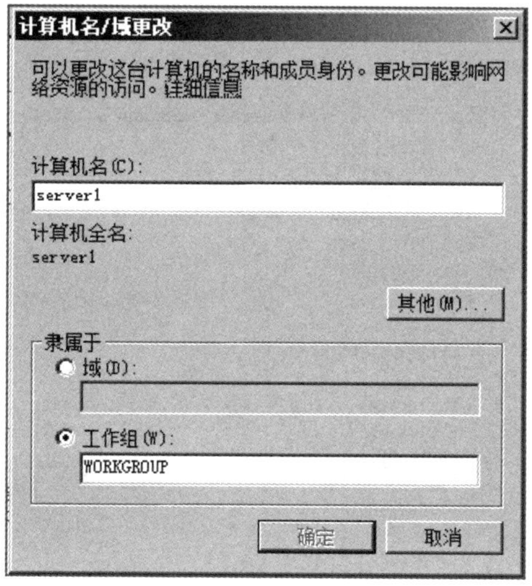

图 13.3　确认主机名

配置固定 IP 地址为 192.168.10.100，将所使用的 DNS 服务器设为本机，如图 13.4 所示。

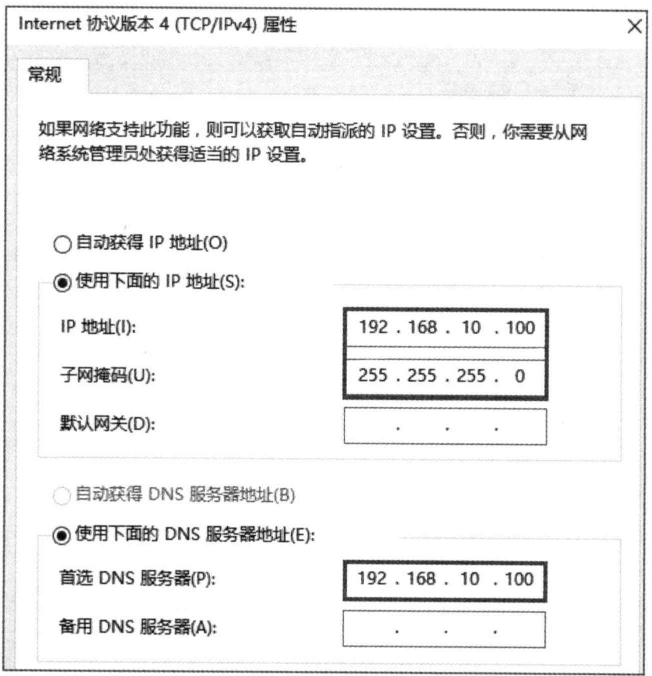

图 13.4　配置 IP 和 DNS

(2) 安装域控制器。

以管理员“Administrator”进行登录，依次进行如下操作：

打开“服务管理器”→“添加角色和功能”→“下一步”→选择“基于角色或基于功能的安装”→“下一步”，从服务器池中选择服务器，点击“下一步”，勾选“Active Directory域服务”，如图 13.5 所示。

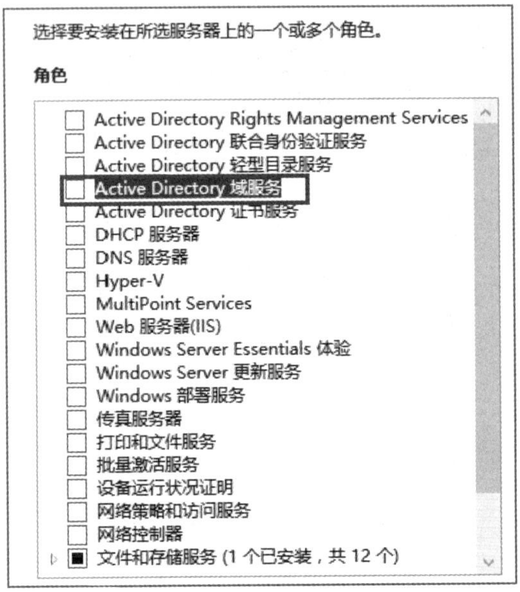

选择要安装在所选服务器上的一个或多个角色。
角色
Active Directory Rights Management Services
Active Directory 联合身份验证服务
Active Directory 轻型目录服务
Active Directory 域服务
Active Directory 证书服务
DHCP 服务器
DNS 服务器
Hyper-V
MultiPoint Services
Web 服务器(IIS)
Windows Server Essentials 体验
Windows Server 更新服务
Windows 部署服务
传真服务器
打印和文件服务
批量激活服务
设备运行状况证明
网络策略和访问服务
网络控制器
文件和存储服务 (1 个已安装，共 12 个)

图 13.5　选择角色

(3) 在弹出的对话框中点击“添加功能”，如图 13.6 所示。

添加角色和功能向导
添加 Active Directory 域服务 所需的功能?
只有在安装了以下角色服务或功能的前提下，才能安装 Active Directory 域服务。
远程服务器管理工具
角色管理工具
AD DS 和 AD LDS 工具
Windows PowerShell 的 Active Directory 模块
AD DS 工具
[工具] Active Directory 管理中心
[工具] AD DS 管理单元和命令行工具
[工具] 组策略管理
包括管理工具(如果适用)
添加功能
取消

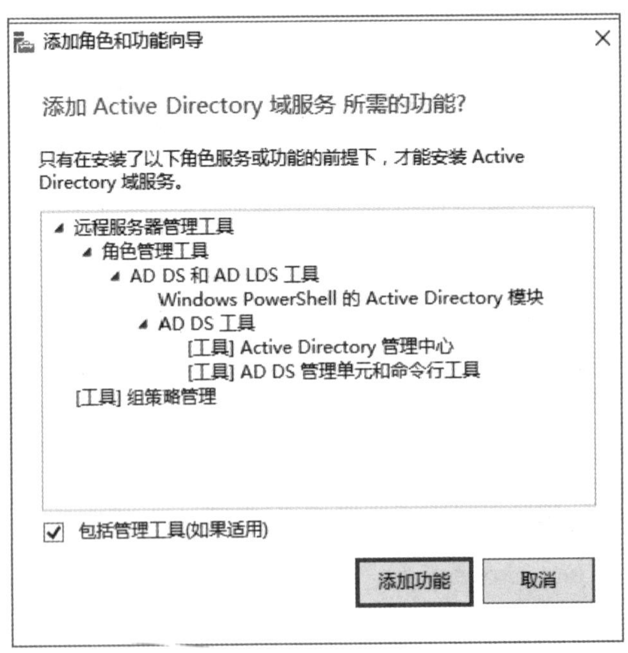

图 13.6　添加功能

(4) 根据添加功能向导一直点击“下一步”，最后点击“安装”，如图 13.7 所示，安装完毕后点击“关闭”。

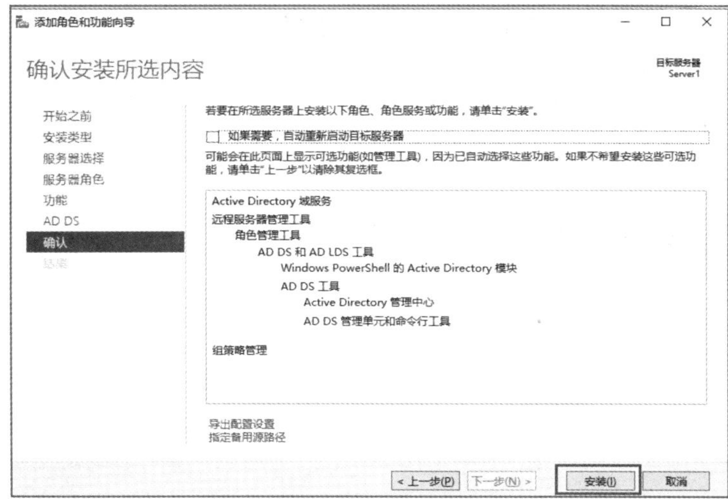

图 13.7　安装角色

(5) 在“服务管理器”中选择“AD DS”，在界面右侧点击“更多”，如图 13.8 所示。

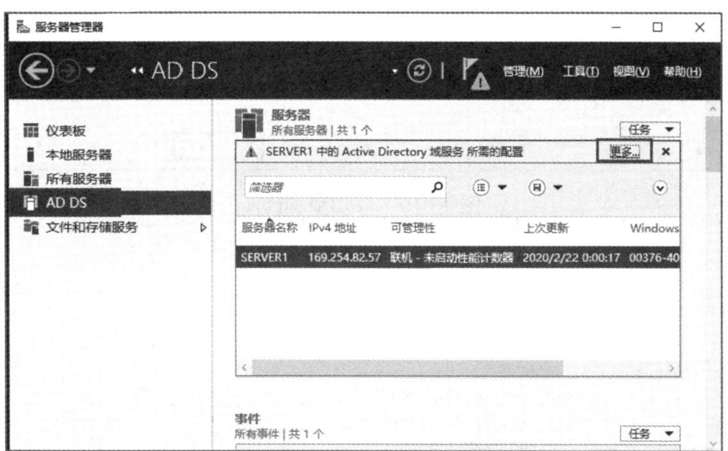

图 13.8　提升为域控制器(1)

(6) 在弹出的对话框中点击“将此服务器提升为域控制器”，如图 13.9 所示。

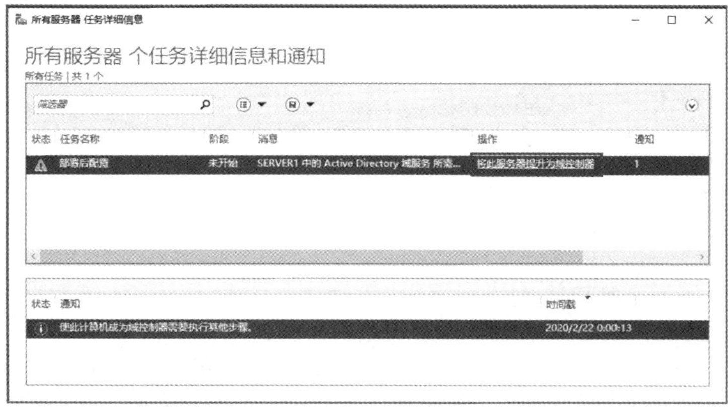

图 13.9　提升为域控制器(2)

(7) 选择“添加新林”，在弹出的对话框中输入域名“ntd.com”，点击“下一步”，如图 13.10 所示。

图 13.10　添加新林(1)

(8) 输入目录服务还原模式密码，如图 13.11 所示，单击“下一步”。

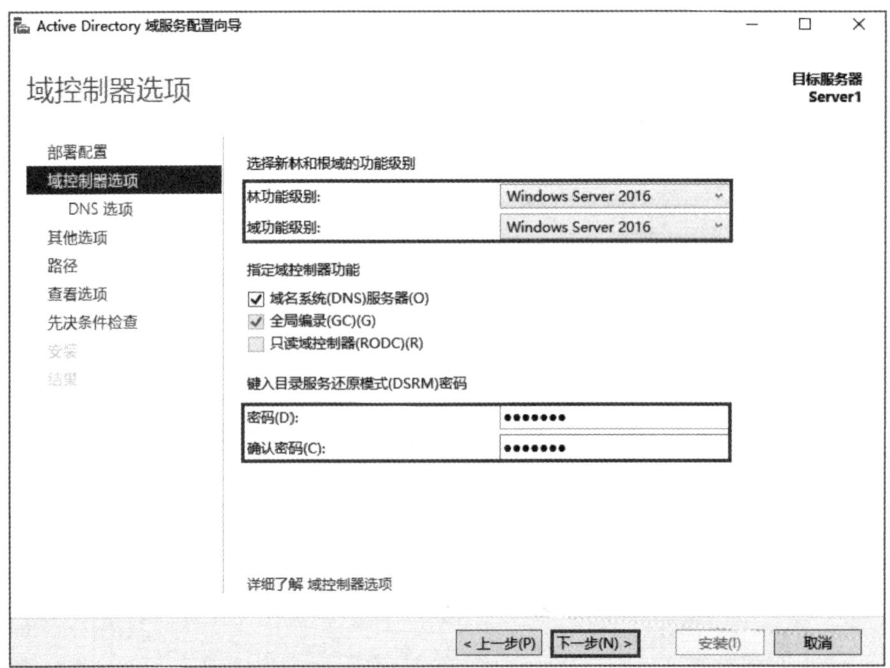

图 13.11　添加新林(2)

(9) 根据 Active Directory 域服务配置向导连续点击“下一步”，最后点击“安装”，如图 13.12 所示。

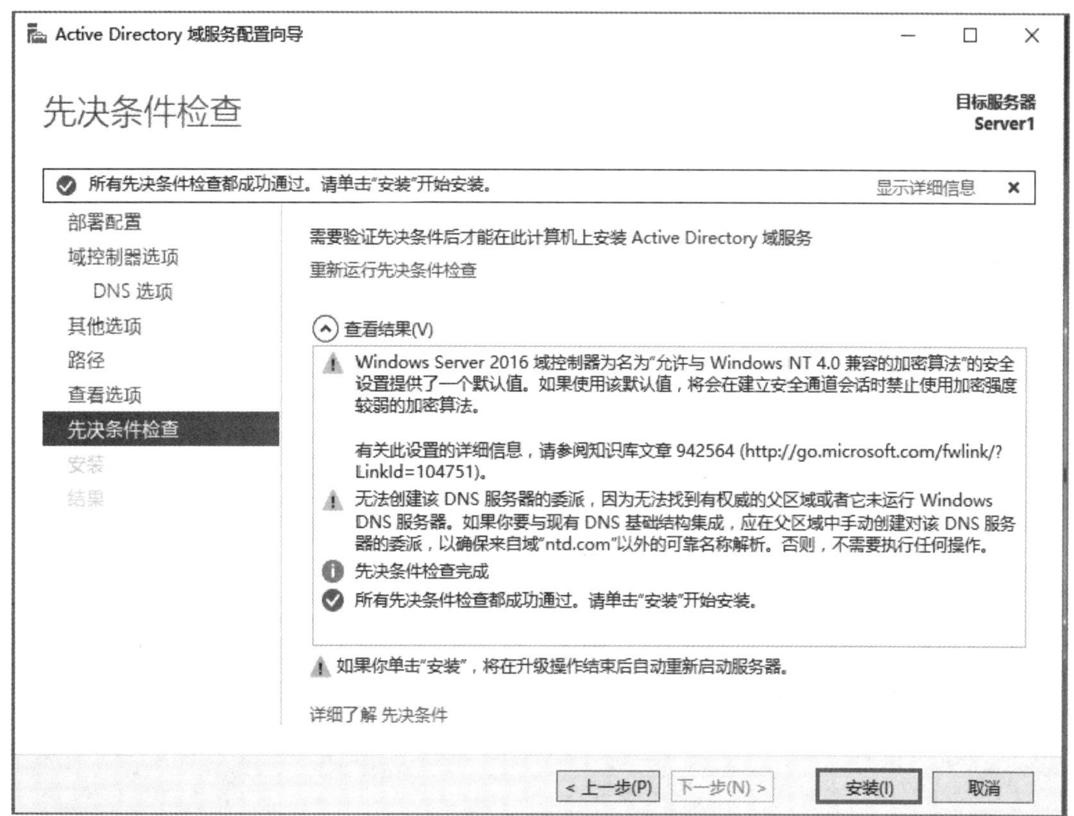

图 13.12　添加新林(3)

(10) 确认安装结果。重启 Windows Server 2016 服务器，登录界面默认变为域用户登录，如图 13.13 所示。本地管理员“Administrator”升级为域管理员“NTD\Administrator”，输入密码即可进入域控制器。

图 13.13　登录界面

(11) 右击桌面“此电脑”图标选择“属性”，查看基本信息，如图 13.14 所示。

图 13.14　查看基本信息

2. 将另外一台 Windows 10 计算机加入此域

(1) 配置 Windows 10 主机固定 IP 地址为 192.168.10.10，将 DNS 服务器设为域控制器，如图 13.15 所示。

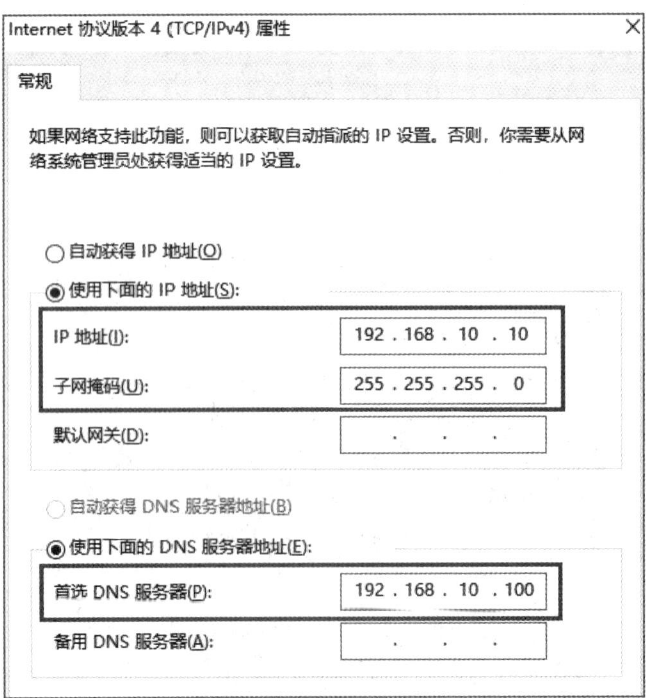

图 13.15　配置 IP 和 DNS

(2) 测试网络连通性，如图 13.16 所示。

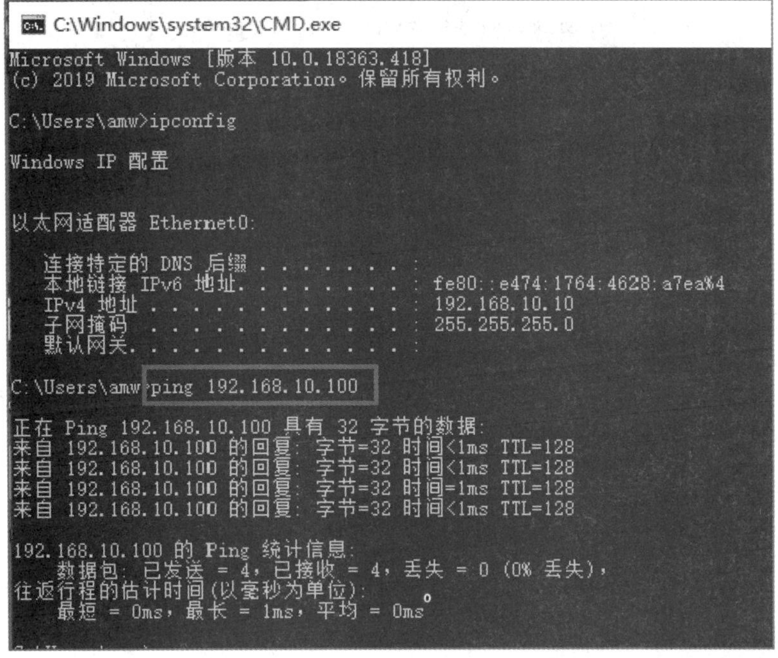

图 13.16　测试网络连通

(3) 测试 DNS 解析，如图 13.17 所示。

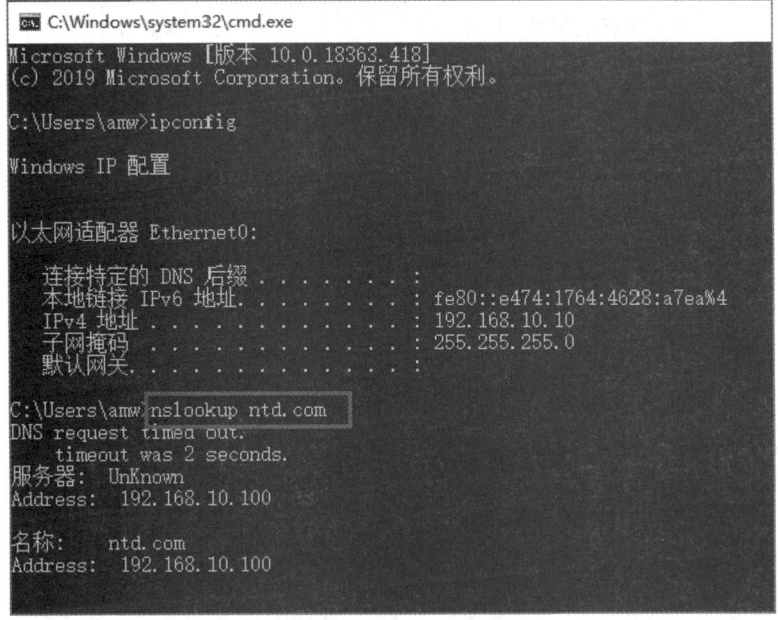

图 13.17　测试 DNS 解析

(4) 修改计算机属性，加入 ntd.com 域。

右击“此电脑”→“属性”→“高级系统设置”→“计算机名”选项卡→“更改”，修改为“隶属于”域“ntd.com”，如图 13.18 所示，单击“确定”。

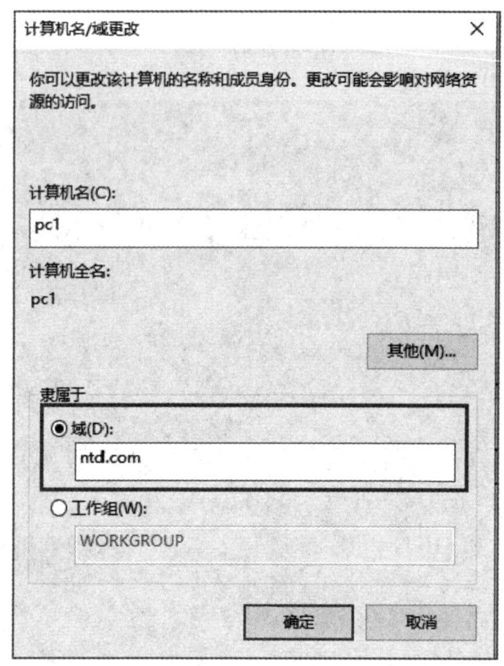

图 13.18　加入域(1)

(5) 在弹出的对话框中输入域用户账户名，如图 13.19 所示，单击“确定”。

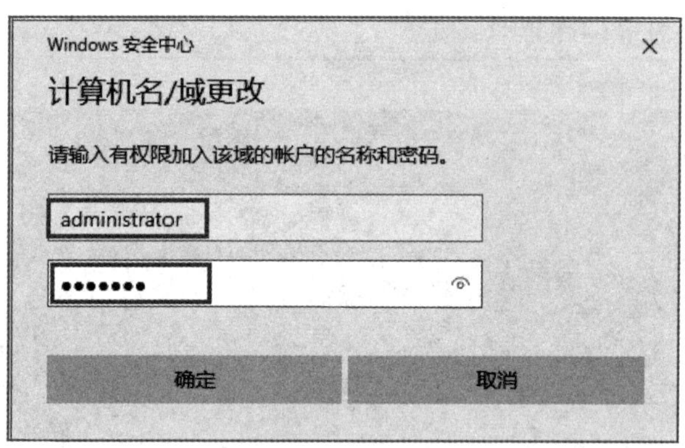

图 13.19　加入域(2)

若加域成功，会提示相应的欢迎的信息，如图 13.20 所示，之后根据提示重启计算机。

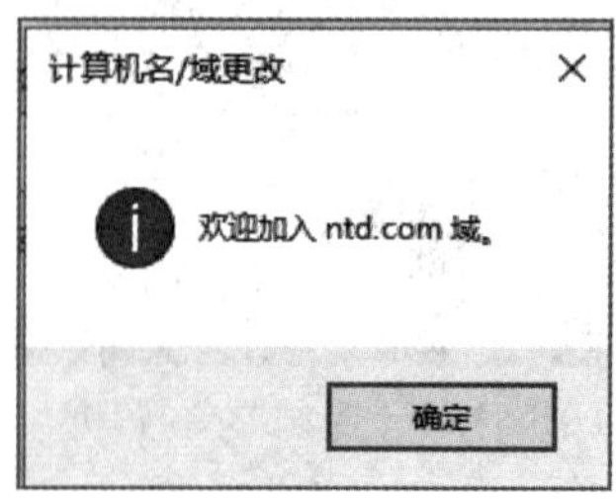

图 13.20　加入域(3)

(6) 成功登录以后，依次右击“此电脑”→“属性”，可看查看 Windows 10 主机为域环境，如图 13.21 所示。

查看有关计算机的基本信息

Windows 版本

Windows 10 专业版

© 2019 Microsoft Corporation。保留所有权利。

系统

处理器:	Intel(R) Core(TM) i3-6100 CPU @ 3
已安装的内存(RAM):	2.00 GB
系统类型:	64 位操作系统，基于 x64 的处理器
笔和触控:	没有可用于此显示器的笔或触控输入

计算机名、域和工作组设置

计算机名:	pc1
计算机全名:	pc1.ntd.com
计算机描述:	PC1
域:	ntd.com

图 13.21　加入域(4)

13.2　管理 AD 域

13.2.1　域用户的管理

微课视频 027

域用户账户存储在活动目录数据库中，默认情况下，使用域用户可以登录到 Windows 域中的任何一台计算机。

而对于域控制器来说，针对域用户和组的集中管理是最基本的功能，将 Windows Server 2016 服务器升级为域控制器以后，实际上所有原来的本地用户都自动升级为域用户，“计算机管理”工具中不再提供对“本地用户和组”的管理。

1. 创建域用户

(1) 若要管理域用户，可在服务管理器中单击“工具”→“Active Directory 用户和计算机”，如图 13.22 所示。

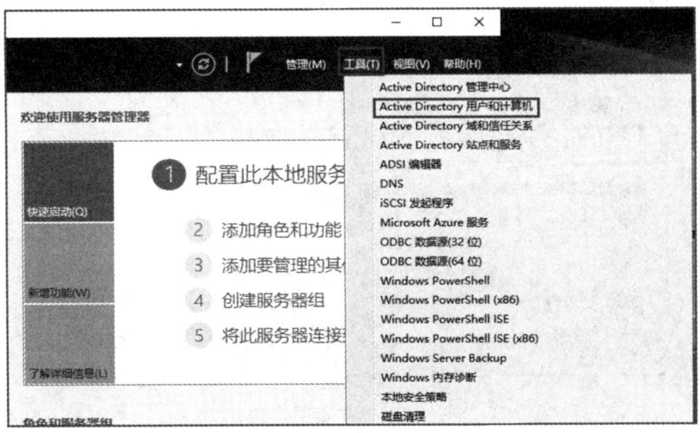

图 13.22　Active Directory 用户和计算机

(2) 打开“Active Directory 用户和计算机”，添加新用户，如图 13.23 所示。

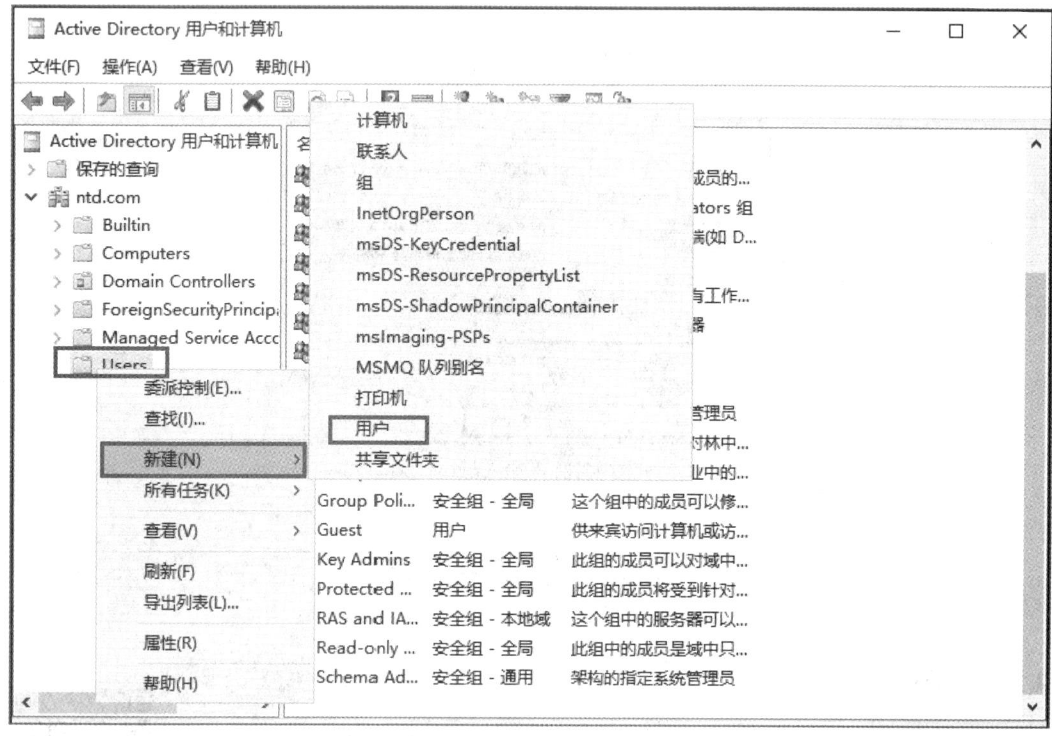

图 13.23 添加用户(1)

(3) 添加域用户“user1”，如图 13.24 所示。

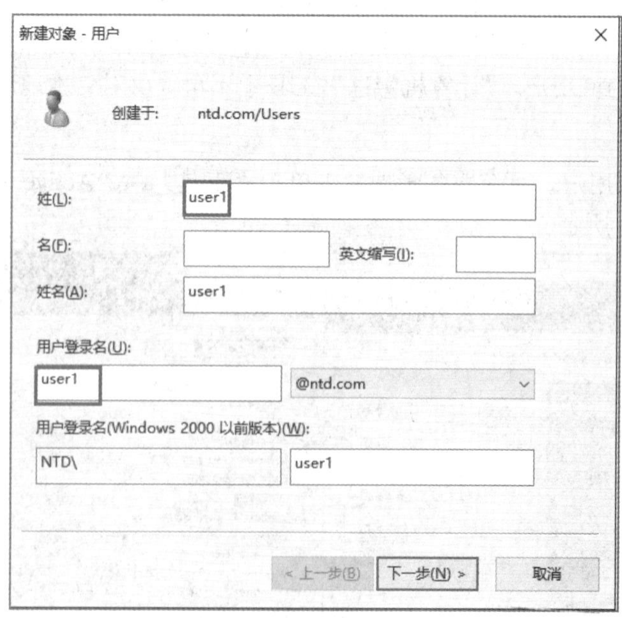

图 13.24 添加用户(2)

(4) 输入密码，如图 13.25 所示，依次点击“下一步”→“完成”。

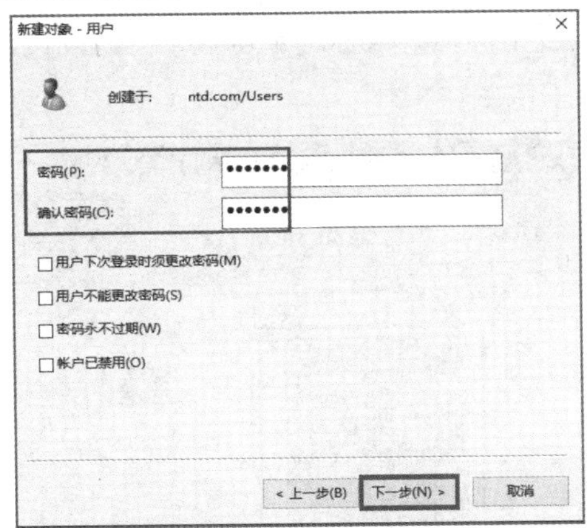

图 13.25　添加用户(3)

(5) 在客户端登录以验证域用户账户，如图 13.26 所示。

图 13.26　客户端登录

2. 管理域用户

(1) 创建域用户“user2”，然后限制“user2”的登录时间，只能在周一至周五的 08:00—18:00 登录。操作方法是：修改“user2”用户的属性，切换到“账户”选项卡，单击“登录时间”，如图 13.27 所示。

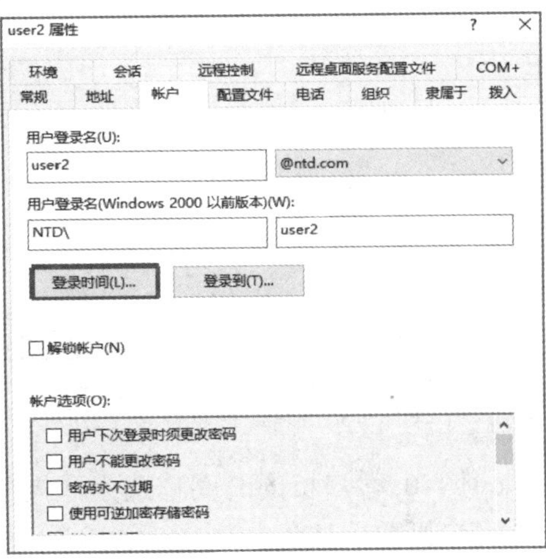

图 13.27　限制登录时间(1)

(2) 在“登录时间”设置中，拖动鼠标选定可登录的时间区域(蓝色方块)，如图 13.28 所示，单击“确定”。

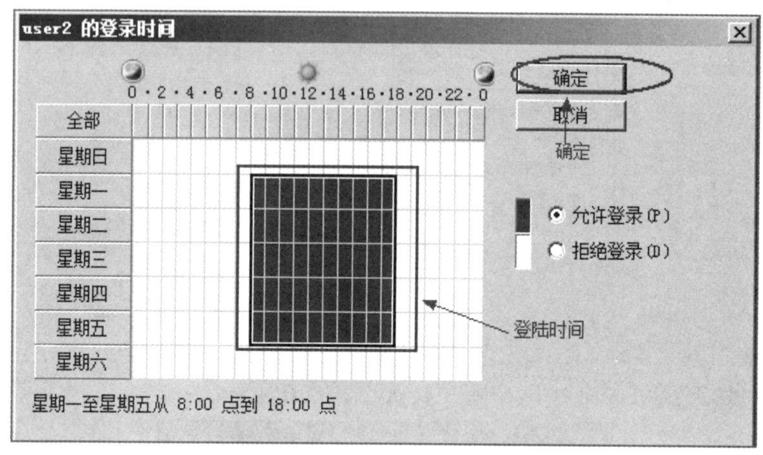

图 13.28　限制登录时间(2)

(3) 创建域用户“user3”，然后限制“user3”的登录地点，只能从客户机 PC1 登录域。操作方法是：修改“user3”用户的属性，切换到“账户”选项卡，单击“登录到”，在出现的对话框中添加允许登录的域成员客户机名称，如图 13.29 所示，单击“确定”。

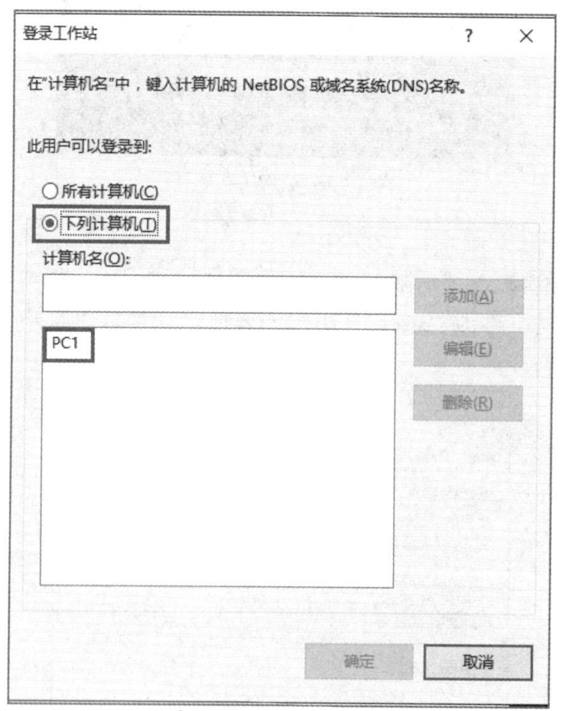

图 13.29　限制登录地点

(4) 将域控制器和 Windows 10 客户机的时间修改为非授权时段(如 20:30)，然后当“user2”尝试从 Windows 10 客户机登录时会失败，如图 13.30 所示。将时间改为授权时段(如 16:00)，再次以“user2”登录即可成功。

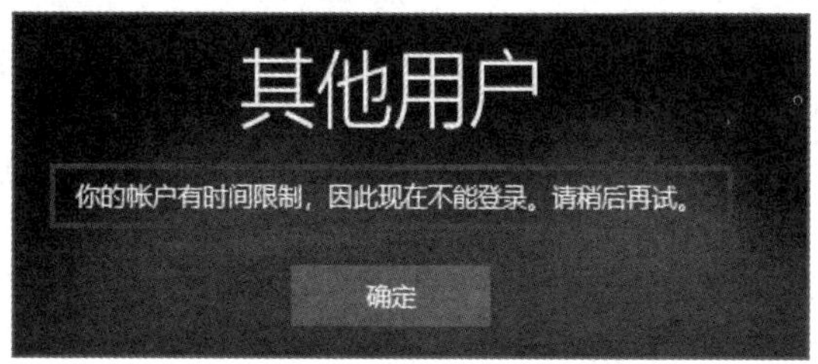

图 13.30 登录测试(1)

(5) 在计算机名称不为 PC1 的客户机上，尝试以“user3”用户登录时会失败，如图 13.31 所示。在计算机名为 PC1 的客户机上重新以“user3”登录可成功。

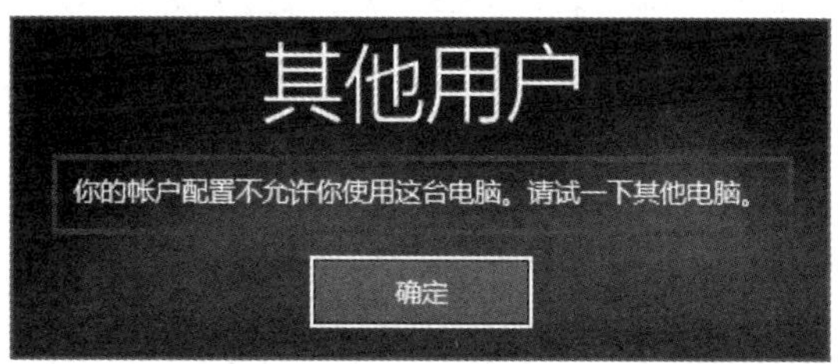

图 13.31 登录测试(2)

13.2.2 域组的管理

Active Directory 域服务内的资源是以对象的形式存在的，例如用户、计算机等都是对象。容器可以有效地组织活动目录对象，容器中可以包含其他对象，也可以包含其他容器。

组织单位(Organization Units，OU)是一个比较特殊的容器，除了可以包含其他对象与组织单位之外，还可以应用组策略。

1. 组的类型

域内组账号的类型分为安全组和通讯组。

(1) 安全组：主要用来设置用户权限，也可以用来做其他与权限无关的工作，例如给安全组发送电子邮件。

(2) 通讯组：用来做其他与权限无关的工作，例如给通讯组发送电子邮件。

2. 组的作用域

根据组的使用范围，域内的组可分为三种：本地域组、全局组、通用组。

(1) 本地域组：主要用来分配其对所属域内资源的权限，以便可以访问该域内的资源。其成员可以包含任何一个域内的用户、全局组、通用组，也可以包含同一域内的本地域组，但无法包含其他域内的本地域组。

(2) 全局组：全局组可以访问任何一个域内的资源。其成员只能包含同一域内的用户与全局组。

(3) 通用组：通用组可以访问任何一个域内的资源。其成员可以包含任何一个域内的用户、全局组、通用组，但是无法包含任何一个域内的本地域组。

3. 内置的组

1) 内置的本地域组

内置的本地域组本身已经被赋予一定的权限，只要将用户或组账户加入到这些组内，就会具备相应的权限。Builtin 容器内常用的本地域组如图 13.32 所示。

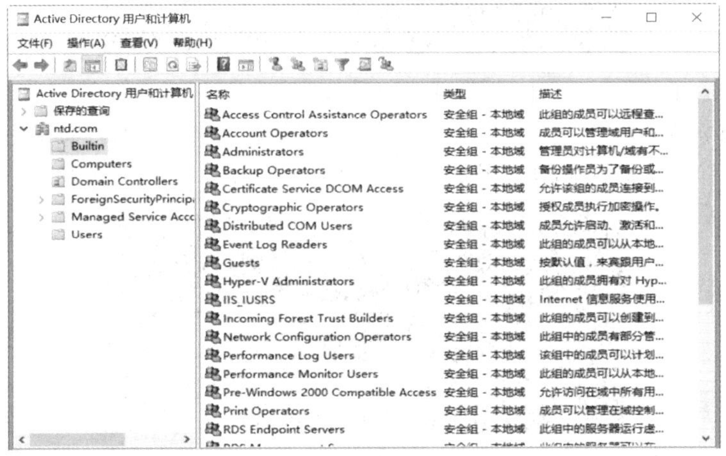

图 13.32　内置的本地域组

图 13.32 中，本地域组 Administrators 其成员具备系统管理员权限，此组默认的成员包含了 Administrator、全局组 Domain Admins、通用组 Enterprise Admins 等。

2) 内置的全局组

内置的全局组本身并没有任何权限，可以将其加入到本地域组，或直接分配权限。Users 容器内常用的全局组如图 13.33 所示。

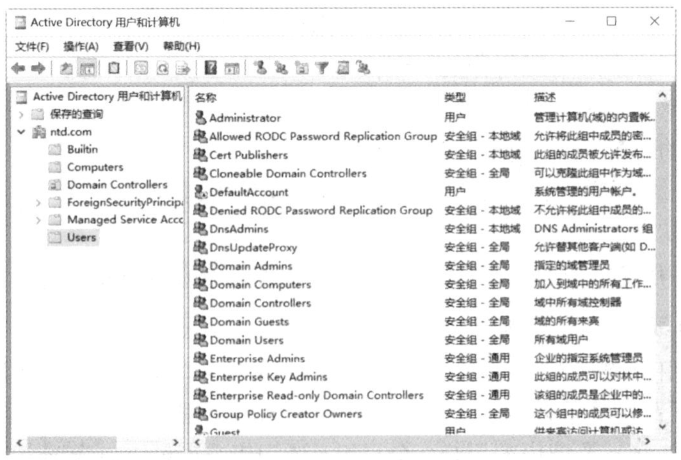

图 13.33　内置的全局组和通用组

图 13.33 中，Domain Admins 自动隶属于本地域组 Administrators，此组默认的成员包含了 Administrator。

3) 内置的通用组

例如 Enterprise Admins 只存在于林根域，其成员有权管理林内的所有域。此组默认的成员包含了 Administrator。

13.2.3　组策略管理与应用

系统管理员可以利用组策略来限制用户，从而控制和管理用户工作环境，这样可以减轻系统管理员的管理负担，也可以让用户拥有适当的环境，有利于加强网络系统的安全性。

组策略包含计算机配置与用户配置两部分。

可以通过以下两种方法来设置组策略。

(1) 本地计算机策略：针对一台计算机设置策略，我们之前已经介绍过相关内容。

(2) 域组策略：该策略是我们本节要介绍的内容。

对整个域设置组策略，可影响所有成员计算机和域用户的工作环境。对 OU 设置组策略，可影响该 OU 下的所有计算机和用户的工作环境。

组策略是通过组策略对象(Group Policy Object，GPO)来设置的。有两个内置的 GPO，默认域策略和默认域控制器策略。

(1) 默认域策略(Default Domain Policy)：此 GPO 默认已经被连接到域，其设置值会被应用到整个域内的所有用户与计算机。

(2) 默认域控制器策略(Default Domain Controller Policy)：此 GPO 默认已经被连接到组织单位 Domain Controllers，其设置值会被应用到 Domain Controllers 内的所有用户与计算机。

1. 组策略应用案例

很多公司为了统一办公网络环境，需要禁止域中所有的计算机修改桌面背景。具体的操作步骤如下所述。

(1) 配置域组策略，统一桌面背景。

依次通过“服务管理器”→“工具”→“组策略管理”，展开“林:ntd.com”→“域”→“ntd.com”，右击“Default domain policy”→选择“编辑”，如图 13.34 所示。

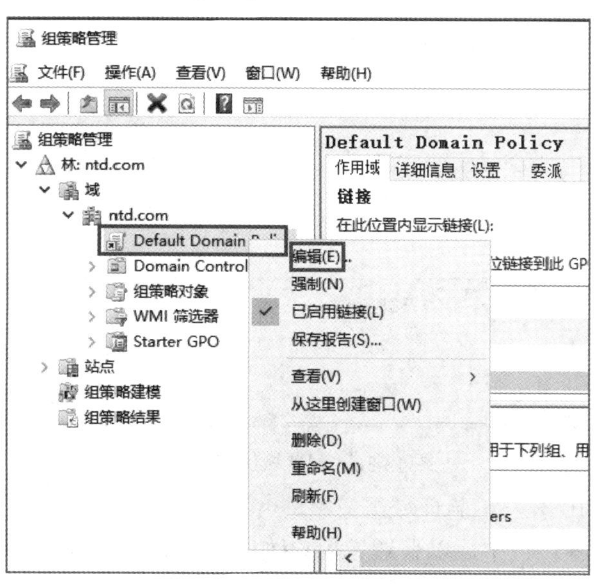

图 13.34　配置域组策略(1)

在打开的域组策略编辑器中，展开“用户配置”→“策略”→“管理模板”→“控制面板”→“个性化”，找到右侧的“阻止更改桌面背景”，如图 13.35 所示，双击打开属性设置。

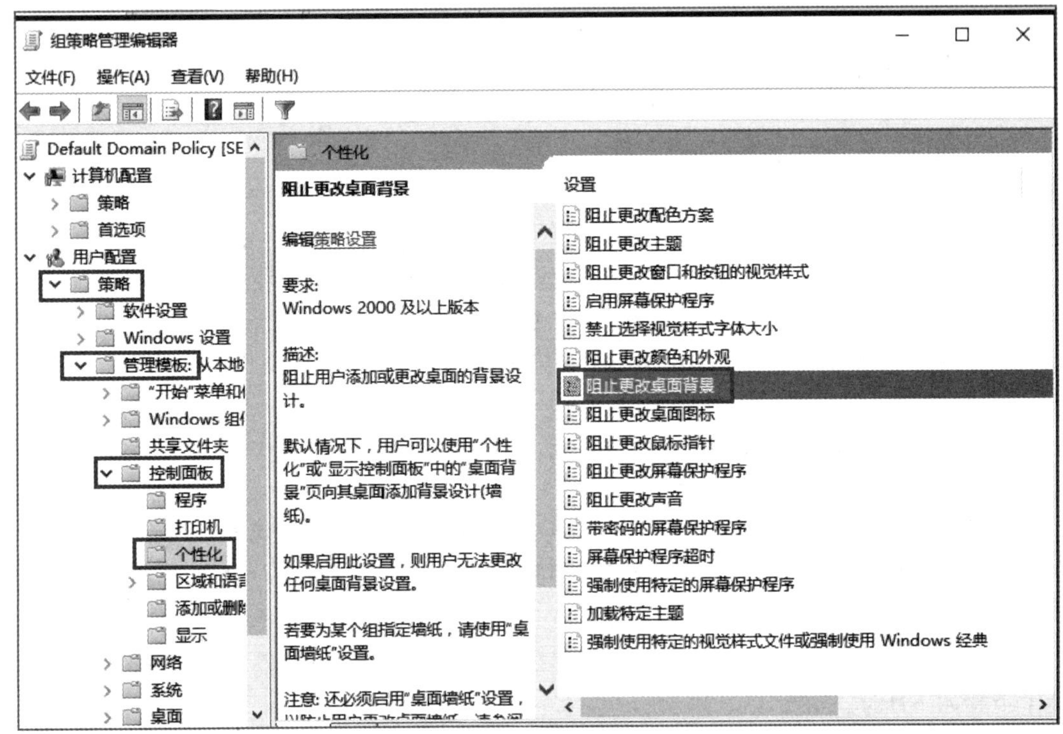

图 13.35　配置域组策略(2)

将对应属性设置中的“未配置”修改为“已启用”，如图 13.36 所示，单击底部的“确定”保存。

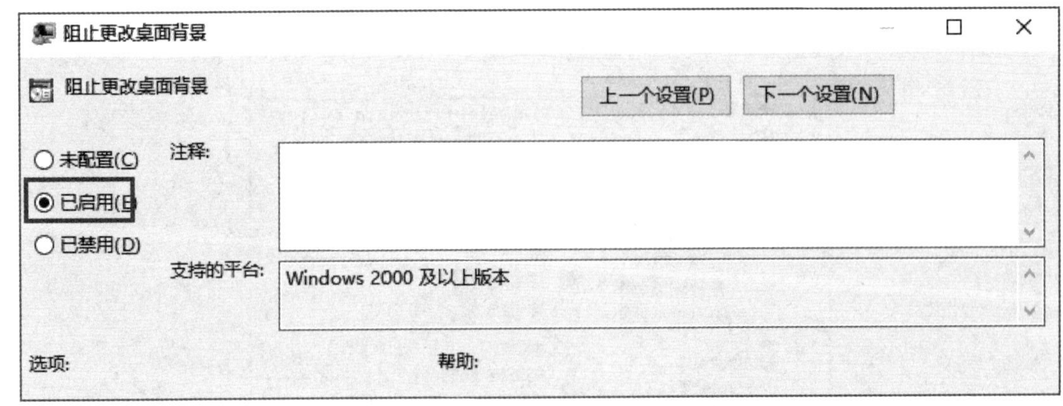

图 13.36　配置域组策略(3)

(2) 在 Windows 10 客户机验证域组策略。

在 Windows 10 客户机中，以普通域用户(如 user1)登录，右击桌面空白处，选择“个性化”，会发现与桌面修改相关的设置变为灰色不可用状态，如图 13.37 所示。

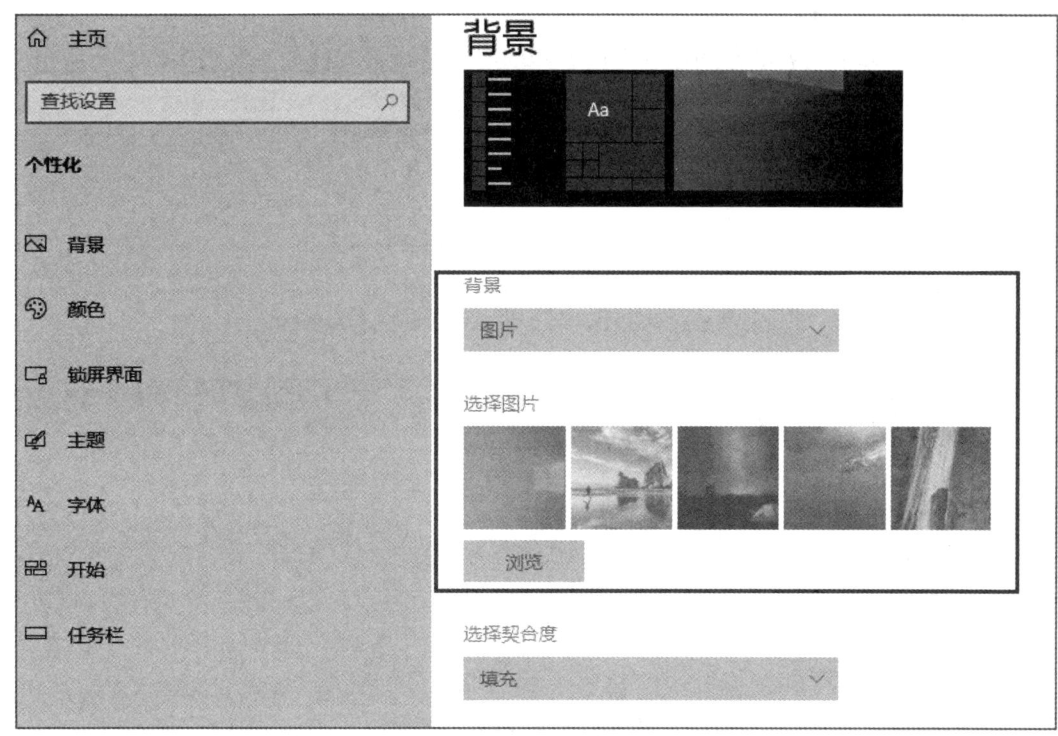

图 13.37　验证域组策略

2. 组策略的应用规则

首先打开“Active Directory 用户和计算机”，右击“ntd.com”，然后点击“新建”→“组织单位”，创建“销售部”OU，如图 13.38 所示。

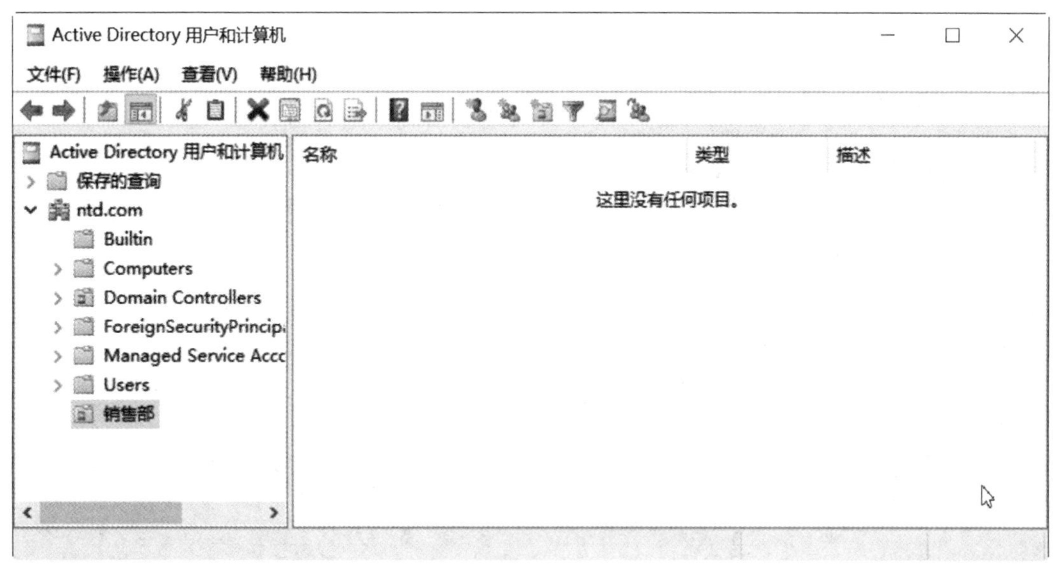

图 13.38　新建 OU

域中组策略的应用规则如下所述。

(1) 继承。

默认情况下，下层容器自动继承上层容器的组策略设置。例如，域组策略禁止域中所有的计算机修改桌面背景，则“销售部”OU 默认继承该设置，如图 13.39 所示。

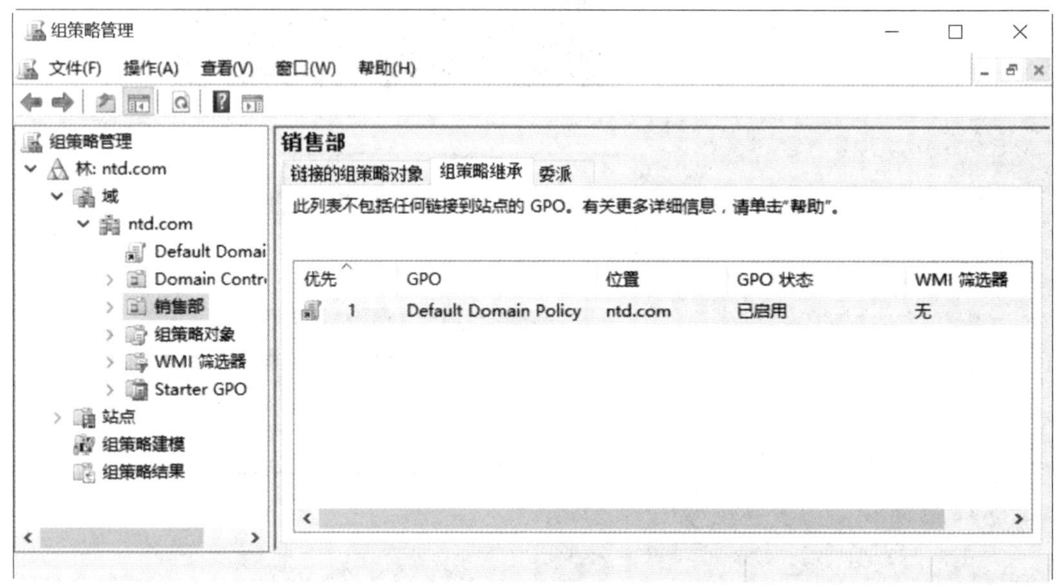

图 13.39　组策略继承

(2) 阻止/强制继承。

下层容器可以阻止继承上层容器的组策略设置。例如，域组策略禁止域中所有的计算机修改桌面背景，右击“销售部”，选择“阻止继承”，则“销售部”OU 不会继承域组策略，如图 13.40 所示。

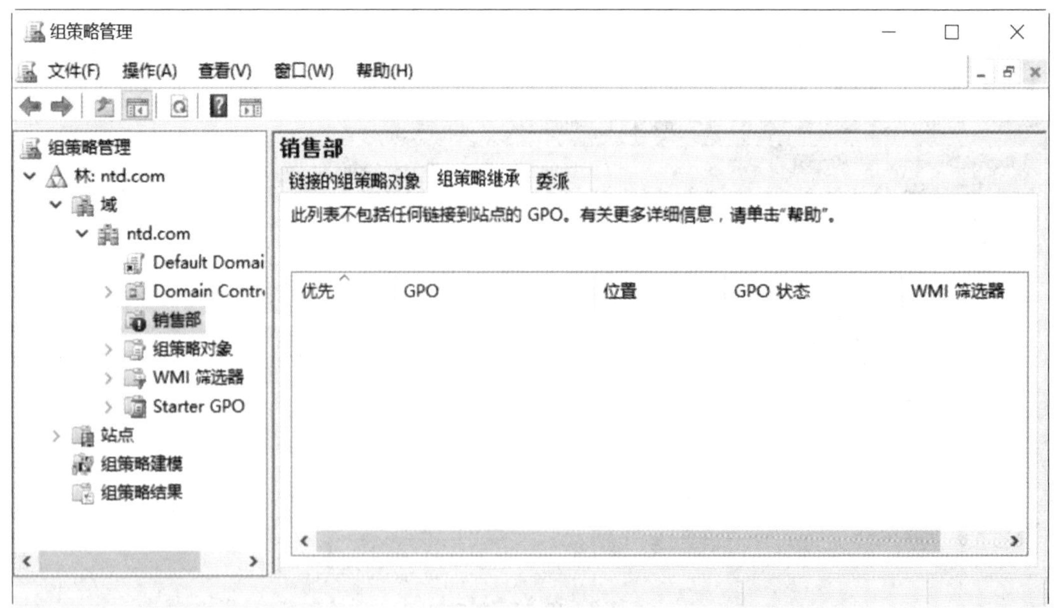

图 13.40　阻止继承

上层容器也可以设置强制继承的组策略。右击“Default Domain Policy”，选择“强制”，则“销售部”OU 强制继承了域组策略，如图 13.41 所示。

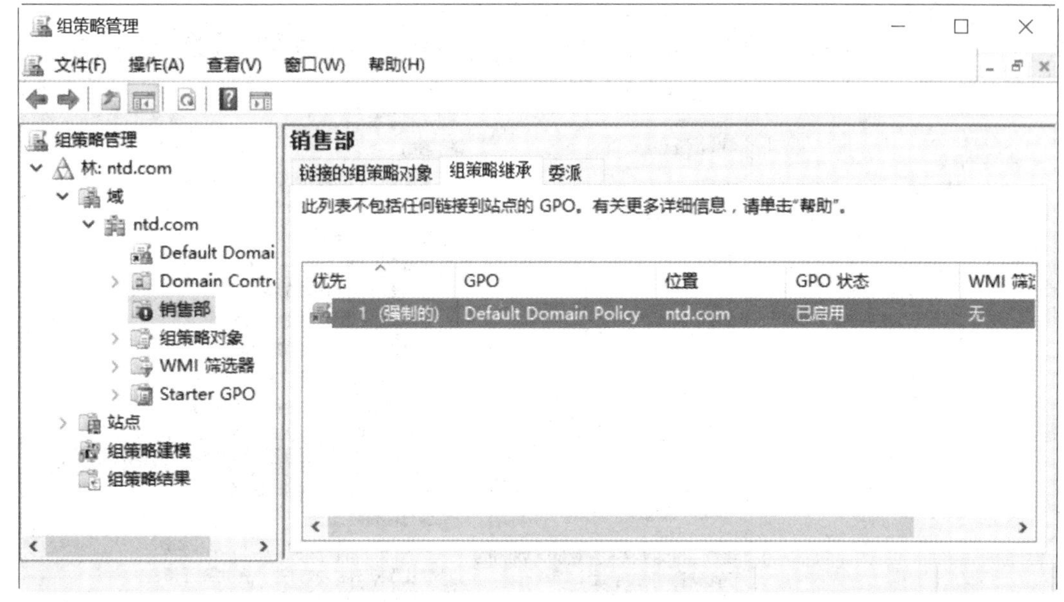

图 13.41　强制继承

(3) 累加。

若多个容器的组策略不冲突，则最终的有效策略是所有组策略设置的总和。例如，“销售部”OU 的 GPO 设置为“从桌面删除回收站”，同时继承了域组策略禁止域中所有的计算机修改桌面背景，则“销售部”OU 最终的有效策略是这两个策略，如图 13.42 和图 13.43 所示。

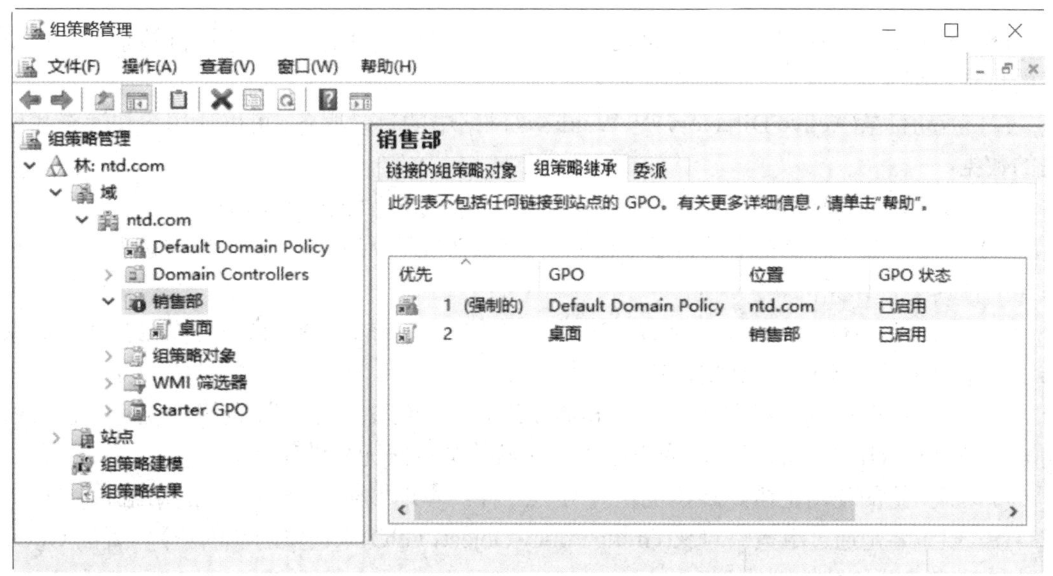

图 13.42　组策略累加

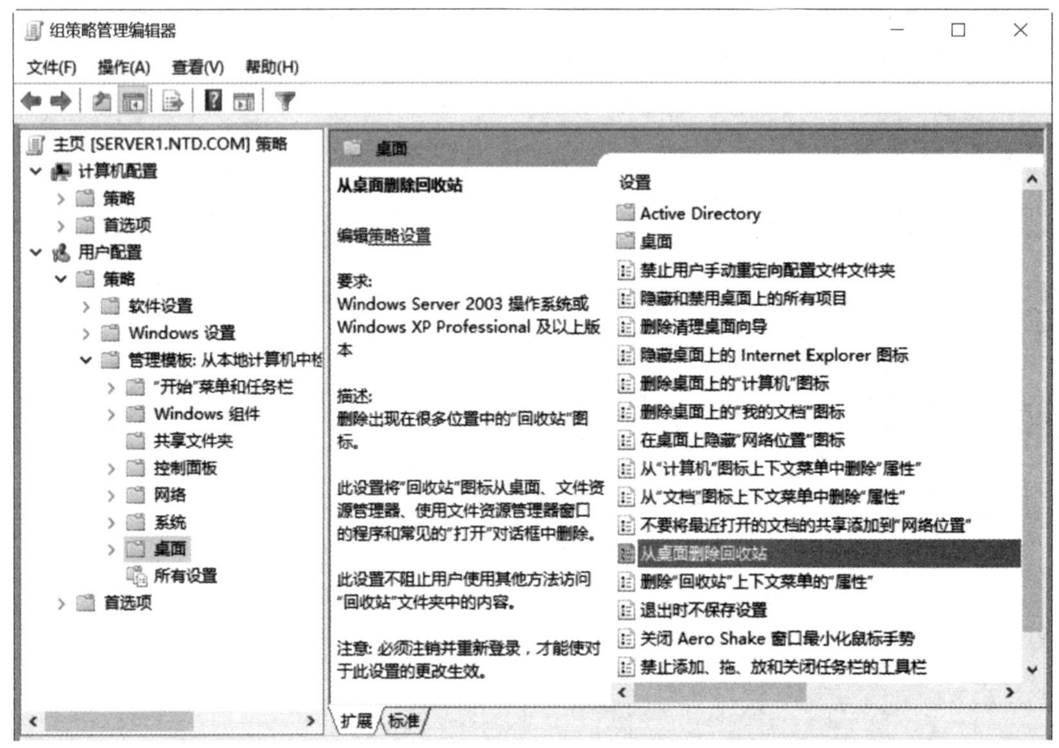

图 13.43　设置组策略

本 章 总 结

(1) 域是由多台计算机通过网络连接在一起所组成的，域内所有计算机共享一个集中式的目录数据库。

(2) 活动目录(Active Directory)是 Windows 网络中的目录服务，可以让用户快速查找所需的数据。

(3) 域树是具有连续域名空间的多个域，由一个或多个域树组成森林。

(4) 域用户账户存储在活动目录数据库中，默认情况下，使用域用户可以登录到 Windows 域中的任何一台计算机。

(5) 组织单位(Organization Units，OU)是一个比较特殊的容器，除了可以包含其他对象与组织单位之外，还可以应用组策略。

(6) 域内组账号的类型分为安全组和通讯组。安全组主要用来设置用户权限，也可以用来做其他与权限无关的工作，通讯组用来做其他与权限无关的工作。

(7) 根据组的使用范围，域内的组可分为三种：本地域组、全局组、通用组。

(8) 组策略是通过组策略对象(Group Policy Object，GPO)来设置的。有两个内置的 GPO，默认域策略和默认域控制器策略。

(9) 域中组策略的应用规则包括继承、阻止/强制继承、累加。

习　　题

1. 如果 Windows 域策略禁止用户更改桌面背景，OU 上的策略禁止用户运行命令提示符，则 OU 上的用户(　　)。

A. 可以更改桌面背景

B. 可以运行命令提示符

C. 不能更改桌面背景，可以运行命令提示符

D. 既不能更改桌面背景，也不能运行命令提示符

2. 在 Windows Server 2016 域中，如果站点的组策略、域的组策略、OU 的组策略和本地组策略的设置存在冲突，默认情况下，对于 OU 的用户来说，(　　)生效。

A. 站点的组策略　　B. 域的组策略

C. OU 的组策略　　D. 本地组策略

3. 在 Windows Server 2016 域中，OU 组织单位可以包含(　　)对象。

A. 用户账户　　B. 计算机

C. OU　　D. 其他域中的用户账户

4. 在 Windows Server 2016 中安装第一台 DC 时，下面(　　)不是必须满足的条件。

A. 本地管理员权限　　B. 可用的操作系统版本

C. 已安装好的 DNS 服务器　　D. NTFS 格式文件系统

扫码看答案

第 14 章　上网行为管理

本章目标

- 理解行为管理的重要性；
- 掌握如何部署行为管理服务器；
- 学会配置行为管理服务器。

问题导向

- 行为管理路由器可以控制和管理哪些“行为”？
- 如何使用“爱快”系统管控上网行为？
- 什么是 Web 认证？Web 认证有什么作用？

14.1　上网行为管理概述

目前，互联网已经成为人们工作、生活、学习过程中不可或缺、便捷高效的工具，但是，企业普遍存在着严重的互联网滥用的问题。网上购物、在线聊天、在线欣赏音乐和电影、P2P 工具下载等与工作无关的行为不仅占用了有限的带宽，还严重影响了正常的工作。

上网行为管理是指帮助互联网用户控制和管理对互联网的使用，包括网页访问过滤、网络应用控制、带宽流量管理、信息收发审计、用户行为分析等。

上网行为管理产品适用于需要实施内容审计与行为监控、行为管理的网络环境。例如，上网行为管理路由器采用电信级网络处理器并搭配高速 DDR3 内存，内置高精准 DPI 识别引擎，可快速高效识别 HTTP 协议、网络游戏、网络电视、网络音乐、网络电话、P2P 下载、聊天软件、股票交易、移动应用等协议。

上网行为管理产品的厂家很多，包括深信服、网域、华为等。这些产品通常采用图形化的配置界面，如深信服 AC-1000-A200 设备，只需要将主机连接设备的 eth0 口，主机配置 IP 地址为 10.251.251.1/24，默认网关为 10.251.251.251，DNS 为 114.114.114.114。

通过浏览器访问 https://10.251.251.251，输入默认管理账号“admin”，密码“admin”，就可以登录，如图 14.1 所示。

图 14.1　深信服上网行为管理系统登录界面

14.2　部署行为管理平台

本节介绍爱快(iKuai)软路由系统的安装及其行为管理的配置。

14.2.1　安装 iKuai 系统

微课视频 028

1. 用优启通软件制作优启通盘

(1) 双击“EasyU_v3.3”启动优启通软件，点击“全新制作”，如图 14.2 所示。需注意的是，此操作将删除 U 盘的所有数据，请提前做好备份。

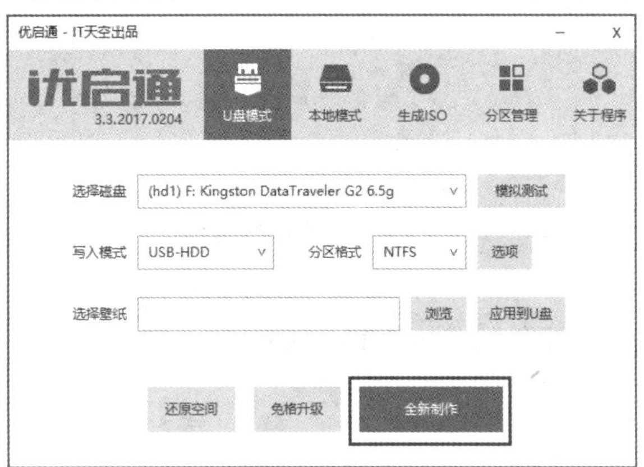

图 14.2　用优启通软件制作优启通盘

(2) 优启通盘制作完毕后，将“iKuai8_x64_2.6.6_Build20160923-14_00.gho”文件复制到 U 盘，如图 14.3 所示。

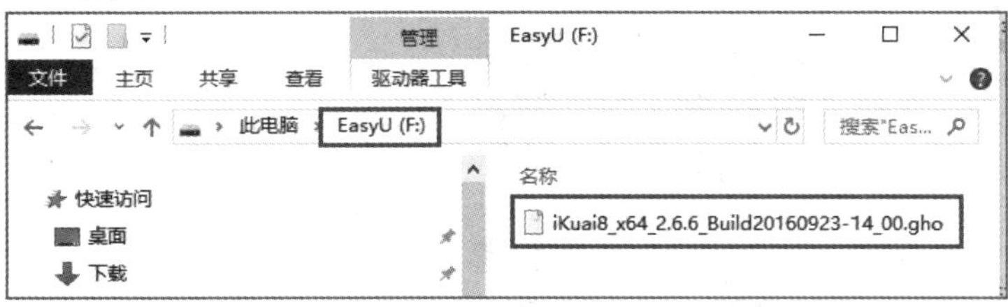

图 14.3　复制文件

2. 新建虚拟机作为行为管理服务器

(1) 新建虚拟机，虚拟机的名称为“行为管理员服务器”，位置为“D:\行为管理服务器”，如图 14.4 所示。

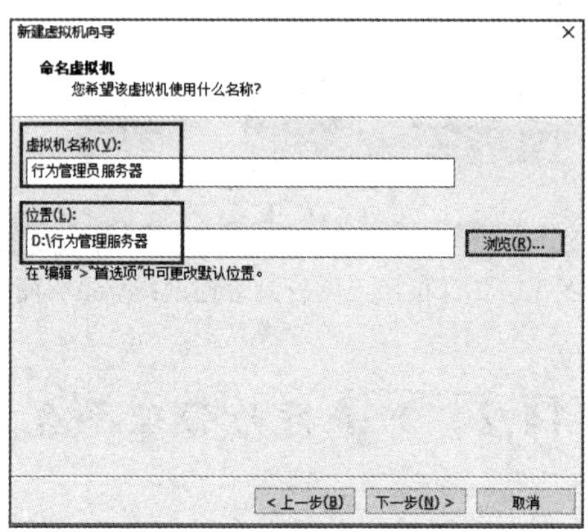

图 14.4 新建虚拟机(1)

(2) 固件类型选择“BIOS”，点击“下一步”，如图 14.5 所示。

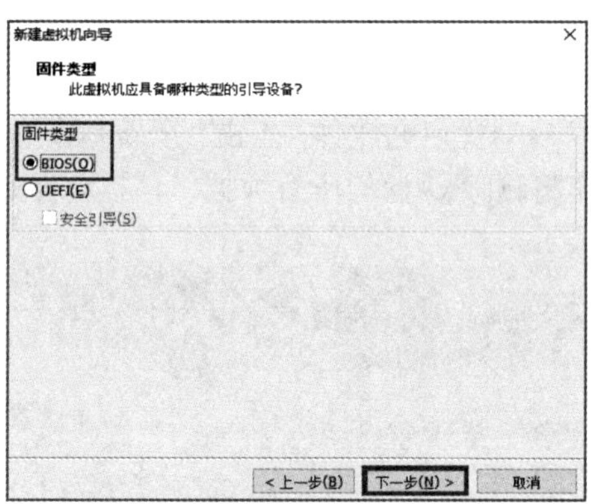

图 14.5 新建虚拟机(2)

(3) 行为管理服务器的硬件配置如图 14.6 所示。

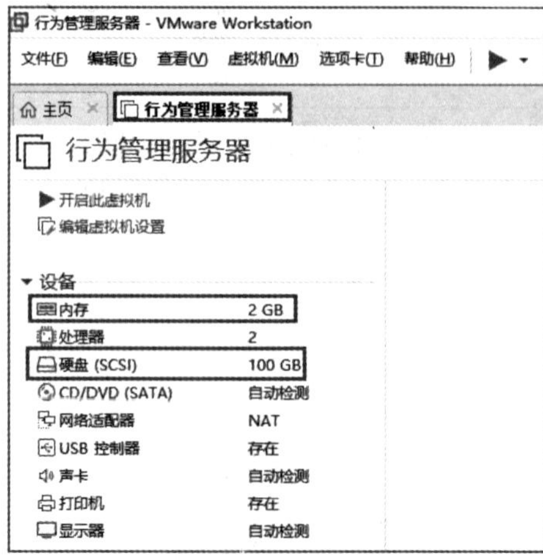

图 14.6 新建虚拟机(3)

(4) 双击“网络适配器”，选择“自定义(U):特定虚拟网络”中的“VMnet2”，如图 14.7 所示。

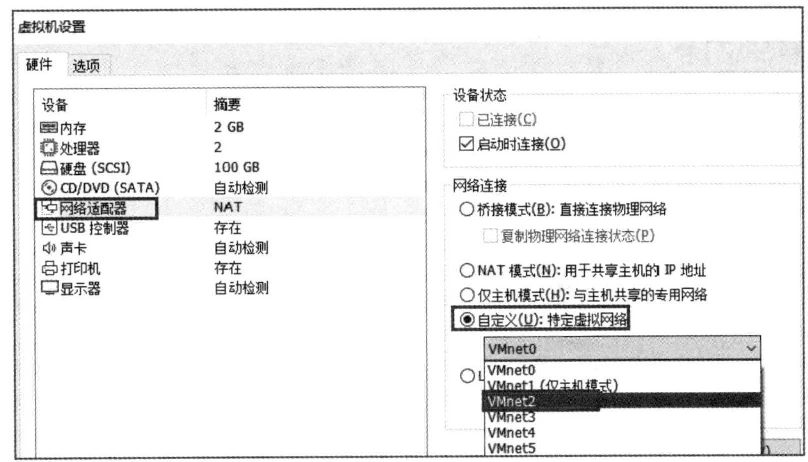

图 14.7　自定义虚拟网络

(5) 再添加一块网络适配器，网络连接为“NAT 模式(N):用于共享主机的 IP 地址”，如图 14.8 所示。

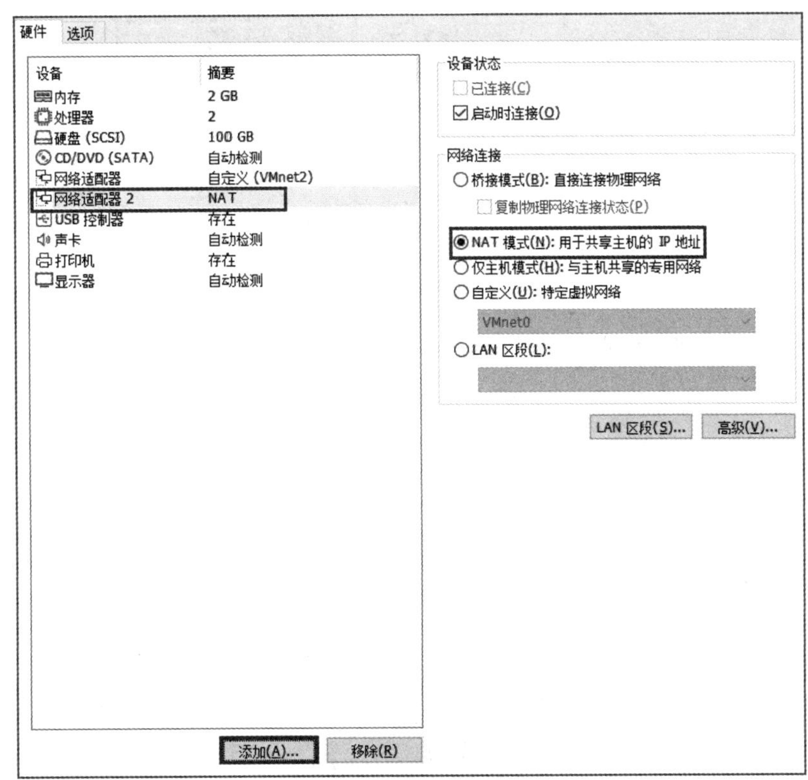

图 14.8　添加网络适配器

3. 将优启通盘以硬盘方式添加到虚拟机

(1) 添加硬盘，如图 14.9 所示。

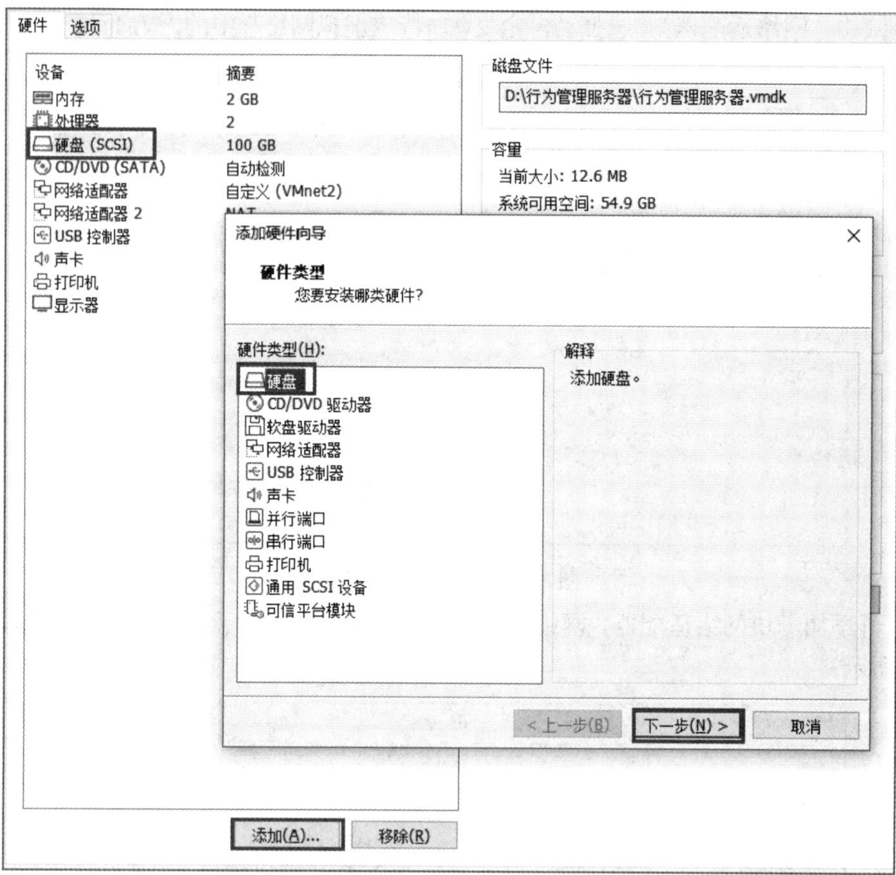

图 14.9　添加硬盘(1)

(2) 虚拟磁盘类型选择“SCSI”，如图 14.10 所示。

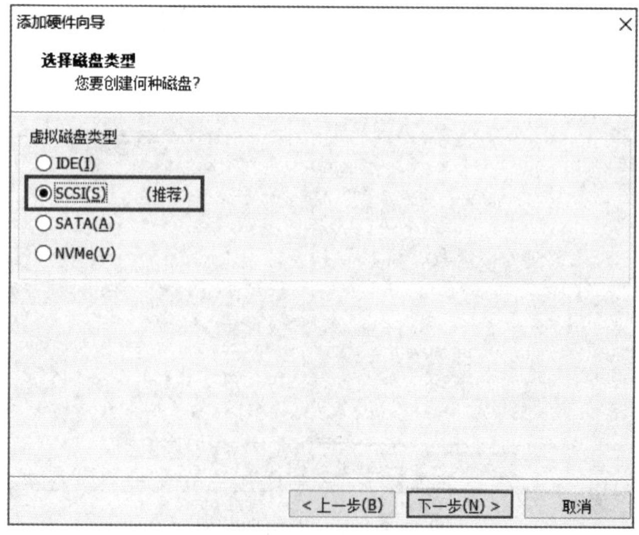

图 14.10　添加硬盘(2)

(3) 选择“使用物理磁盘(适用于高级用户)”，点击 “下一步”，如图 14.11 所示。

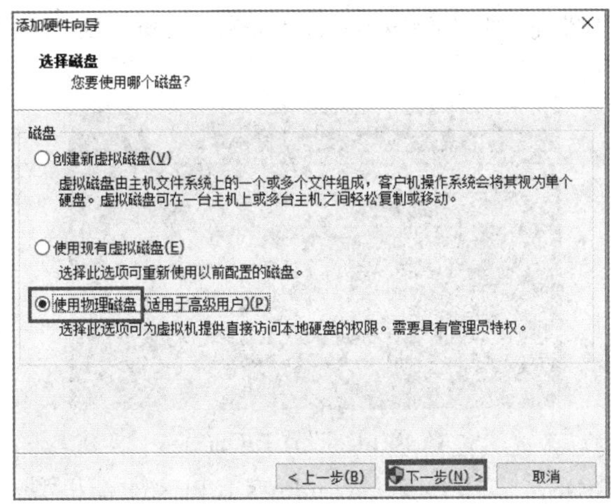

图 14.11　添加硬盘(3)

(4) 设备选择“PhysicalDrive1”，如图 14.12 所示。

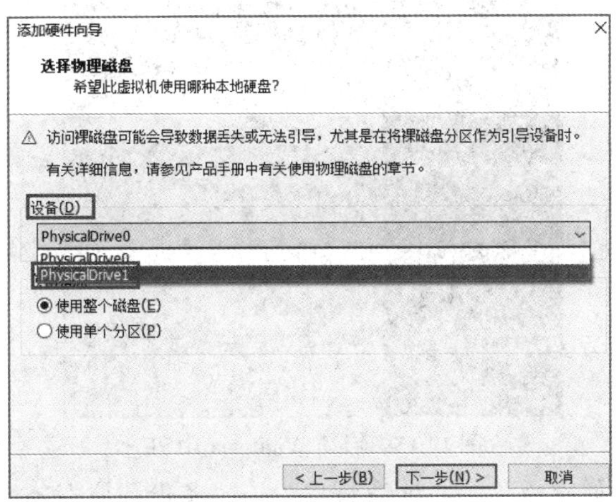

图 14.12　添加硬盘(4)

4. 配置优启通盘启动安装爱快系统

(1) 点击“打开电源时进入固件”进入虚拟机 BIOS，如图 14.13 所示。

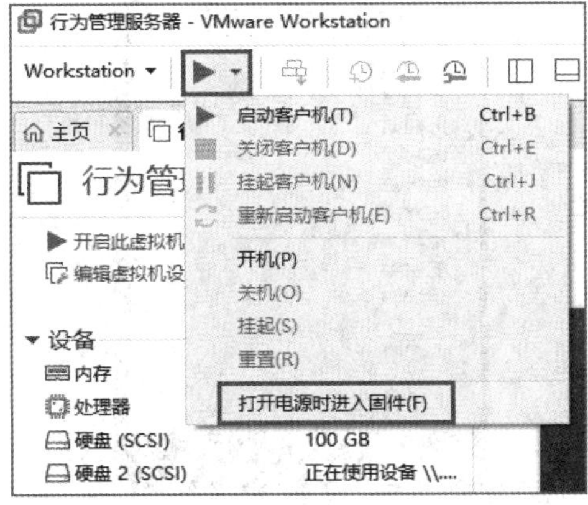

图 14.13　设置 BIOS(1)

(2) 进入 BIOS 配置界面，将“VMware Virtual SCSI Hard Drive(0:1)”配置为第一启动，如图 14.14 所示。

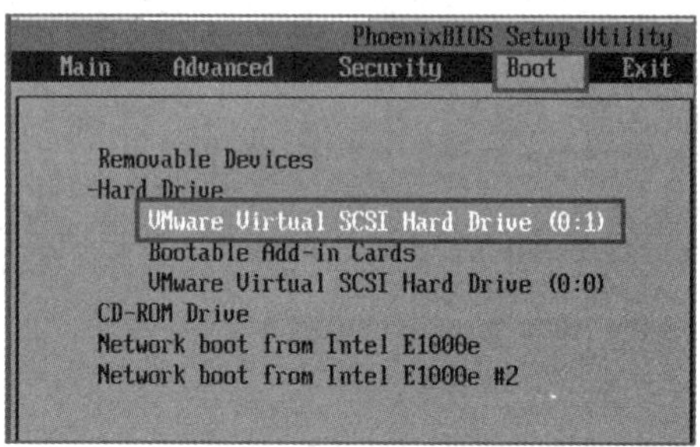

图 14.14　设置 BIOS(2)

(3) F10 保存退出 BIOS，选择“启动 Windows 10PE×64(新机型)”，如图 14.15 所示。

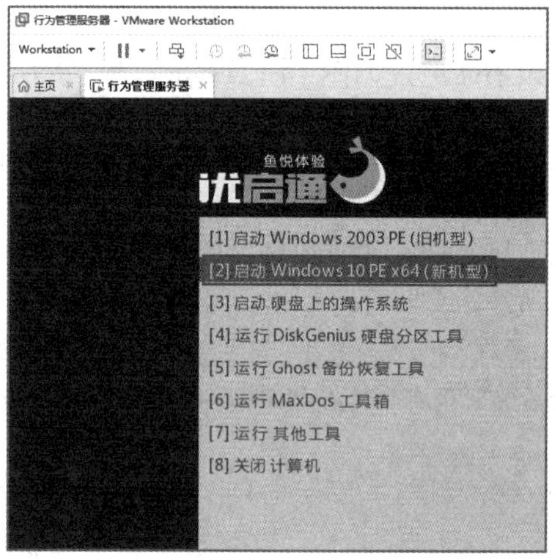

图 14.15　启动 Windows 10 PE

(4) 依次点击“开始菜单”→“所有程序”→“备份还原”→“Ghost 11.5.1 极限模式”，如图 14.16 所示。

图 14.16　Ghost 11.5.1 极限模式

(5) 选择“Local”→“Disk”→“From Image”，如图 14.17 所示。

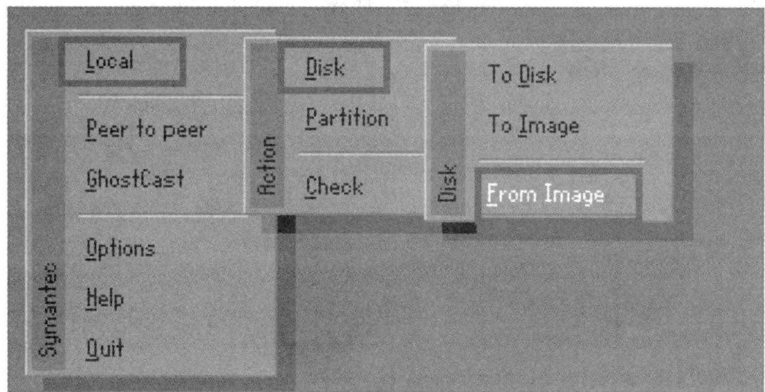

图 14.17　From Image

(6) 选择“iKuai8_x64_2.6.6_Build201”，如图 14.18 所示。

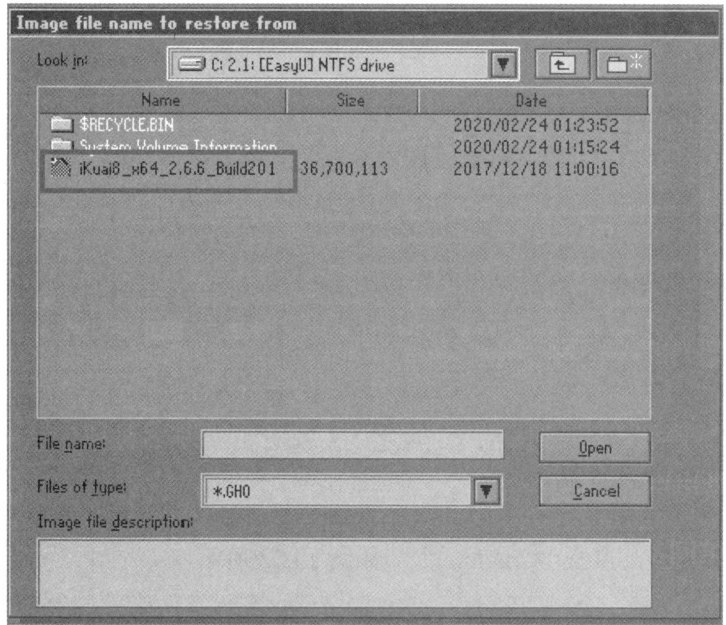

图 14.18　选择“iKuai8_x64_2.6.6_Build201”

(7) 根据提示，点击“OK”，如图 14.19 和图 14.20 所示。

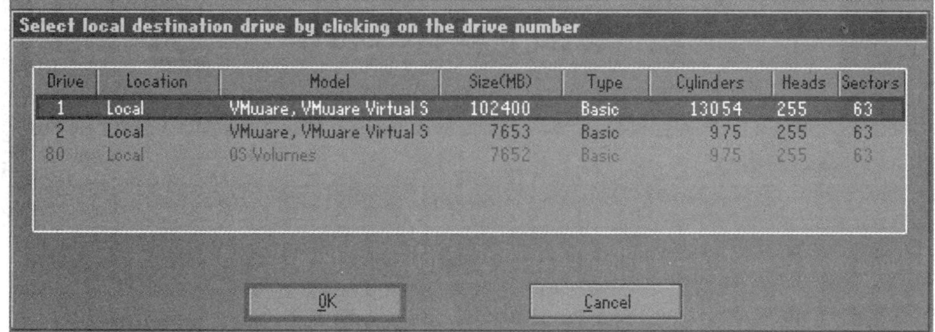

图 14.19　开始还原(1)

Destination Drive Details

Part	Type	Letter	ID	Description	Label	New Size	Old Size	Data Size
1	Primary		83	Linux		50	50	50
2	Primary		00	Unpartitioned		1	1	1
3	Primary		83	Linux		50	50	50
4	Primary		00	Unpartitioned		206	206	206
				Free	102093		0	
				Total	102400	307	306	

OK　　Cancel

图 14.20　开始还原(2)

(8) 点击“Yes”，如图 14.21 所示。

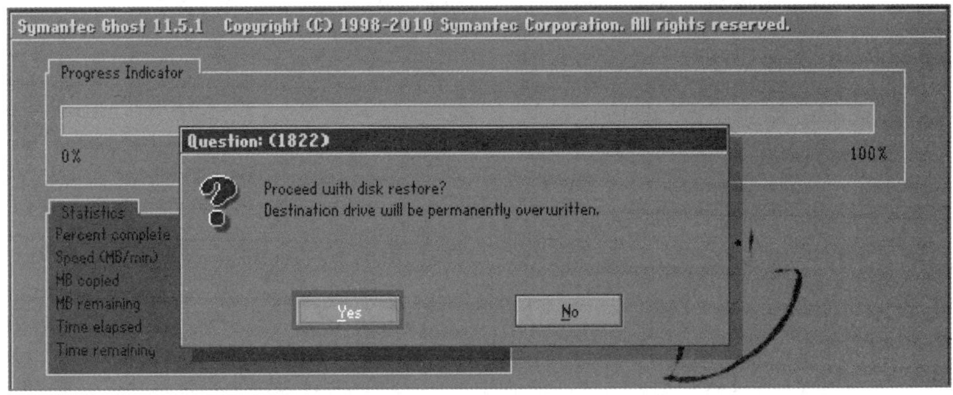

图 14.21　开始还原(3)

(9) 等待还原完毕，点击“Continue”，如图 14.22 所示。

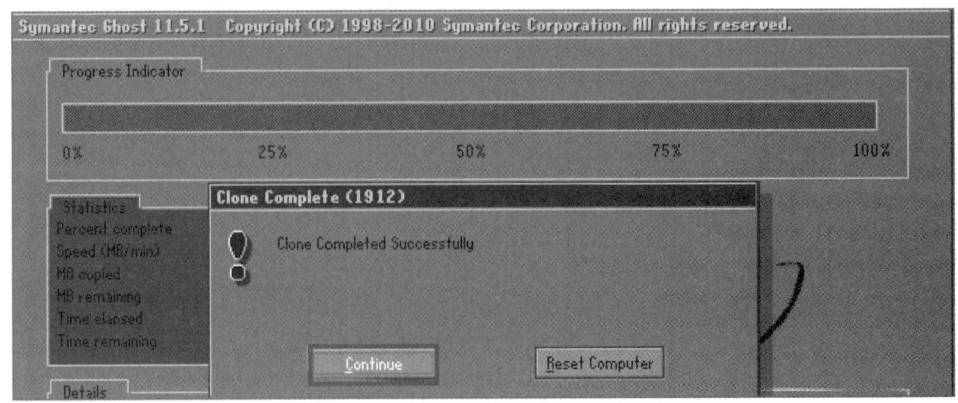

图 14.22　开始还原(4)

(10) 选择“Quit”，如图 14.23 所示，开始菜单关机后，进入 BIOS 配置第一启动为“VMware Virtual SCSI Hard Drive(0:0)”，如图 14.24 所示。

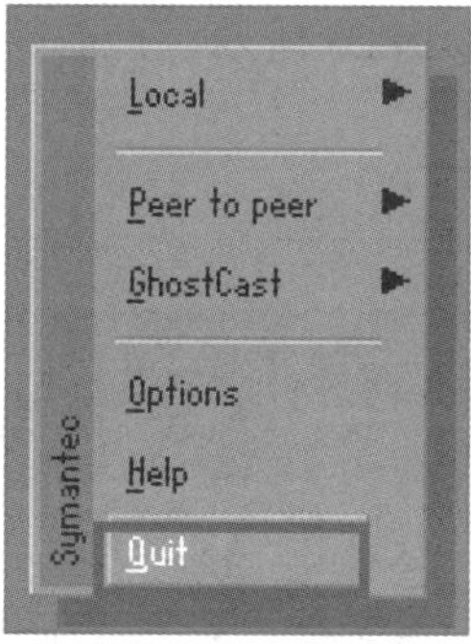

图 14.23　选择“Quit”

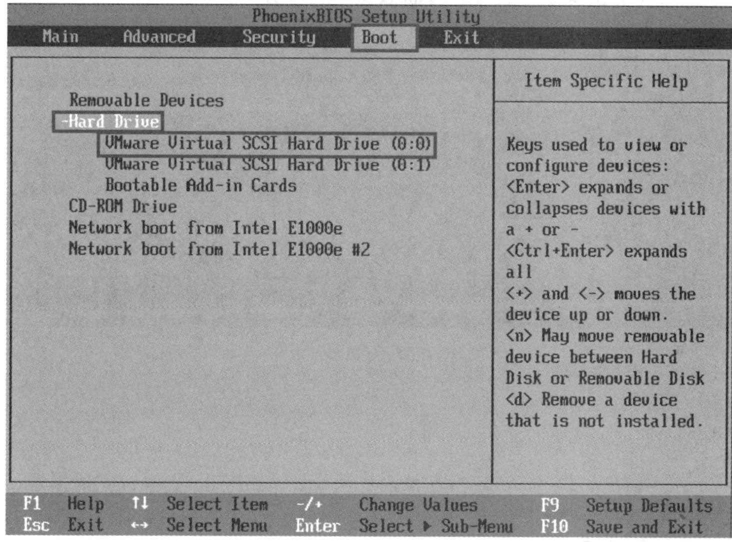

图 14.24　配置 BIOS

(11) F10 保存退出 BIOS，进入服务器启动过程，根据提示按“Enter”键，如图 14.25 所示。

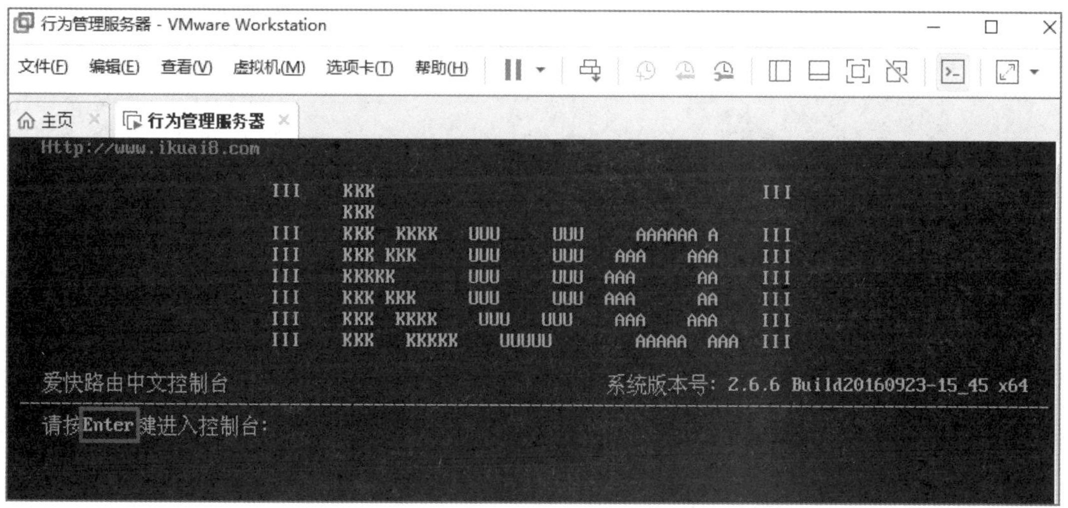

图 14.25　服务器启动过程

提示“请输入菜单编号”，如图 14.26 所示，此时系统启动结束。

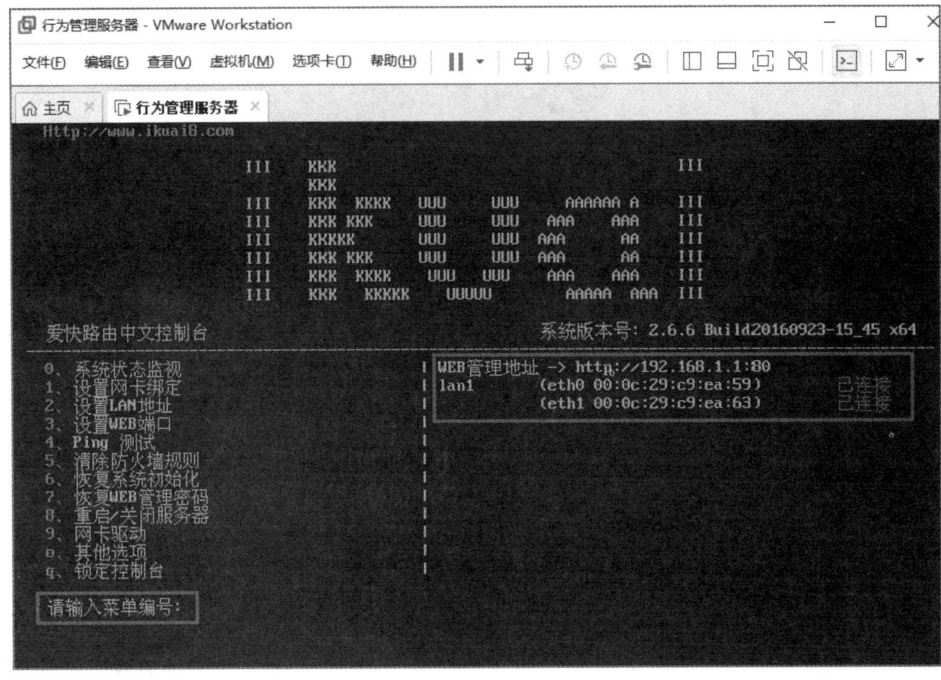

图 14.26　系统启动

14.2.2　内网配置

通过配置行为管理服务器，为企业内网分配 IP 地址，实现内网连通。

1. 登录行为管理服务器配置界面

(1) 启动 Win10 主机，配置 IP 地址为 192.168.1.100，网络桥接到 VMnet2，测试与行为管理服务器的连通性，如图 14.27 所示。

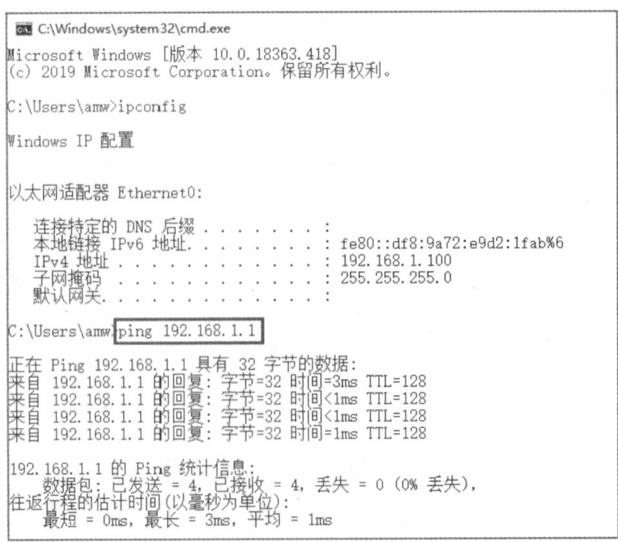

图 14.27　测试连通性

(2) 打开浏览器访问“http://192.168.1.1/”进入行为管理界面，输入用户名“admin”，密码“admin”，点击“登录”，如图 14.28 所示。

图 14.28　登录行为管理

(3) 选择“网络设置”→“内网设置”，确认已绑定网卡 eth0 及管理 IP 为 192.168.1.1，如图 14.29 所示。

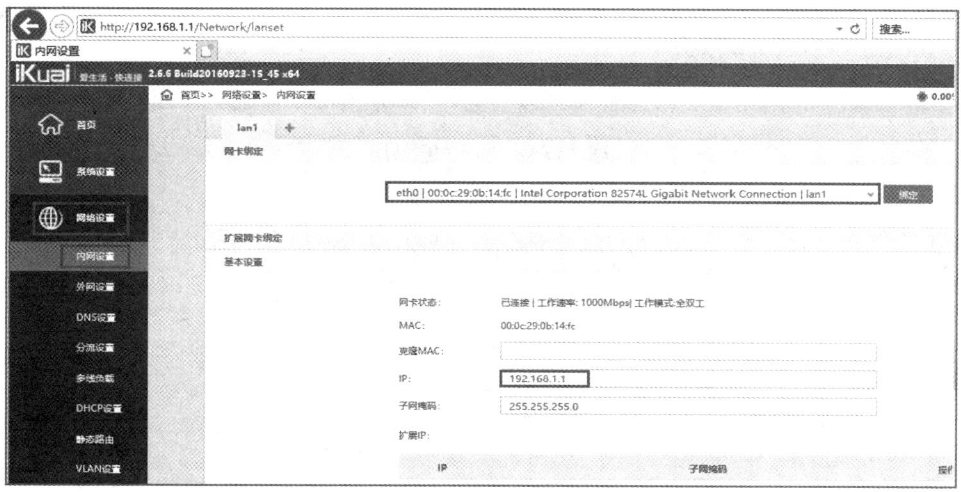

图 14.29　绑定网卡

2. 配置内网自动获取 IP 地址

(1) 依次选择“网络设置”→“DHCP 设置”→“添加”，如图 14.30 所示。

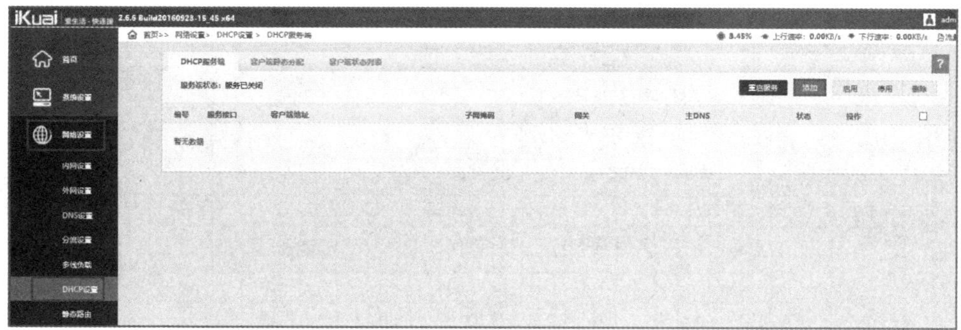

图 14.30　配置 DHCP(1)

(2) 输入客户端自动获取的 IP 地址范围、网关、DNS，最后点击“操作”下面的对钩，如图 14.31 所示。

图 14.31　配置 DHCP(2)

(3) 点击“重启服务”，提示成功并点击“确定”，如图 14.32 所示。

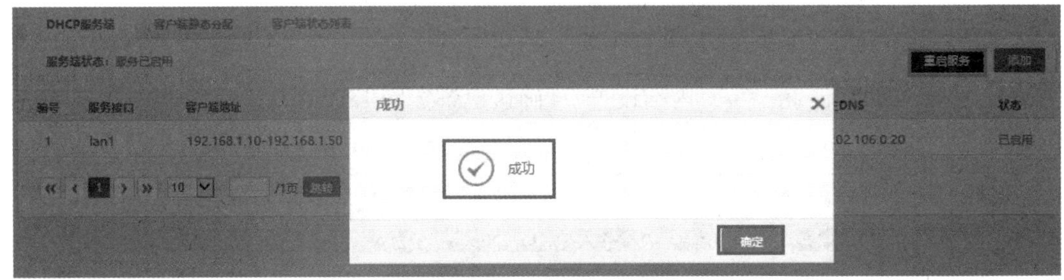

图 14.32　配置 DHCP(3)

3. 客户端主机验证自动获取 IP 地址

(1) 配置客户端主机 IP 地址为自动获得 IP 地址，如图 14.33 所示。

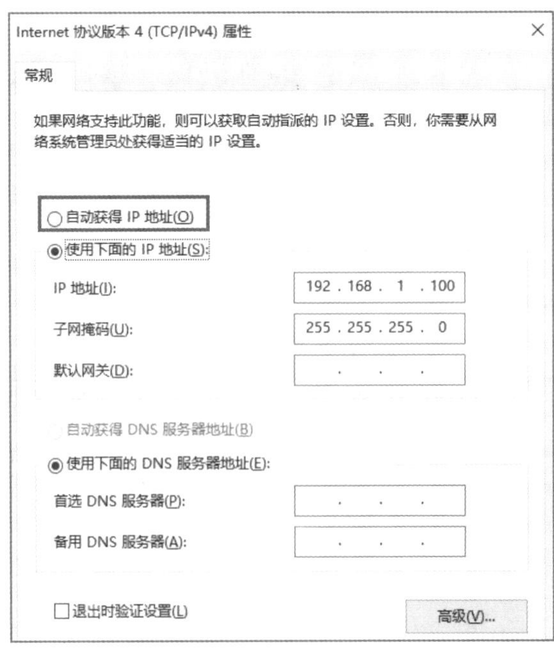

图 14.33　获取 IP 地址(1)

(2) 查看自动获取 IP 地址，如图 14.34 所示。

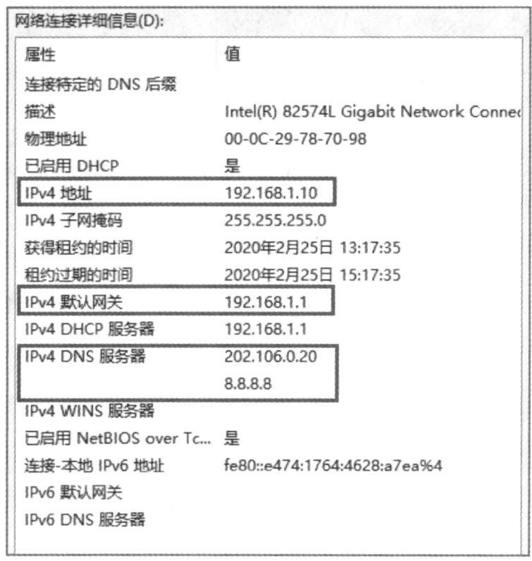

图 14.34　获取 IP 地址(2)

14.2.3　外网配置

通过配置行为管理服务器，实现企业内网访问 Internet。

1. 绑定外部网络访问网卡

(1) 选择“网络设置”→“外网设置”，网卡绑定 eth1，如图 14.35 所示。

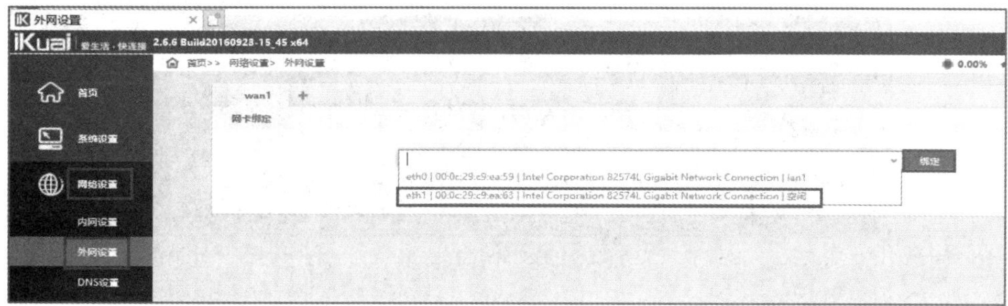

图 14.35　外网设置

(2) 接入方式选择“DHCP/动态 IP”，上行和下行分别输入“1”，点击“连接”，如图 14.36 所示。

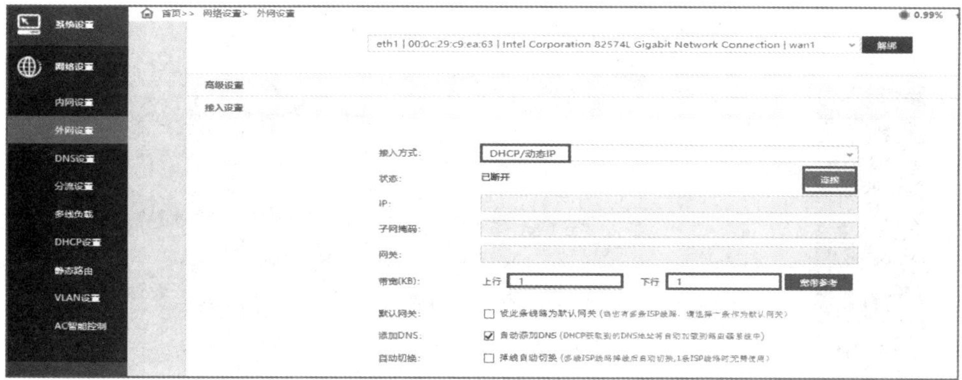

图 14.36　配置接入方式

2. 确认连接并测试访问外网

(1) 依次点击“首页”→“网络设置”→“外网设置”，查看到状态为“已连接”，并且自动获取到 IP 地址，如图 14.37 所示。

图 14.37　查看状态

(2) 浏览器地址栏输入网址即可成功访问，如图 14.38 所示。

图 14.38　访问外网

14.2.4　认证访问外部网站

1. 创建认证用户

(1) 行为管理服务配置界面点击“认证计费”→“认证账号管理”→“添加”，如图 14.39 所示。

图 14.39　创建认证用户(1)

(2) 输入用户名、密码等必配信息，如图 14.40 所示。

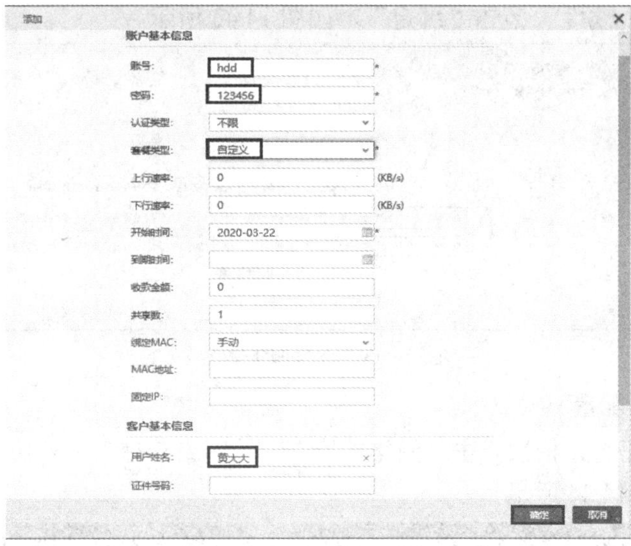

图 14.40　创建认证用户(2)

2. 注册爱快云账户并绑定行为管理服务器

(1) 登录“https://yun.ikuai8.com/”，点击“注册账户”，如图 14.41 所示。

图 14.41　注册账户

(2) 登录后点击“个人中心”，查看并复制绑定码，如图 14.42 所示。

图 14.42　查看并复制绑定码

(3) 在行为管理服务配置界面点击“系统设置”→“服务账号”，粘贴绑定码，输入备注名“行为管理服务”，点击“绑定”，如图 14.43 所示。

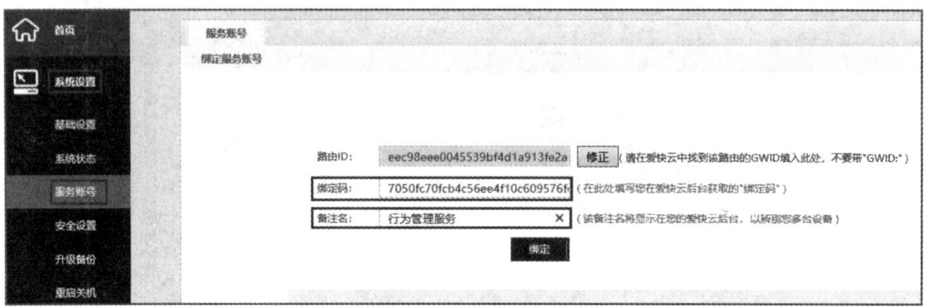

图 14.43　设置服务账号

3. 爱快云认证配置

(1) 在爱快云平台，依次点击“网络巡检”→“网络管理”，然后认证配置选项下点击“配置”，如图 14.44 所示。

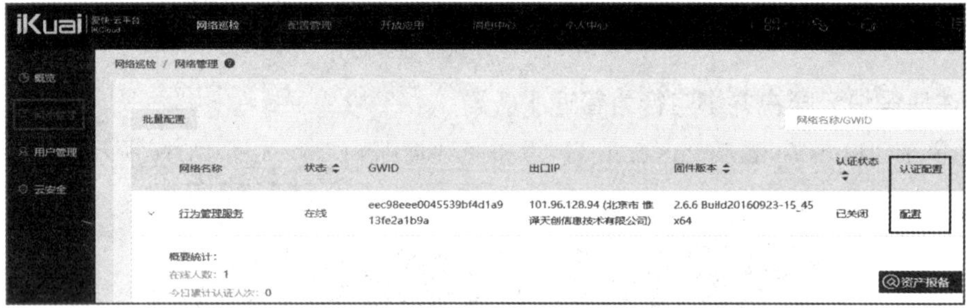

图 14.44　爱快云认证配置(1)

(2) 勾选“开启认证”，选择认证方式“用户认证”，点击“保存”，完成如图 14.45 所示配置。

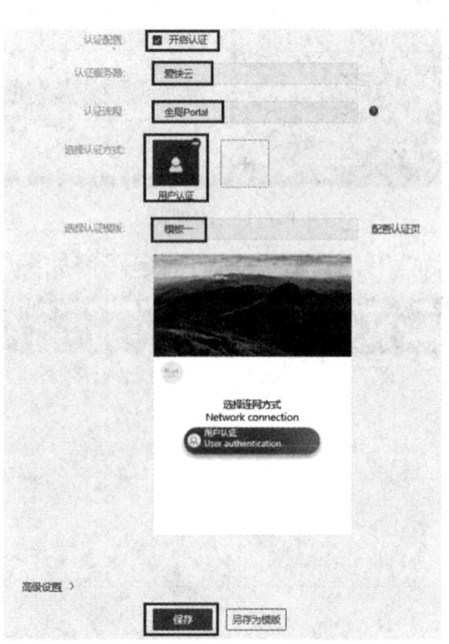

图 14.45　爱快云认证配置(2)

4. 确认认证状态并访问外网验证

(1) 打开“行为管理服务配置”界面，依次选择“认证计费”→“认证服务管理”，确认状态已开启，如图 14.46 所示。

图 14.46　确认状态

(2) 浏览器地址栏输入“http://www.baidu.com”，显示认证提示，如图 14.47 所示。

图 14.47　访问外网(1)

(3) 输入认证用户名及密码，再点击“认证”，如图 14.48 所示。

图 14.48　用户认证(1)

(4) 点击“开始使用网络”，如图 14.49 所示。

图 14.49　用户认证(2)

14.2.5　行为管理控制

通过配置行为管理，可以拦截域名访问及阻断网络视频。

1. 网址浏览控制

(1) 在行为管理服务配置界面，点击“行为管理”→“网址浏览控制”→“网址黑白名单”→“添加”，如图 14.50 所示。

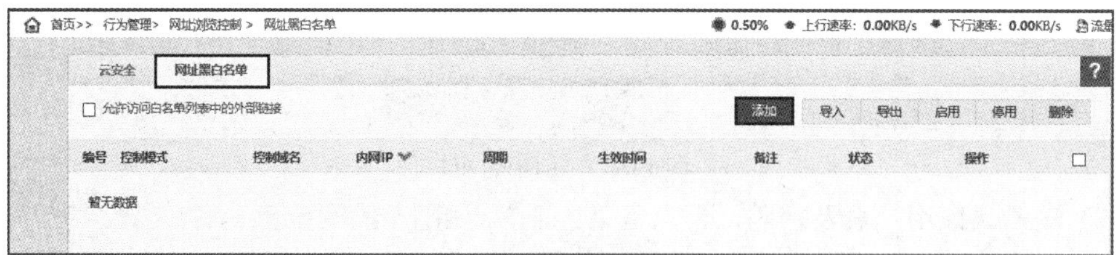

图 14.50　设置网址黑白名单(1)

(2) 控制模式选择“黑名单模式”，拦截域名输入“www.4399.com”，如图 14.51 所示。

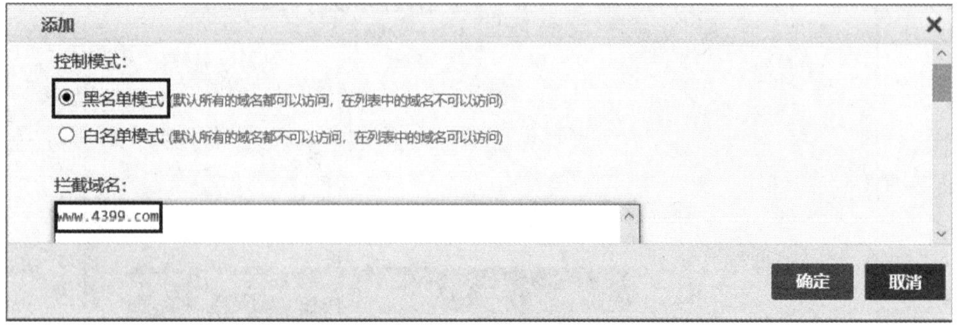

图 14.51　设置网址黑白名单(2)

(3) 打开浏览器地址输入“http://www.4399.com”，提示无法访问此页面，如图 14.52 所示。

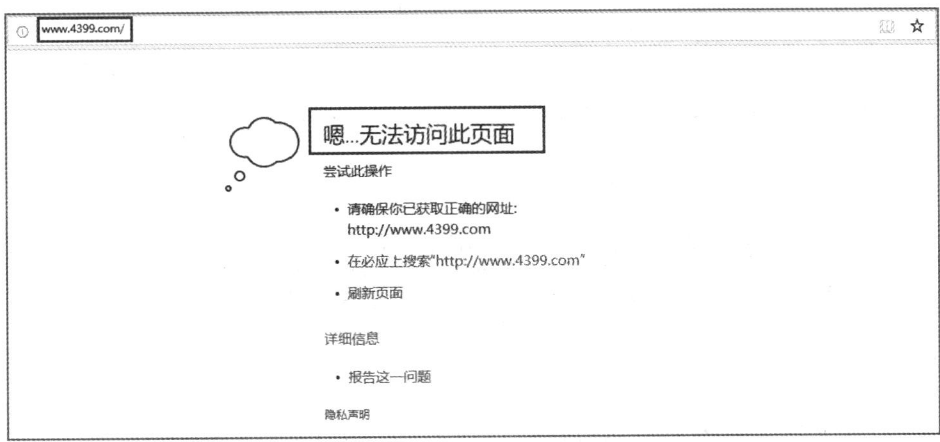

图 14.52　无法访问

2. 应用协议控制

(1) 打开浏览器地址栏输入“http://www.baidu.com”，点击“视频”→“电视剧”，如图 14.53 和图 14.54 所示。

图 14.53　播放电视剧(1)

图 14.54　播放电视剧(2)

(2) 点击“刘老根”，选择“26”集，如图 14.55 和图 14.56 所示。

图 14.55　播放电视剧(3)

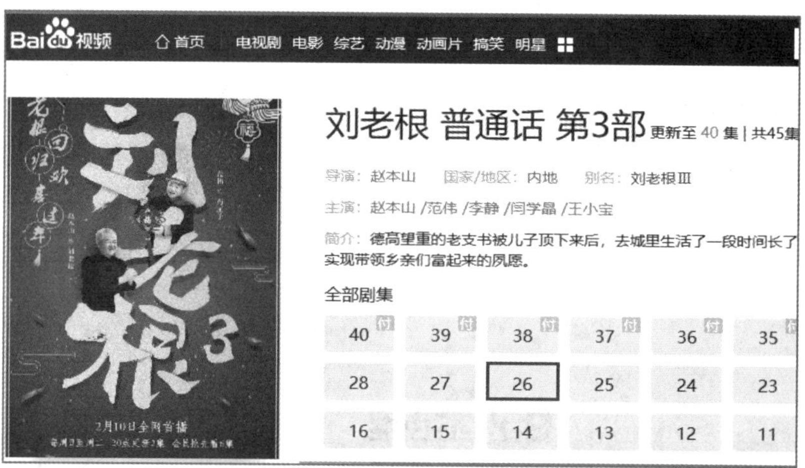

图 14.56　播放电视剧(4)

(3) 正常播放电视剧，如图 14.57 所示。

图 14.57　播放电视剧(5)

(4) 在“行为管理服务配置”界面，依次点击“行为管理”→“应用协议控制”→“添加”，如图 14.58 所示。

图 14.58　应用协议控制(1)

(5) 添加网络视频协议，点击“确定”，如图 14.59 所示。

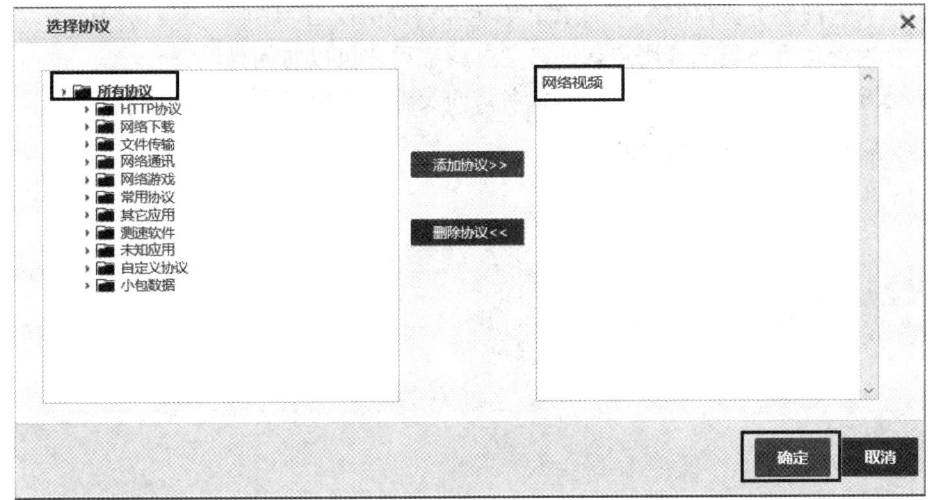

图 14.59　应用协议控制(2)

(6) 动作选择“阻断”，点击“✔”应用，如图 14.60 所示。

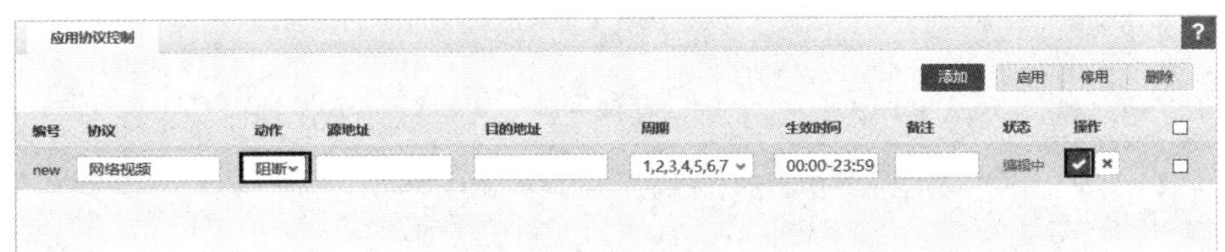

图 14.60　应用协议控制(3)

(7) 再次打开电视剧“刘老根”，提示无法访问此页面，如图 14.61 所示。

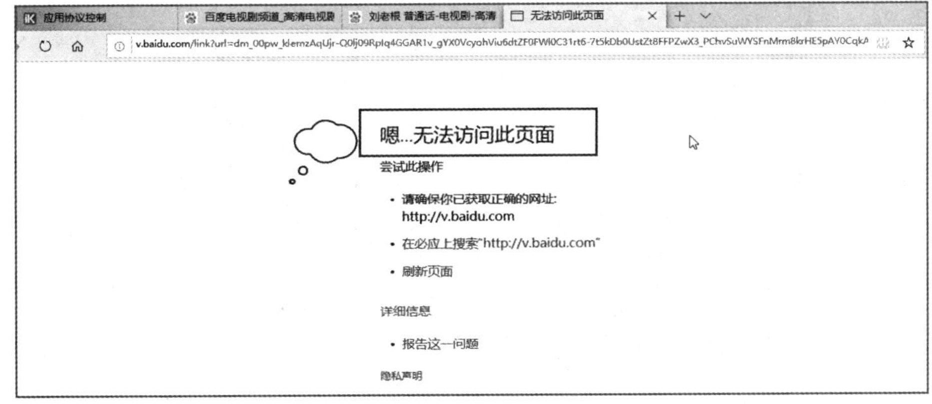

图 14.61　无法播放电视剧

本 章 总 结

(1) 上网行为管理是帮助互联网用户控制和管理对互联网的使用，包括网页访问过滤、网络应用控制、带宽流量管理、信息收发审计、用户行为分析等。

(2) 行为管理服务器内网配置 DHCP 为企业内网分配 IP 地址，实现内网连通。

(3) 行为管理服务器配置用户认证，通过认证后才可以访问外网。

(4) 通过配置行为管理，可以拦截域名访问及阻断网络视频。

第 15 章　计算机木马与病毒

本章目标

- 理解计算机木马的原理；
- 掌握大白鲨木马的操作；
- 了解计算机病毒；
- 掌握防病毒、防木马软件的使用。

问题导向

- 计算机木马是如何传播的？
- 计算机病毒与木马有何不同？
- 什么是勒索病毒？

15.1　计算机木马

15.2.1　计算机木马概述

1. “木马”的典故

在古希腊传说中，希腊联军围困特洛伊城久攻不下，于是假装撤退，留下一只巨大的中空木马，特洛伊守军不知是计，把木马运进城中作为战利品，如图 15.1 所示。

图 15.1　“木马”的典故

夜深人静之际，木马腹中躲藏的希腊士兵打开城门，与城外的士兵里应外合攻陷了特洛伊城。

后人常用“特洛伊木马”比喻“害人的礼物”，有“一经潜入，后患无穷”之意。

2. 计算机木马

计算机木马(Trojan)是指具有欺骗性质、会导致受害者计算机的敏感信息泄露甚至被黑客控制等危害的隐蔽性程序。

木马程序通常被伪装或依附在一些工具软件、小游戏、图片、视频等文件中，诱使用户打开文件以激活木马。

传统的计算机木马的植入及启用过程如图 15.2 所示。

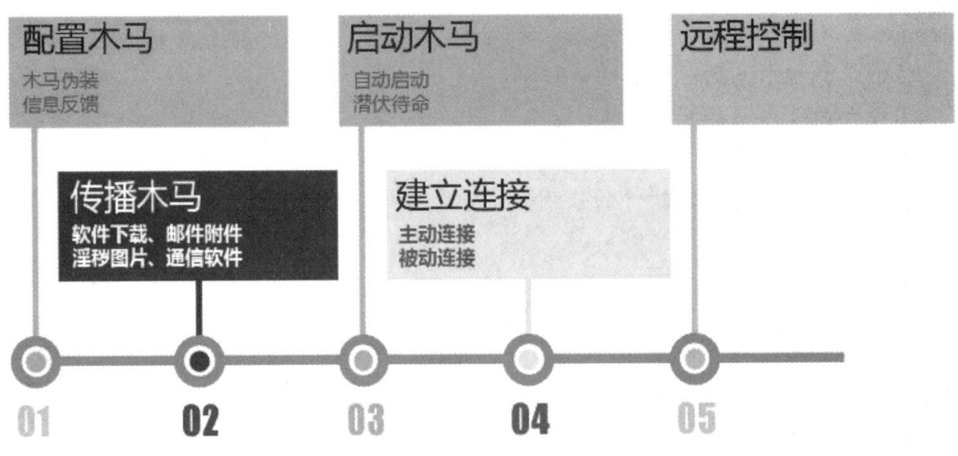

图 15.2　木马的植入及启用过程

15.2.2　计算机木马演示

1. 实验环境

(1) 一台 Windows 10 虚拟机作为黑客机，配置 IP 地址为 192.168.10.10。

(2) 一台 Windows Server 2016 虚拟机作为被控主机(肉鸡)，配置 IP 地址为 192.168.10.100。

2. 在 Windows 10 虚拟机上配置生成“大白鲨”服务端程序

1) 关闭 WindowsDefender

(1) 运行“命令提示符(管理员)”，如图 15.3 所示。

(2) 运行命令 reg add "HKEY_LOCAL_MACHINE\SOFTWARE\Policies\Microsoft\Windows Defender" /v "DisableAntiSpyware" /d 1 /t REG_DWORD /f，如图 15.4 所示，然后重启计算机。

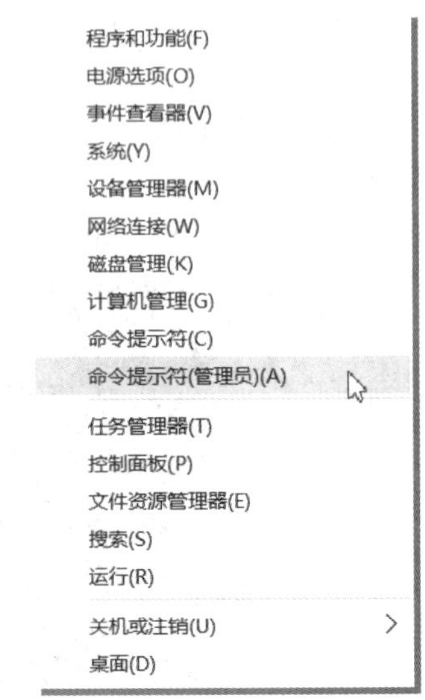

图 15.3　运行“命令提示符(管理员)”

图 15.4　运行命令

(3) 依次打开“设置”→“更新和安全”→“WINDOWS DEFENDER”，确认 WINDOWS DEFENDER 关闭，如图 15.5 所示。

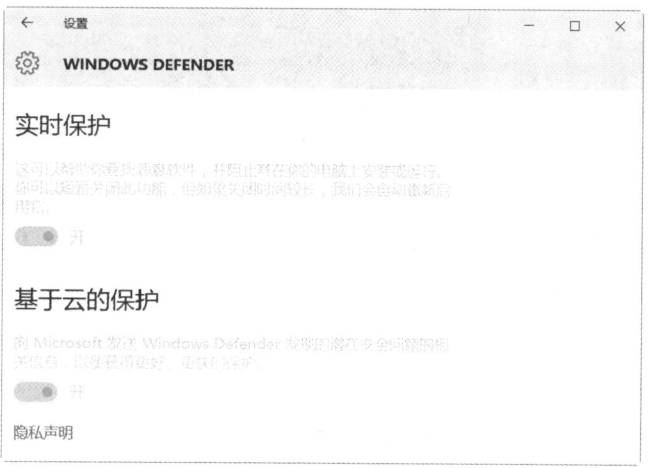

图 15.5　WINDOWS DEFENDER 已关闭

2) 运行大白鲨程序

运行大白鲨程序，如图 15.6 所示。

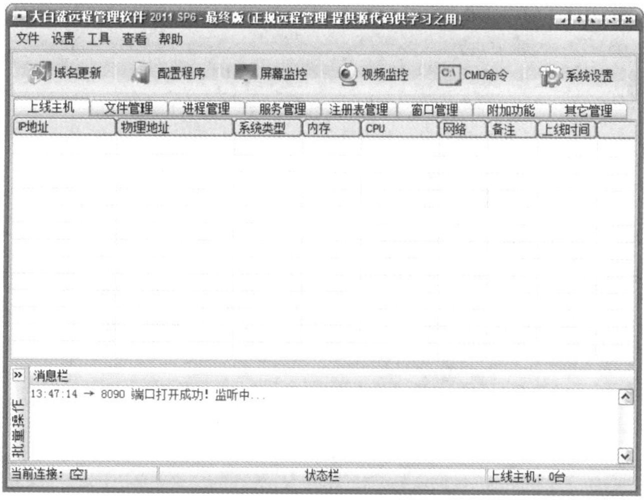

图 15.6　运行大白鲨程序

3) 生成服务端

IP 地址填写 192.168.10.10，在“配置服务器”界面中勾选“不安装直接运行”，如图 15.7 所示。点击“生成服务端”，默认生成可执行程序 DBSServer.exe。

图 15.7　生成服务端

3. 将服务端程序 DBSServer 复制到 Windows Server 2016 虚拟机

(1) 右击“DBSServer”，选择“属性”→“兼容性”，勾选“以兼容模式运行这个程序”，选择“Windows 7”，点击“确定”，如图 15.8 所示。

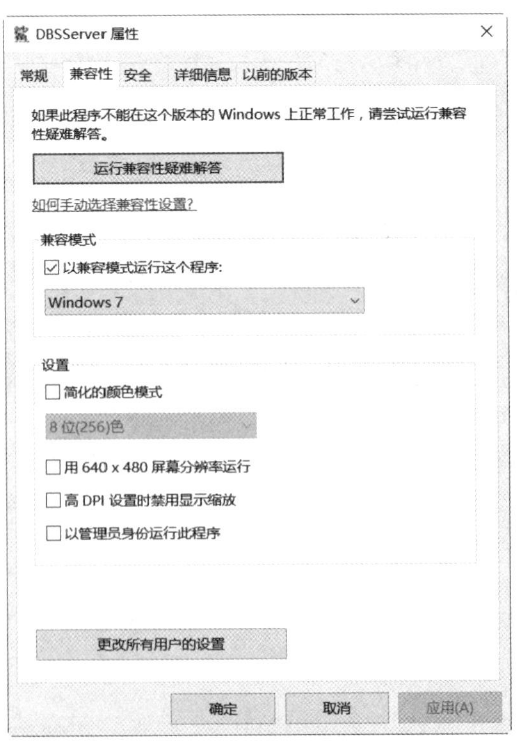

图 15.8　选择兼容模式

(2) 双击“DBSServer”运行木马，通过任务管理器可看到 DBSServer 已经开始运行，如图 15.9 所示。

任务管理器
文件(F) 选项(O) 查看(V)
进程 性能 用户 详细信息 服务

名称	24% CPU	62% 内存
应用 (1)		
Task Manager	0%	7.4 MB
后台进程 (22)		
COM Surrogate	0%	2.8 MB
DBSServer (32 位)	0%	7.3 MB
HyperSnap (32 位)	19.7%	37.8 MB
Microsoft IME	0%	5.3 MB
Microsoft 分布式事务处理协...	0%	2.0 MB
Microsoft.ActiveDirectory.W...	0%	20.0 MB
Runtime Broker	0%	2.2 MB
vm3dservice	0%	0.8 MB
VMware Guest Authenticatio...	0%	2.2 MB
VMware Tools Core Service	0%	12.4 MB
VMware Tools Core Service	0%	8.1 MB

简略信息(D)　　　结束任务(E)

图 15.9　通过任务管理器查看

(3) 运行 netstat -no 命令，查看已建立的连接，如图 15.10 所示。

图 15.10　查看已建立的连接

4. 在黑客机上实现对“肉鸡”的远程控制

(1) 在黑客机可看到被控端主机上线，如图 15.11 所示。

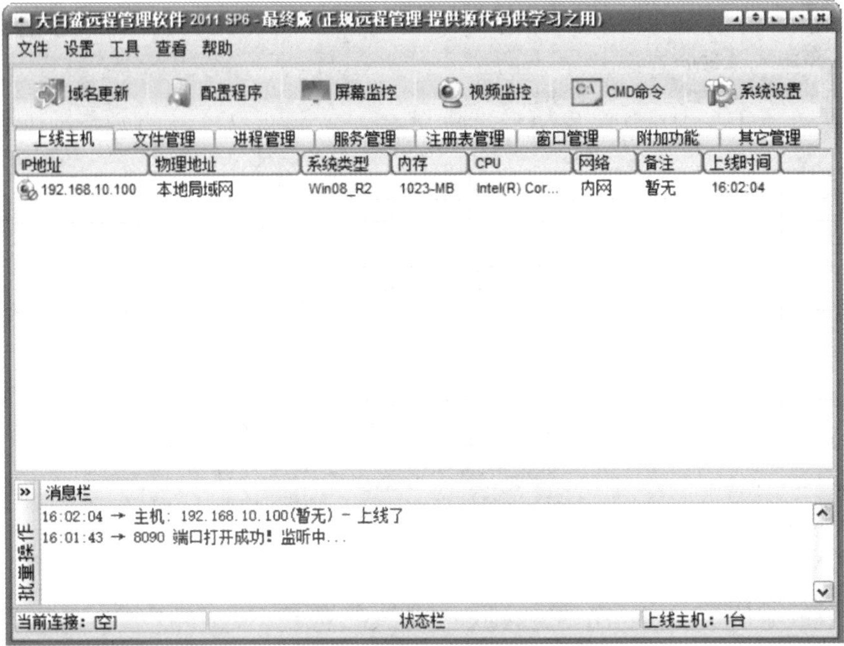

图 15.11　被控端主机上线

(2) 大白鲨木马可以对“肉鸡”进行各种控制，如进行文件管理、进程管理、屏幕监控等。点击“文件管理”，如图 15.12 所示。

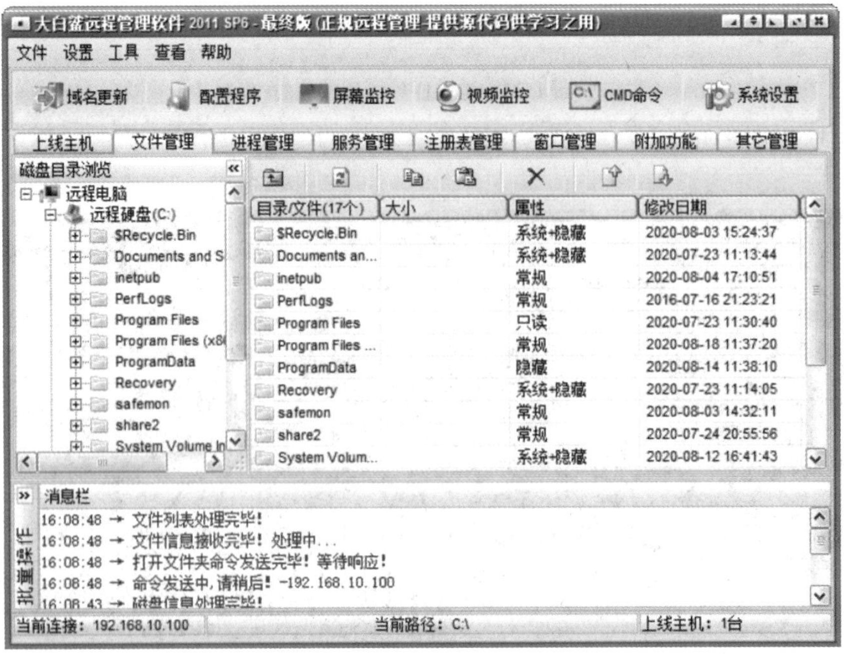

图 15.12　文件管理

点击“进程管理”，然后右击，选择“刷新进程”，如图 15.13 所示。

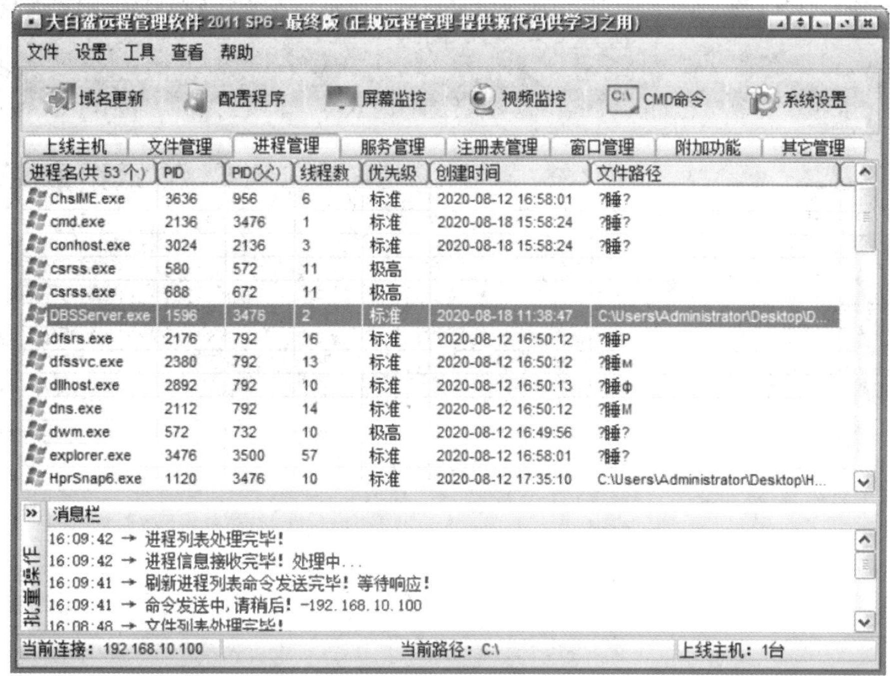

图 15.13　进程管理

先点击“屏幕监控”，然后点击“启动远程屏幕”，如图 15.14 和图 15.15 所示。

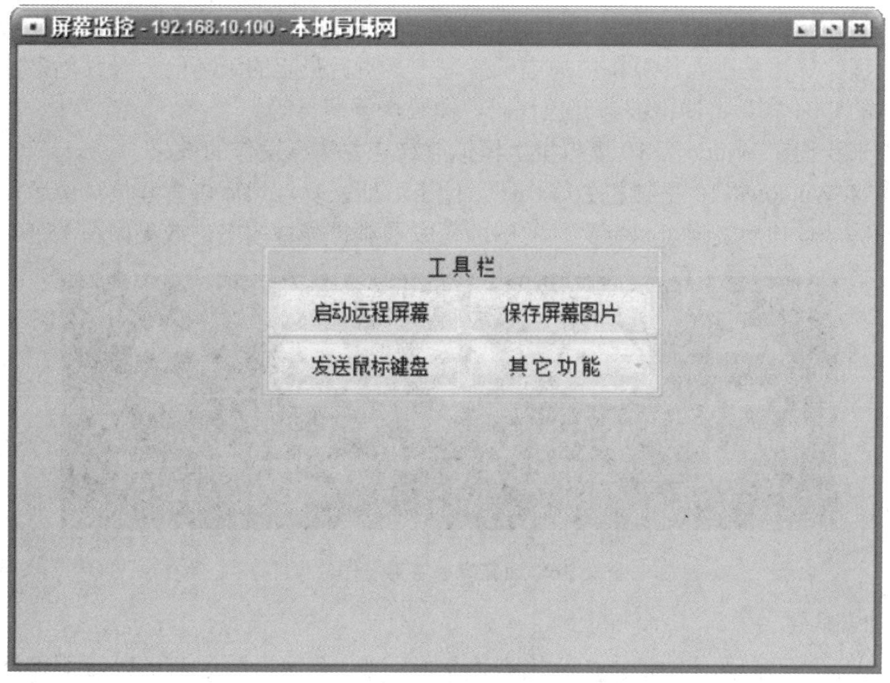

图 15.14　屏幕监控

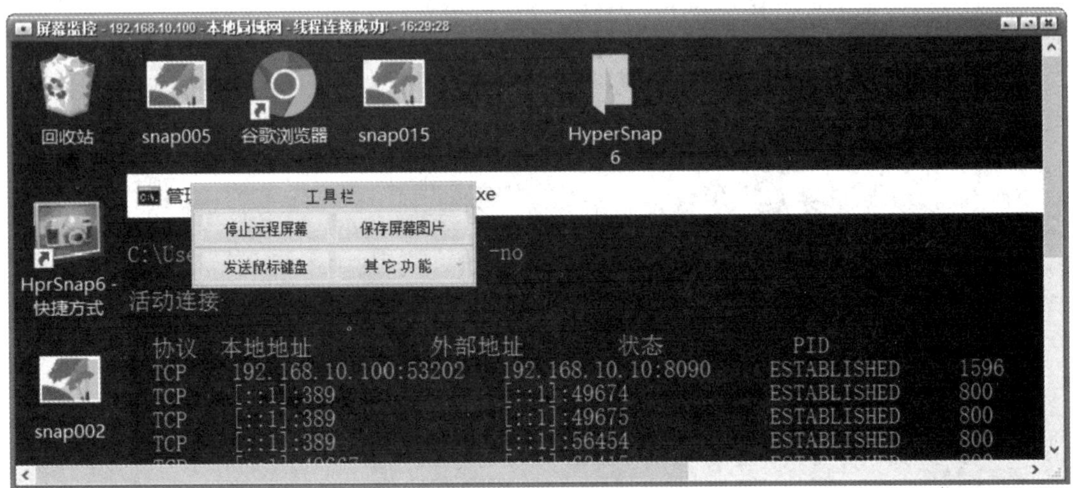

图 15.15　启动远程屏幕

15.2　计算机病毒

1. 认识计算机病毒

计算机病毒(virus)一般以破坏为目的，例如删除文件、拖慢网速、使系统崩溃等，而不是窃取信息。计算机病毒可以通过邮件、图片和视频、软件下载、光盘等途径传播，具有自我复制和传染能力。

病毒程序好比是进入计算机中的电子流氓，其明目张胆的破坏能力极具危害性，例如臭名昭著的 CIH 病毒、冲击波、红色代码、熊猫烧香病毒等。

接下来我们在 Windows 10 虚拟机上模拟熊猫烧香病毒发作的效果。

首先将 Windows 10 虚拟机做好快照，便于后期恢复，然后以管理员身份运行熊猫烧香病毒代码，运行后发现可执行文件的图标变成了熊猫烧香图案，效果如图 15.16 所示。

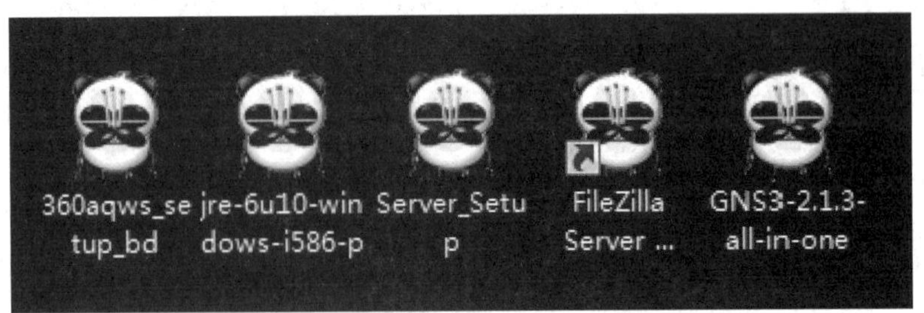

图 15.16　熊猫烧香病毒发作效果图

2. 勒索病毒

几年前，腾讯御见威胁情报中心接到某公司反馈，公司里数台 Windows 服务器中了勒索病毒，电脑除了 C 盘，其他磁盘分区都被整个加密，公司业务已接近停摆。此外，该勒索病毒索要的赎金高达 9.5 比特币，如图 15.17 所示。

您好，很抱歉的通知您，您公司部分服务器硬盘和文件被我们加密了，加密使用软件为Bestcrypt volume encryption 加密算法为AES256位。以目前世界上现有的科学水平如果没有密码是无法成功暴力破解或解密的。切勿尝试使用恢复工具或恢复软件扫描被加密的盘符或试图恢复文件，硬盘数据文件是被加密并非删除！注意并非删除！并非删除！所以恢复软件毫无任何作用，也不会扫描到任何信息，因为AES256位加密算法位目前根本无法被破解。而且恢复工具扫描时会损坏加密元数据，加密密钥等数据存储在硬盘起始扇区，一旦有一个字节破坏即使有密码私钥也无法恢复数据。切记！切记！切记！

警告：请一定看完本文档全部内容。（我们并不是自动传播的勒索病毒，而是专门针对企业定向攻击的专业黑客组织。）

结尾处有成功支付解锁的证明和解密方法

我们的联络邮箱：palmiro.panicucci@protonmail.com

企业识别码：1900

（请在邮件中告上面的识别码，由于业务繁忙易于分辨处理。另外也请及时检查垃圾邮件，以免我方回复邮件被阁下忽略。）

您只需向我方支付9.5个比特币即可成功解开被加密的文件。

收款地址：1PL3AmmePbj6MLSrpEeahfRyuHKXY7X9XE

如阁下企业可以在短期内支付我们会给予一定优惠。具体请邮件沟通。联系我们的速度和支付的速度的越快越早赎金越低。2-3天内未回复我们将采取攻击破坏手段。破坏比加密容易的多，且破坏我们无法恢复。以下就是一个实例，该企业被加密后三天没有回复，我们删除了该企业虚拟机宿主机服务器中的近一百台虚拟机服务器，公司陷入瘫痪损失巨大。请勿抱有侥幸心理认为我们无法再深入破坏。

图 15.17　某公司被勒索病毒勒索的内容

这里说的比特币(BitCoin)是一种数字货币，最初在 2009 年由中本聪提出。比特币可以用来兑现，可以兑换成大多数国家的货币。使用者可以用比特币购买一些虚拟物品，例如网络游戏当中的衣服、帽子、装备等，也可以使用比特币购买现实生活当中的物品。

计算机中了勒索病毒后的现象如图 15.18 所示。

图 15.18　计算机中了勒索病毒后的现象

15.3　计算机木马与病毒的防范

计算机木马病毒的危害很大，防范计算机病毒与木马就显得非常重要，通常建议在计算机上安装防病毒、防木马软件。

Windows10 和 Windows Server 2016 自带的 WINDOWS DEFENDER 可以自动防范计算机病毒与木马，除此之外还有第三方的软件。国内的杀毒软件例如 360 杀毒、360 安全卫士、电脑管家、金山毒霸、瑞星等，国外的杀毒软件例如卡巴斯基、迈克菲、诺顿等，查杀效果都不错，但不能保证绝对的安全。

下面以免费的 360 杀毒和 360 安全卫士为例，介绍软件的安装使用。

1. 安装 360 杀毒、360 安全卫士

官网下载相关软件，安装完后的界面如图 15.19 和图 15.20 所示。

图 15.19　360 杀毒安装完后的界面

图 15.20　360 安全卫士安装完后的界面

2. 使用安全软件检测并排除安全风险

(1) 使用 360 安全卫士进行电脑体检，如图 15.21 所示。

图 15.21　使用 360 安全卫士进行电脑体检界面

(2) 使用 360 安全卫士进行木马查杀，如图 15.22 所示。

图 15.22　使用 360 安全卫士进行木马查杀界面

本 章 总 结

(1) 计算机木马(Trojan)是指具有欺骗性质、会导致受害者计算机的敏感信息泄露、被黑客控制等危害的隐蔽性程序。

(2) 木马程序通常被伪装或依附在一些工具软件、小游戏、图片、视频等文件中，诱使用户打开文件以激活木马。

(3) 大白鲨木马可以对“肉鸡”进行各种控制，例如进行文件管理、进程管理、屏幕监控等。

(4) 计算机病毒(virus)一般以破坏为目的，例如删除文件、拖慢网速、使系统崩溃等，而不是窃取信息。计算机病毒可以通过邮件、图片和视频、软件下载、光盘等途径传播，具有自我复制和传染能力。

(5) 近几年流行的勒索病毒会将磁盘分区加密，受害者需支付高额赎金才能解密。

(6) 防病毒、防木马软件国内和国外都有，国内软件例如 360 杀毒、360 安全卫士、电脑管家、金山毒霸、瑞星等，国外软件例如卡巴斯基、迈克菲、诺顿等，其查杀效果都不错，但不能保证绝对的安全。

习 题

1. 计算机病毒是指(　　)。

A. 生物病毒感染　　B. 细菌感染

C. 被损坏的程序　　D. 特制的具有破坏性的程序

2. 计算机病毒一般不以(　　)为目的。

A. 删除文件　　B. 拖慢网速　　C. 使系统崩溃　　D. 窃取信息

3. 以下关于计算机木马的描述正确的是(　　)。

A. 具有欺骗性质

B. 会导致受害者计算机的敏感信息泄露

C. 具有自我复制和传染能力

D. 必须伪装或依附在一些工具软件、小游戏、图片、视频等文件中

扫码看答案

第 16 章　PE 工具与 Windows 故障排查

本章目标

- 掌握使用 PE 工具箱清除 Windows 密码的方法；
- 掌握使用 PE 工具箱调整分区大小的方法；
- 掌握系统备份还原的操作过程；
- 掌握将误删除数据恢复的方法；
- 会利用 Windows 系统服务解决问题；
- 会利用工具查看磁盘空间的占用情况。

问题导向

- 清除 Windows 管理员密码可以使用 U 深度中的什么工具？
- 调整分区大小可以使用 U 深度中的什么工具？
- 备份与恢复 Windows 系统可以使用 U 深度中的什么工具？
- 恢复误删除的文件可以使用 U 深度中的什么工具？
- 文件夹没有“共享”选项该如何解决？
- 桌面右下角网络小图标不见了，如何处理？
- C 盘空间不足甚至占满，如何处理？

16.1　PE 工具箱的应用

16.1.1　制作 PE 工具箱

微课视频 029

PE 工具箱基于 Windows PE 制作，可以保存在 U 盘或光盘中，其体积小，速度快，具有以下功能：

(1) 磁盘分区，分区调整，分区格式化。

(2) 系统安装，系统备份和还原。

(3) 密码修改，数据恢复。

常见的 PE 工具箱有大白菜、老毛桃、U 深度等。本章以 U 深度为例进行介绍。

制作 PE 工具箱的步骤如下：

(1) 在 U 深度官网 http://www.ushendu.com 下载 U 深度增强版，如图 16.1 所示。

图 16.1　U 深度官网

在真实机上双击图标按默认安装即可，如图 16.2 所示。

图 16.2　安装 U 深度

(2) 打开“U 深度”软件，单击“高级设置”，如图 16.3 所示。

图 16.3　高级设置

在“个性化”设计界面，单击左下角的“链接”图标，在“取消 U 深度赞助商”对话框中输入“ushendu.com”，单击“立即取消”，最后单击右下角的“保存”图标，如图 16.4 所示。

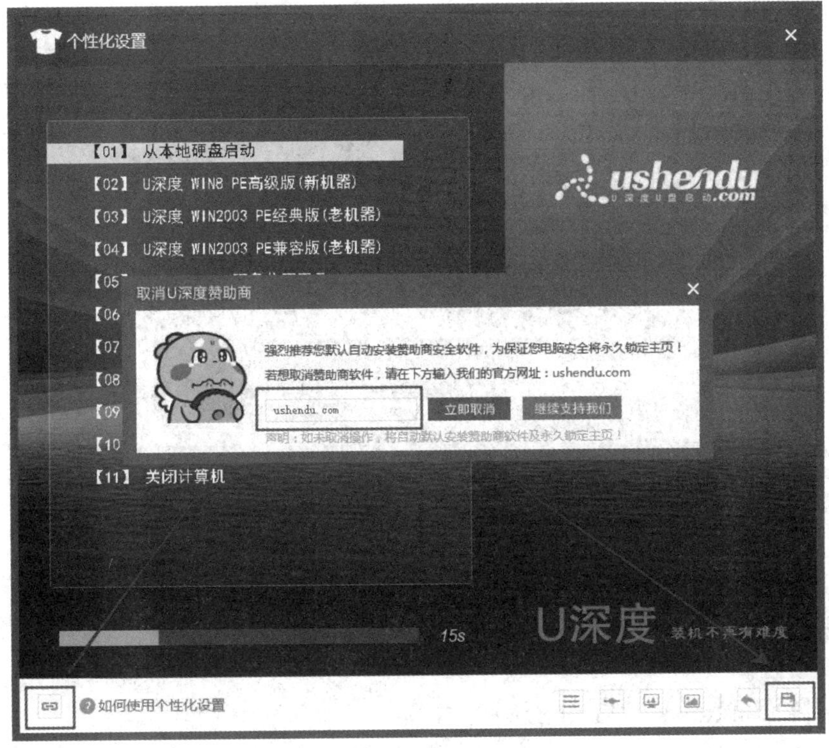

图 16.4　取消 U 深度赞助商

(3) 制作 PE 工具箱。

插入 U 盘，单击“开始制作”，如图 16.5 所示。

图 16.5　制作 PE 工具箱(1)

在弹出“模拟启动”提示信息时，单击“是”，若出现启动界面，说明 PE 工具箱制作成功，如图 16.6 所示。

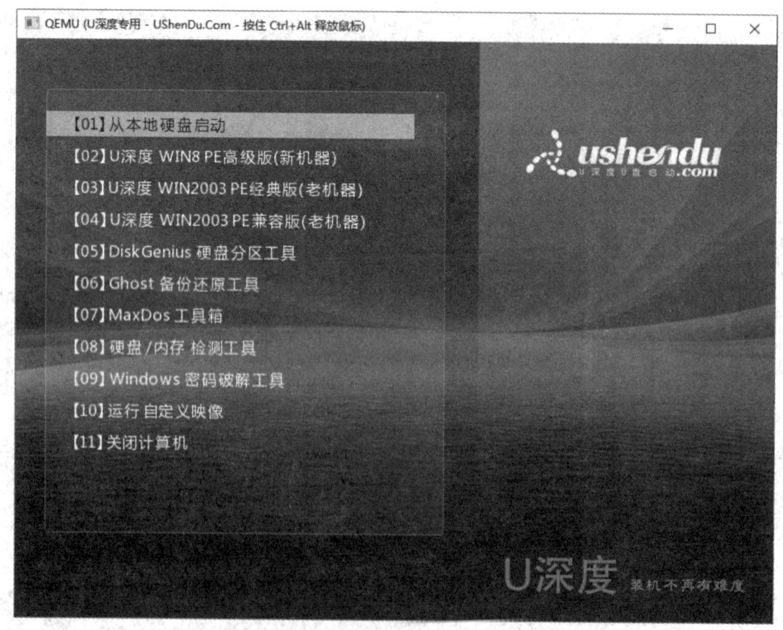

图 16.6　制作 PE 工具箱(2)

16.1.2　清除 Windows 管理员密码

当忘记 Windows 管理员密码时，可以先清除，再修改管理员密码。

1. 准备环境

(1) 清除原先实验时加的硬盘，仅保留 500 GB 的硬盘，如图 16.7 所示。

图 16.7 清理硬盘

(2) 确认 Windows Server 2016 需要密码才能登录。

打开 Windows Server 2016，单击“administrator”，输入错误的密码后，显示无法登录，如图 16.8 所示。

图 16.8 确认密码

2. 清除管理员密码

(1) 更改虚拟机设置。

在虚拟机设置中依次选择→“选项”→“高级”→固件类型中选择“UEFI(E)”，然后点击“确定”，如图 16.9 所示。

图 16.9　更改固件类型

(2) 插入 U 盘到虚拟机。正常关机，开机后迅速点鼠标进入虚拟机，并迅速不停按“Esc”键，出现“Boot Manager”界面，如图 16.10 所示。

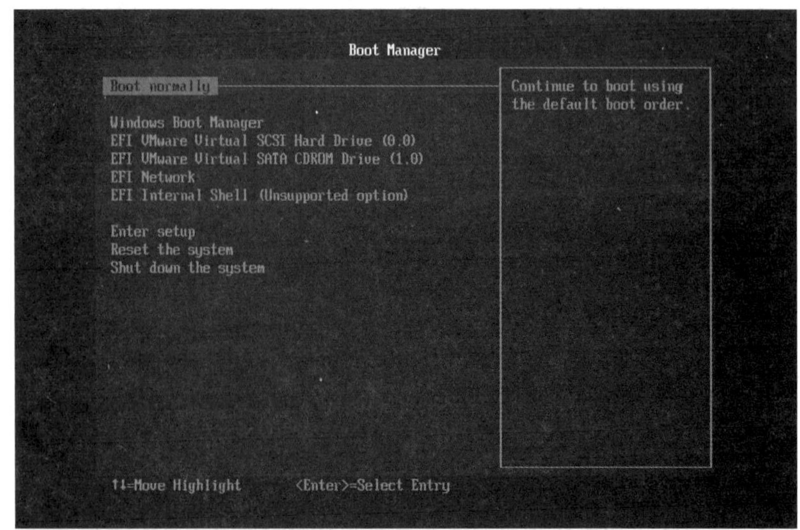

图 16.10　Boot Manager 界面

重新插拔一下 U 盘，在弹出的“检测到新的 USB 设备”对话框中，选中“连接到虚拟机”，并选择虚拟机名称为“Windows Server 2016”，如图 16.11 所示。

图 16.11　连接 U 盘到虚拟机

重新启动虚拟机 Windows Server 2016，开机后迅速点鼠标进入虚拟机，并迅速不停按“Esc”键，出现“Boot Manager”界面，发现多出“EFI USB Device”一行即为插入 U 盘成功，如图 16.12 所示。

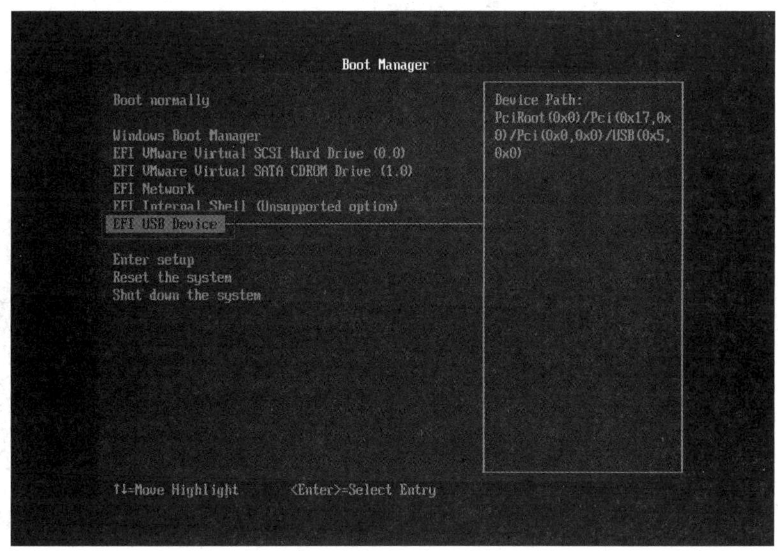

图 16.12　插入 U 盘成功

使用键盘上的“方向键”移动选项到“EFI USB Device”，按“回车”即可从 U 盘启动虚拟机，进入到 PE 工具箱桌面，如图 16.13 所示。

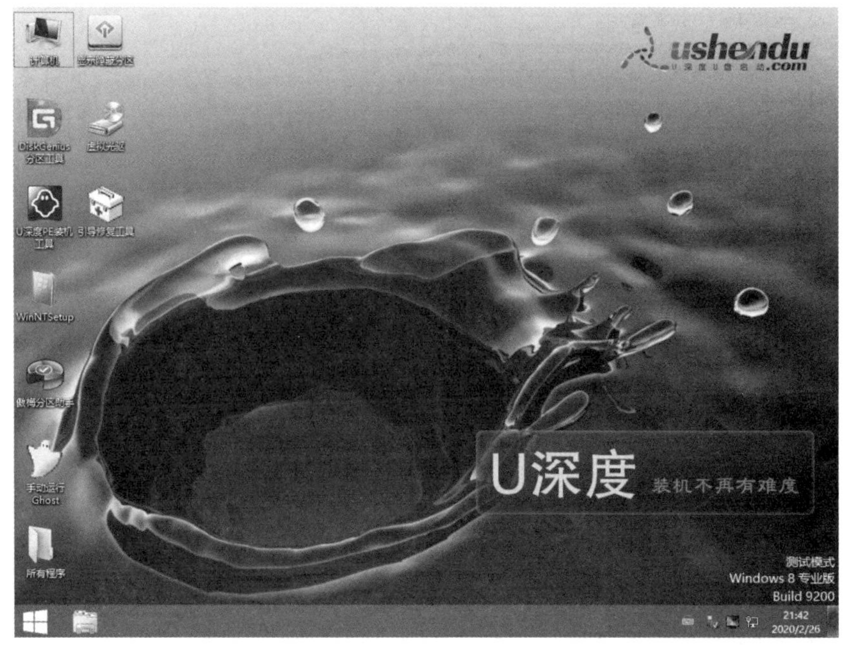

图 16.13　PE 工具箱桌面

(3) 清除管理员 Administrator 的密码。

依次单击“开始”→“密码管理”→“NTPWEdit(系统密码破解工具)”，如图 16.14 所示。

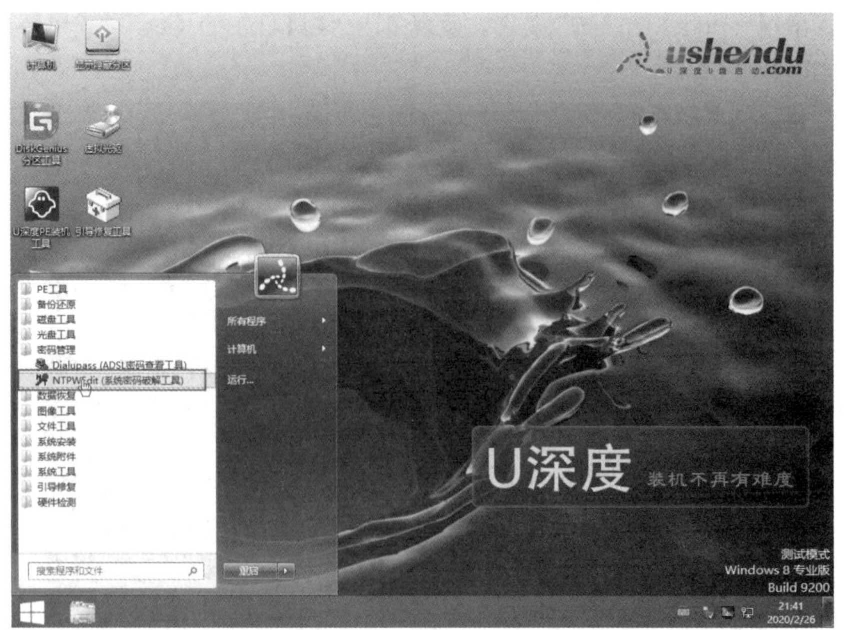

图 16.14　系统密码破解工具

依次单击“打开”→“Administrator”→“修改密码”，如图 16.15 所示。

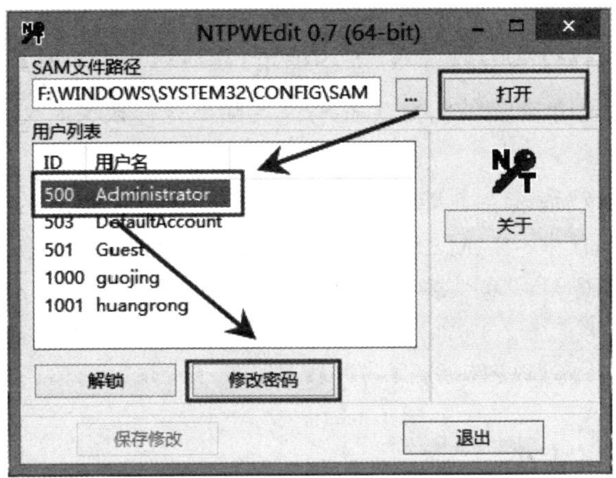

图 16.15　修改密码

在弹出的对话框中直接单击“确认”，即可清空密码，如图 16.16 所示。

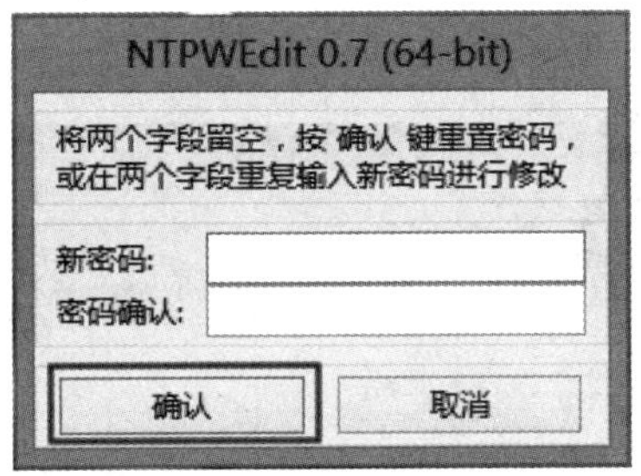

图 16.16　清空密码

最后单击“保存修改”，如图 16.17 所示。

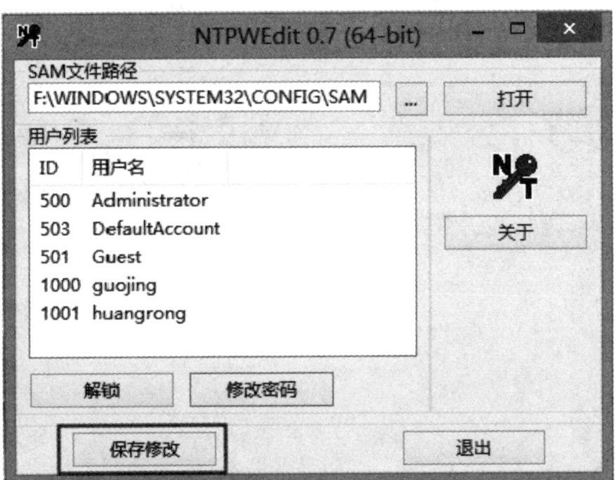

图 16.17　保存修改

至此，Administrator 用户的登录密码清除完毕。

3. 验证密码清除效果

拔出 U 盘，在虚拟机设置中依次单击“选项”→“高级”→固件类型中选择“BIOS(B)”，然后点击“确定”，正常启动 Windows Server 2016，不用密码即可登录 administrator 用户桌面。

********************************** 安全提示 **********************************

使用 PE 工具箱只是清除密码或更改密码，实际上是修改文件 C:\Windows\System32\config\SAM。

单机版的 Windows 系统，其账户密码都存储在本地硬盘上的 SAM 数据库中。在 Windows 正常运行的过程中，SAM 数据库会被锁定，但如果系统关闭，可以将硬盘连接到其他计算机，或者直接使用一些工具光盘引导计算机就可以读取 SAM 数据库，进而破解账户密码。

****

16.1.3　无损调整分区大小

(1) 将 500 GB 硬盘划分为 2 个分区，其中 C 盘 100 GB，D 盘 400 GB。

① 重启 Windows Server 2016，使用 U 盘启动电脑进入 PE 工具箱，双击 PE 工具箱桌面上的“傲梅分区助手”，如图 16.18 所示。

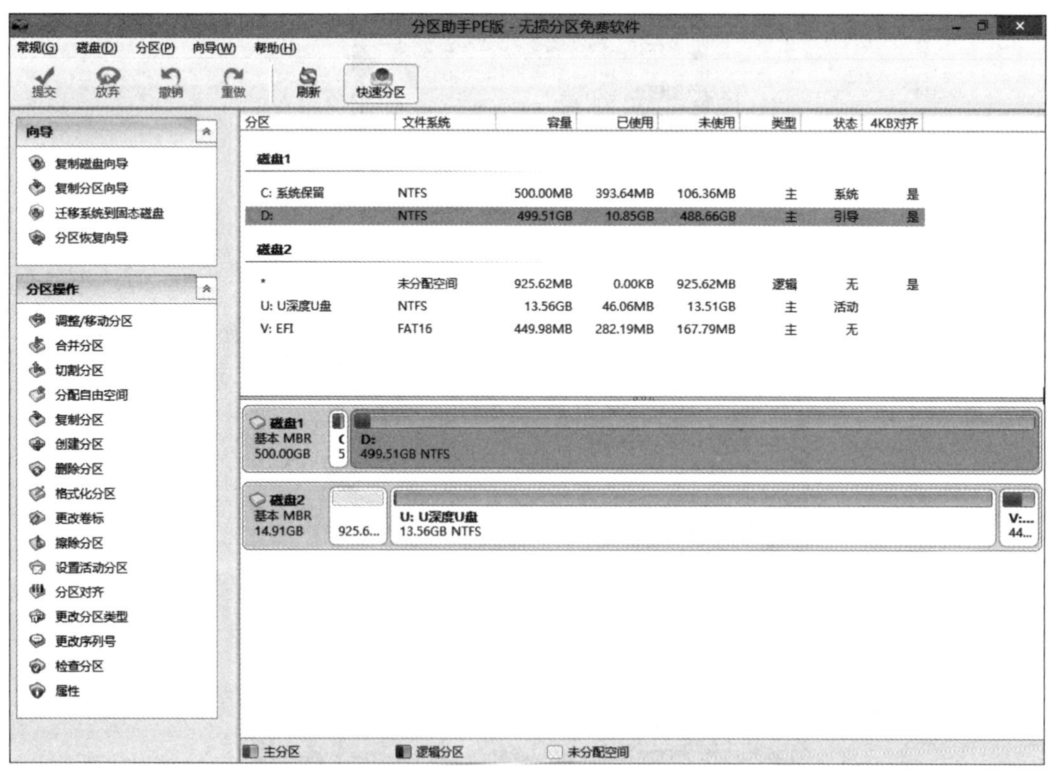

图 16.18　傲梅分区助手

注意，原来在 Windows Server 2016 中显示的 C 盘，在这里显示为 D 盘。

② 单击“D:盘”，然后选择左侧的“切割分区”菜单，如图 16.19 所示。

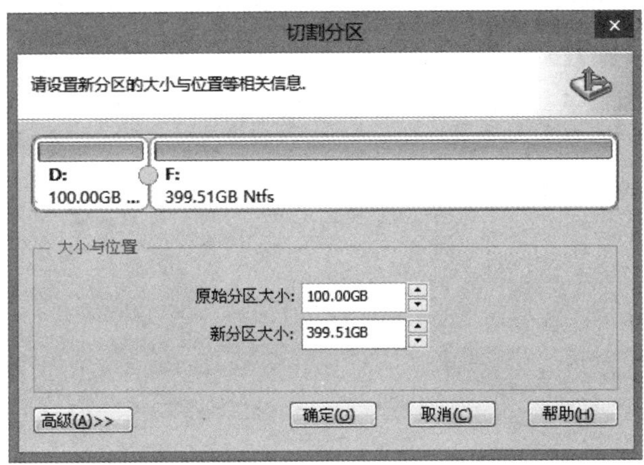

图 16.19　切割分区

在“切割分区”对话框中，调整 D 盘分区大小为 100 GB，剩余的空间给 F 盘。

③ 单击左上角的“提交”，在弹出的“等待执行的操作”对话框中，单击“执行”，然后单击“是”，如图 16.20 所示。

图 16.20　执行分区操作

(2) 在 Windows 使用过程中，由于软件安装越来越多，需要调整分区大小，将 C 盘调整为 200 GB，D 盘调整为 300 GB。

① 启动“傲梅分区助手”，单击“F:盘”，然后选择左侧的“调整/移动分区”菜单，在“调整并移动分区”对话框中，向右拖动进度条，使 F 盘减少 100 GB，如图 16.21 所示。

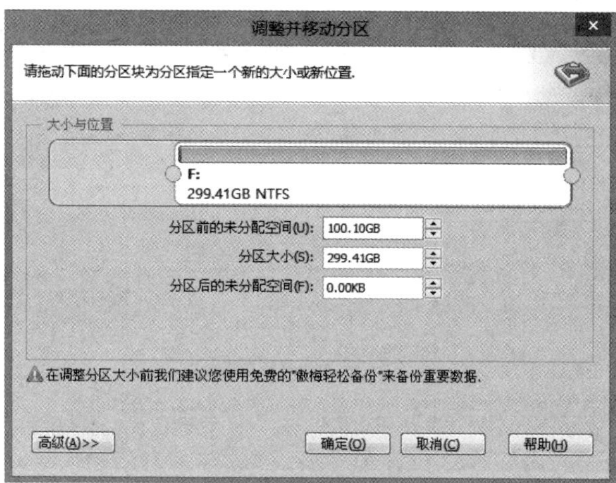

图 16.21　调整分区(1)

② 单击“D:盘”，如图 16.22 所示。

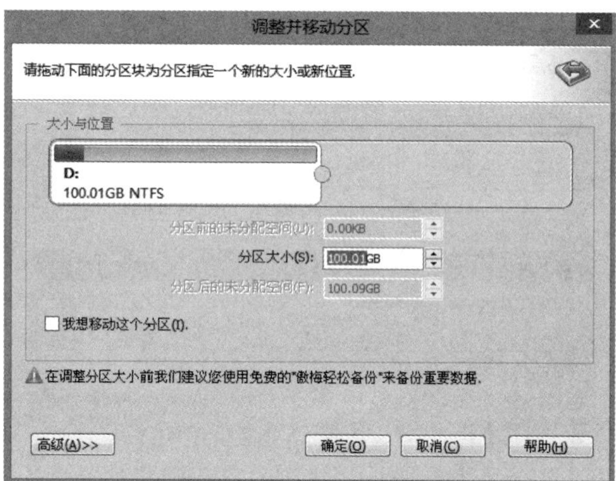

图 16.22　调整分区(2)

向右拖动进度条，使 D 盘增加 100 GB，如图 16.23 所示。

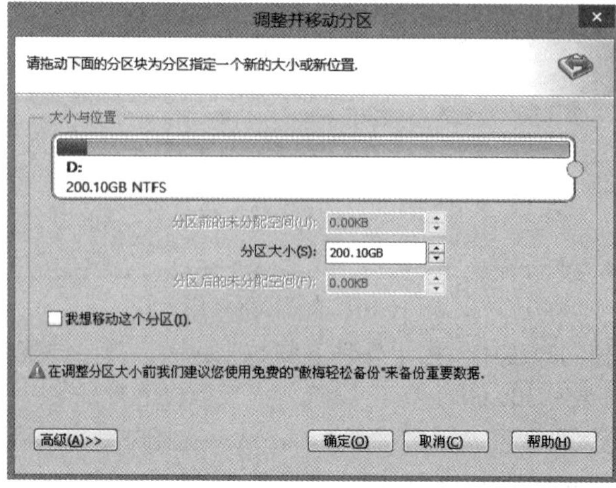

图 16.23　调整分区(3)

然后单击左上角的“提交”，在弹出的“等待执行的操作”对话框中，单击“执行”。

③ 重启 Windows Server 2016，查看磁盘分区大小是否调整成功。

16.1.4　备份与恢复 Windows 系统

平时在 Windows 系统正常运行时，应该定期备份 Windows 系统，以便当 Windows 系统损坏时恢复系统。

1. 备份 Windows Server 2016 系统

(1) 使用 U 盘启动 PE 工具箱，在桌面上打开“U 深度 PE 装机工具”，如图 16.24 所示。

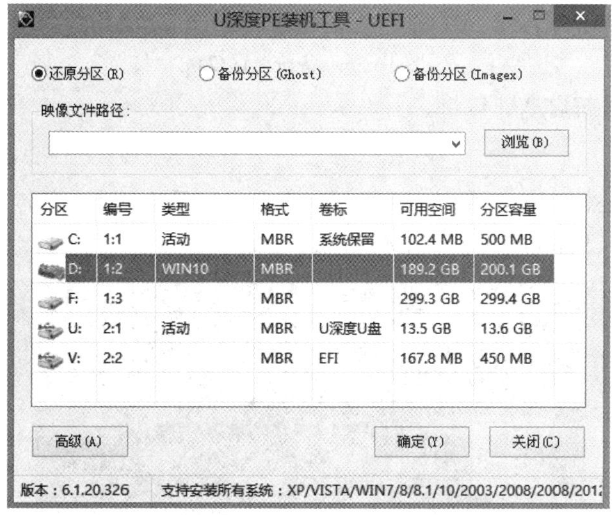

图 16.24　U 深度 PE 装机工具

(2) 在“U 深度 PE 装机工具-UEFI”窗口，选中“备份分区(Imagex)”，指定映像文件路径“F:\WinSvr2016.WIM”(此处 F 盘即 Windows 的 D 盘)，最后选中“D:盘”的分区(即操作系统所在分区，编号是 1:2)，单击“确定”，如图 16.25 所示。

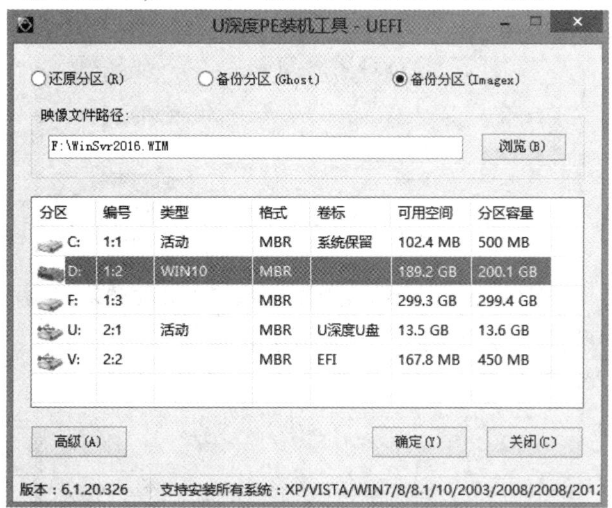

图 16.25　备份分区(1)

(3) 开始备份，需要等待 15 分钟左右(注意其映像名称为“D_USDBACK”，还原时要用到)，如图 16.26 所示。

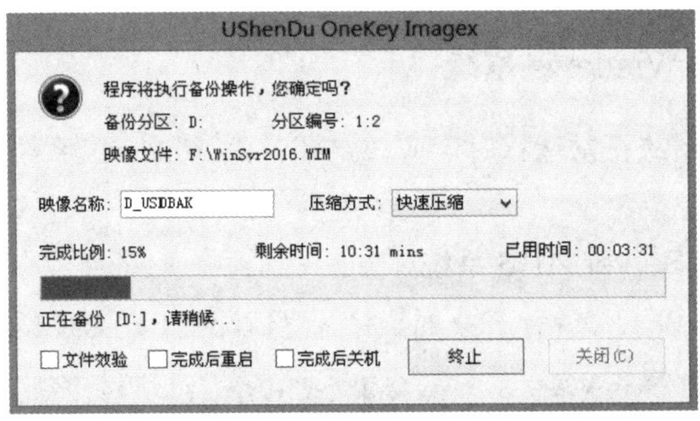

图 16.26　备份分区(2)

备份完成后，重新启动计算机。

2. 模拟故障

正常启动 Windows Server 2016，在 CMD 窗口中运行命令“del /s /q /f c:\windows”，然后重新启动 Windows Server 2016，出现故障，如图 16.27 所示。

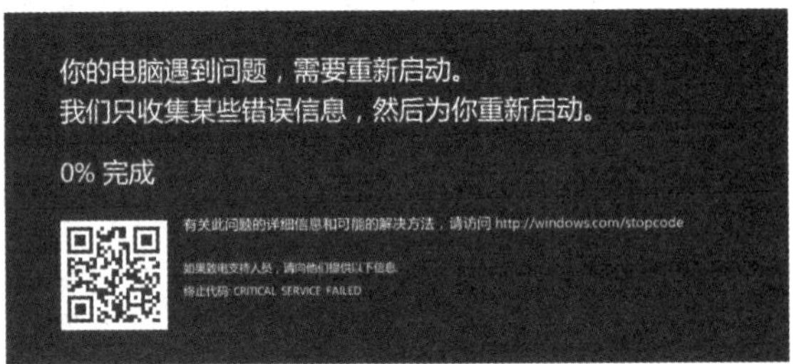

图 16.27　启动故障

3. 还原 Windows Server 2016

(1) 进入 PE 工具箱后，自动弹出“U 深度 PE 装机工具”，确认“映像文件路径”处是刚才备份的“D_USDBAK”，选中“D:盘”的分区(即操作系统所在分区，编号是 1:2)，单击“确定”，如图 16.28 所示。

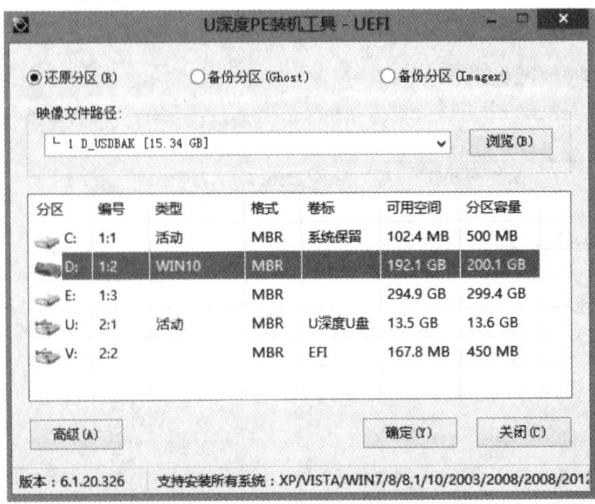

图 16.28　还原分区(1)

(2) 开始还原，需要等待 5 分钟左右，如图 16.29 所示。

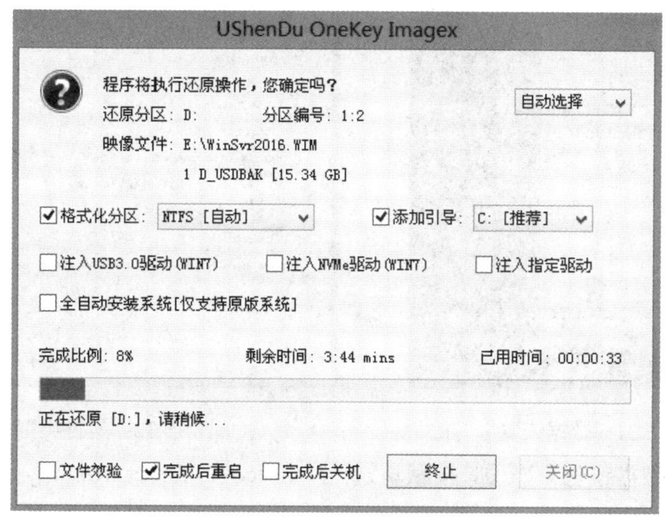

图 16.29　还原分区(2)

正常启动 Windows Server 2016，发现系统已经启动成功。

16.1.5　恢复误删除的文件

在 Windows 系统日常使用过程中，可能会删除一些文件，并清空了回收站，此时可以使用 PE 工具箱尝试恢复误删除的文件。需要说明的是，如果误删除文件的时间比较久远，由于保存此文件的硬盘扇区有可能被覆盖，将导致无法恢复文件。

1. 环境准备

在 Windows Server 2016 的“E:\资料”中删除文件“网络安全三级等级保护设计方案1126.doc”，并清空回收站，如图 16.30 所示。

图 16.30　删除文件

2. 数据恢复

(1) 使用 U 盘启动 Windows Server 2016，进入 PE 工具箱后，依次单击“开始”→“数据恢复”→“Recuva”，如图 16.31 所示。

(2) 在出现的“Recuva 向导”中的“文件类型”界面，选中“所有文件”，如图 16.32 所示。

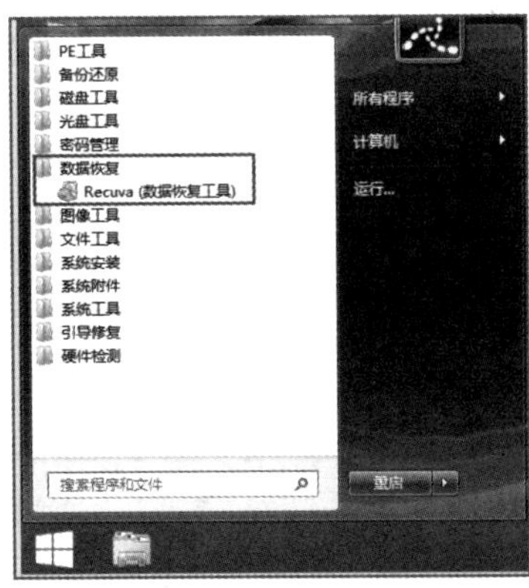

图 16.31　数据恢复

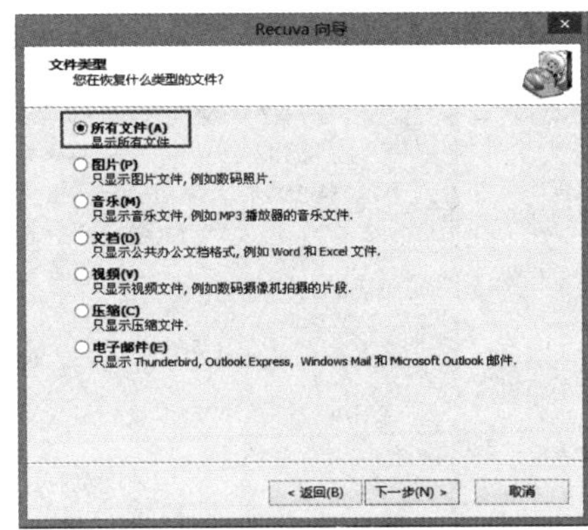

图 16.32　文件类型

(3) 在“创建磁盘镜像”界面，按默认选“No.Recover direct from my drive”，如图 16.33 所示。

(4) 在“文件位置”界面，选中“在特定位置”(这里是 E:\)，如图 16.34 所示。

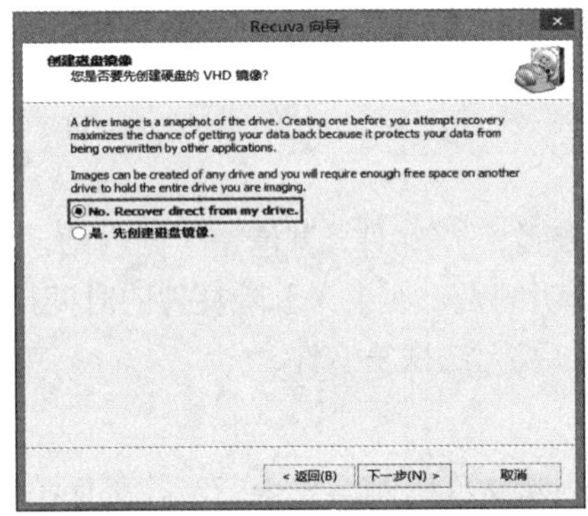

图 16.33　创建磁盘镜像

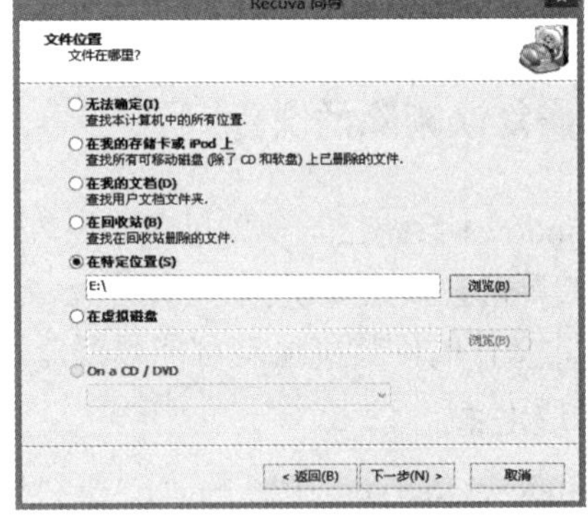

图 16.34　文件位置

(5) 在“找到可以恢复”的结果窗口，勾选要恢复的文件，单击右下角的“恢复”，如图 16.35 所示。

(6) 浏览所选择的恢复文件的存放位置，这里选择 D 盘(建议不要放在原始文件的位置)，如图 16.36 所示。

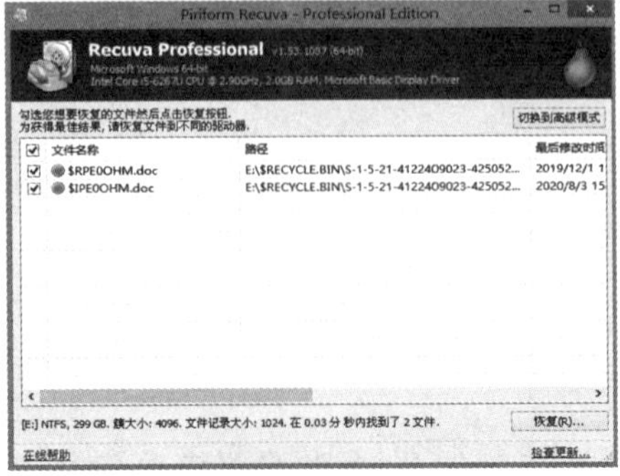

图 16.35　选择文件

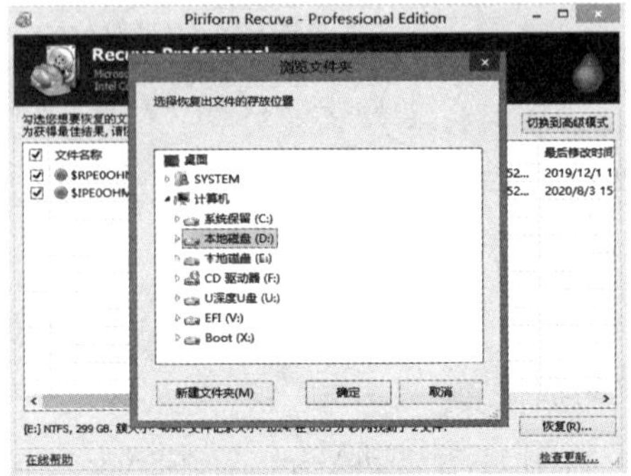

图 16.36　文件存放位置

(7) 正常启动 Windows Server 2016，查看恢复的文件是否正常打开，内容是否正确(原始的文件名太长，所以恢复后的文件名与原始文件名不一致)，如图 16.37 所示。

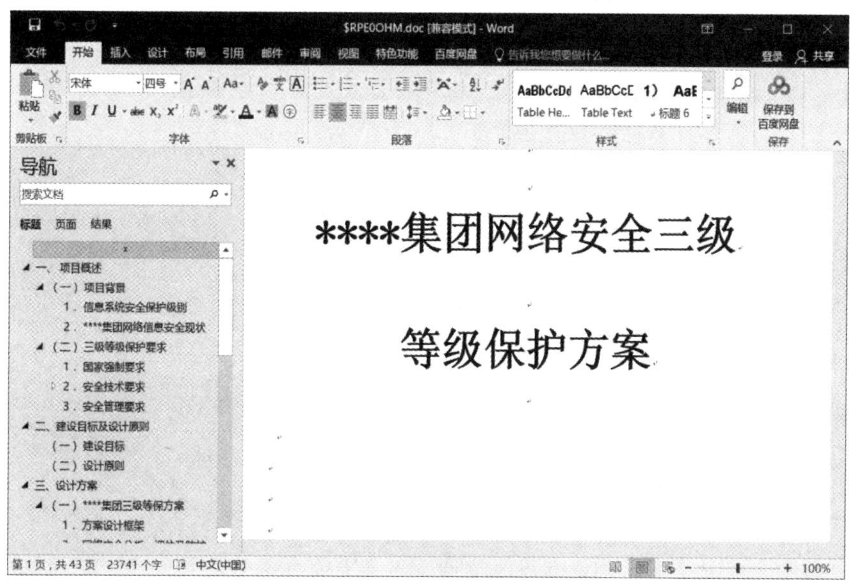

图 16.37　查看恢复的文件

16.2　Windows 故障排查

16.2.1　文件夹没有共享选项

正常情况下，文件夹是有“共享”选项的，如图 16.38 所示。

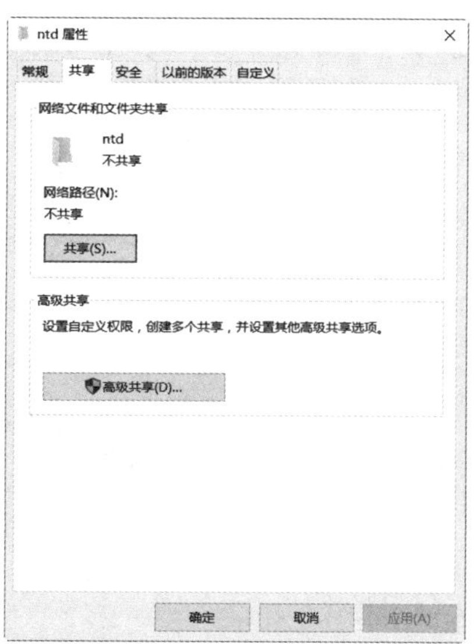

图 16.38　文件夹有“共享”选项

但有时候会遇到文件夹没有“共享”选项，如图 16.39 所示。

图 16.39　文件夹无“共享”选项

出现该现象的原因是 Windows 内置服务没有开启，WIN+R 运行 services.msc，在服务中找到 Server，发现该服务被禁用，如图 16.40 所示。

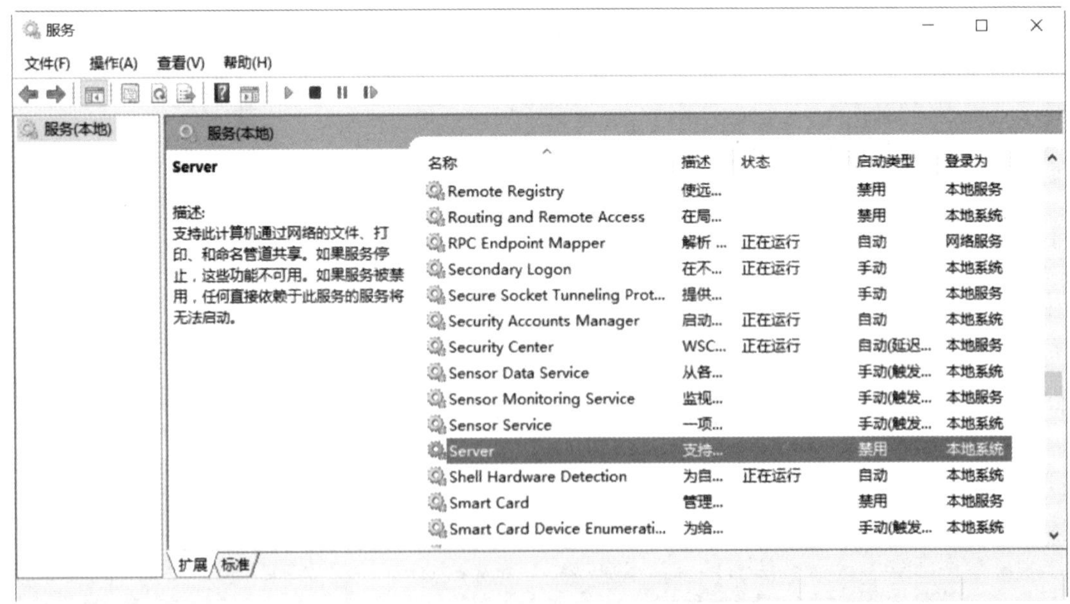

图 16.40　“服务”界面

Server 服务主要是用于网络共享的，双击后将启动类型改为“自动”，如图 16.41 所示。

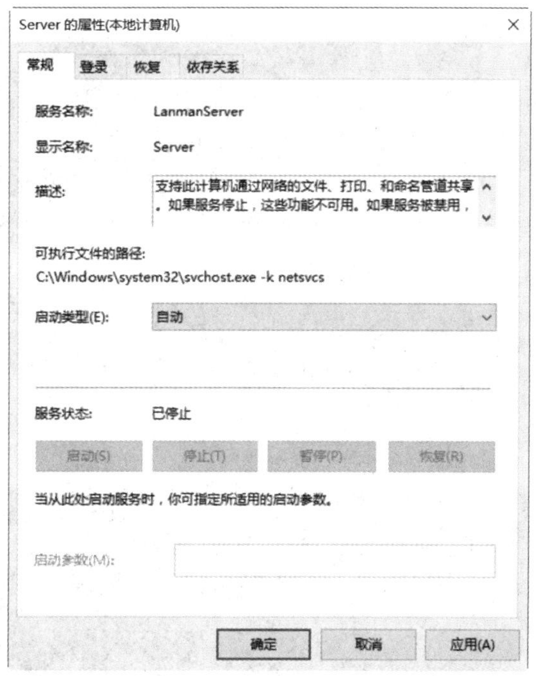

图 16.41　Server 服务

点击“启动”，启动 Server 服务，如图 16.42 所示。

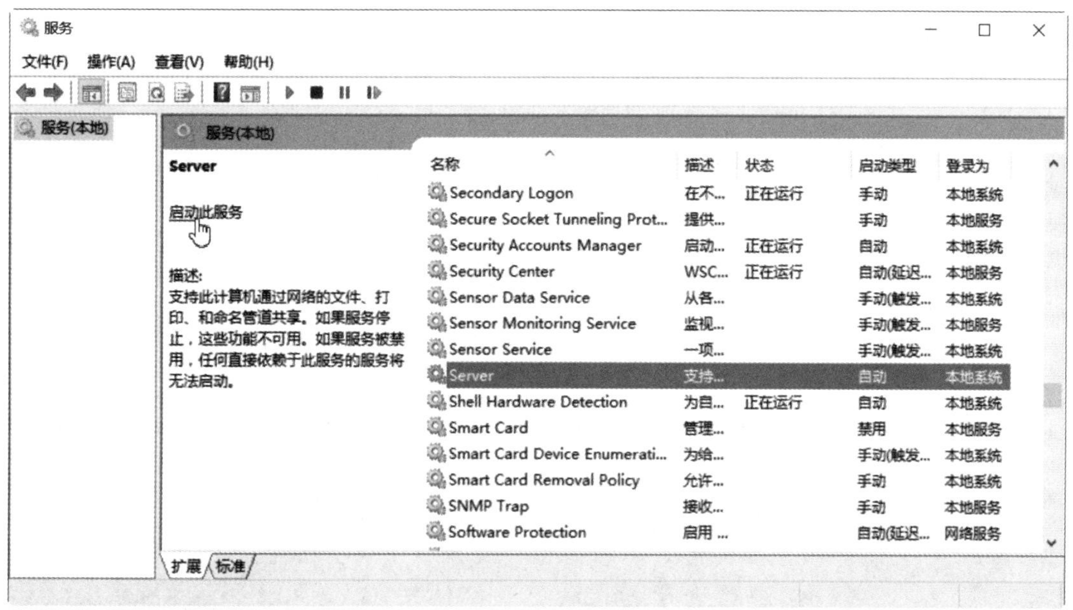

图 16.42　启动服务

此时再看文件夹，就有“共享”选项了。

16.2.2　网络小图标消失

Windows 10 系统桌面右下角的网络小图标不见了，如图 16.43 所示。

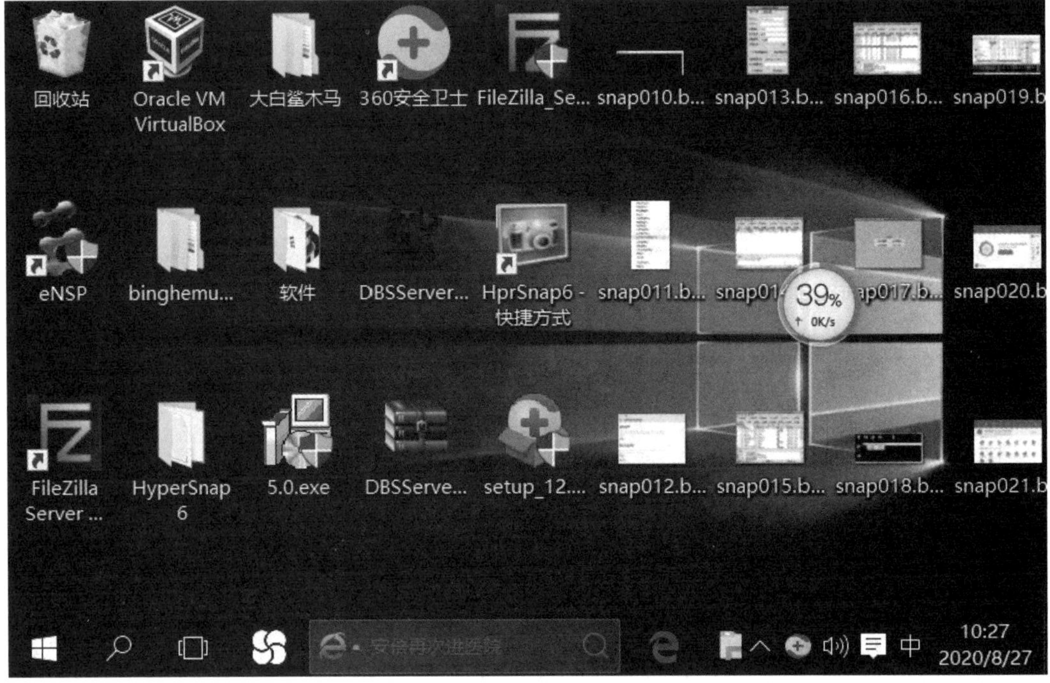

图 16.43　网络小图标不见了

在桌面底部的任务栏右击“属性”，如图 16.44 所示。

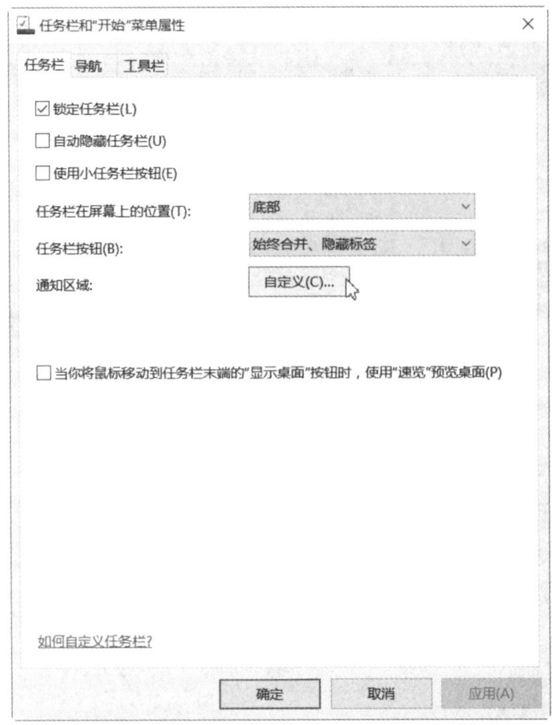

图 16.44　任务栏属性

点击“自定义(C)”，如图 16.45 所示。

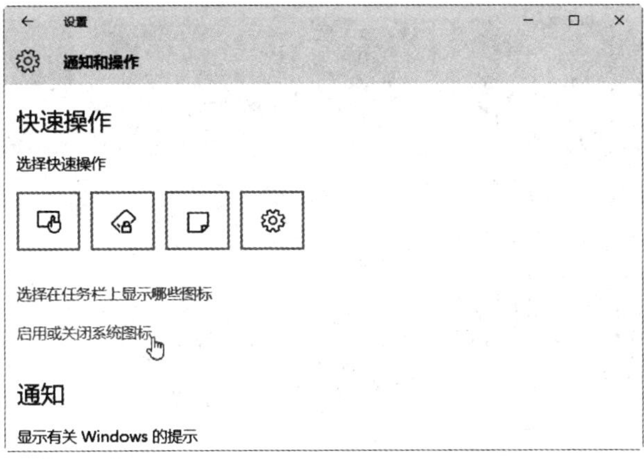

图 16.45　自定义

点击“启用或关闭系统图标”，发现“网络”右侧的开关是“关”，如图 16.46 所示。点击将开关变为“开”，如图 16.47 所示。

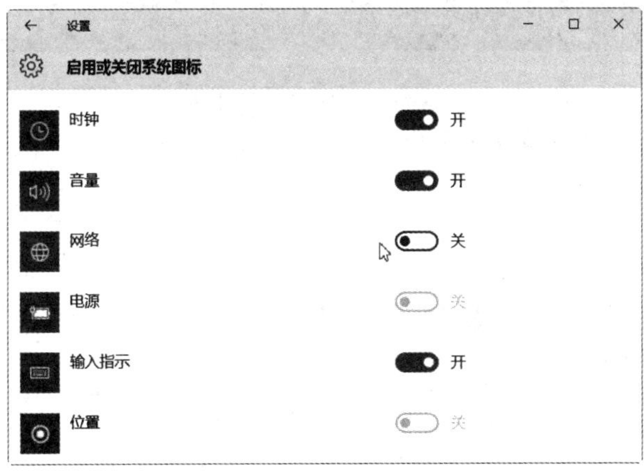

图 16.46　启用或关闭系统图标(1)

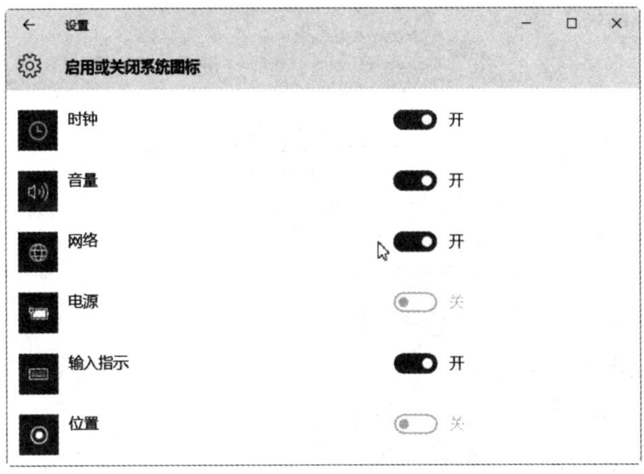

图 16.47　启用或关闭系统图标(2)

此时，右下角出现网络小图标，如图 16.48 所示。

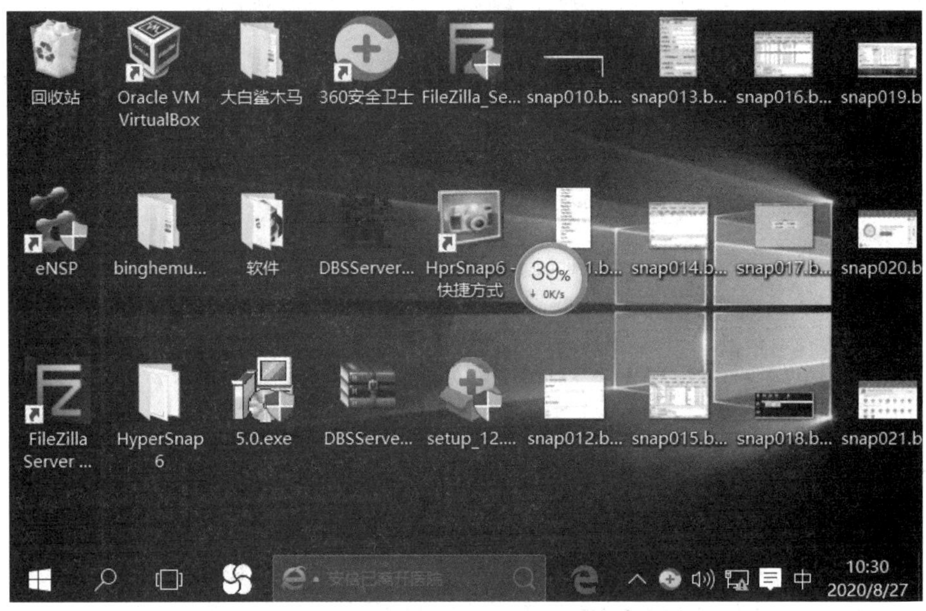

图 16.48　网络小图标出现

有时候还需要查看相关服务是否开启，如图 16.49 所示。

服务

文件(F)　操作(A)　查看(V)　帮助(H)

服务(本地)

服务(本地)

Network List Service

停止此服务
重启动此服务

描述:
识别计算机已连接的网络，收集和存储这些网络的属性，并在更改这些属性时通知应用程序。

名称	描述	状态	启动类型	登录为
Netlogon	为用...	正在运行	自动	本地系统
Network Connected Devices A...	网络...		手动(触发...	本地服务
Network Connection Broker	允许 ...	正在运行	手动(触发...	本地系统
Network Connections	管理...		手动	本地系统
Network Connectivity Assistant	提供 ...		手动(触发...	本地系统
Network List Service	识别...	正在运行	手动	本地服务
Network Location Awareness	收集...	正在运行	自动	网络服务
Network Setup Service	网络...		手动(触发...	本地系统
Network Store Interface Service	此服...	正在运行	自动	本地服务
Offline Files	脱机...		手动(触发...	本地系统
Optimize drives	通过...		手动	本地系统
Peer Name Resolution Protocol	使用...		手动	本地服务
Peer Networking Grouping	使用...		手动	本地服务
Peer Networking Identity Man...	向对...		手动	本地服务

扩展 / 标准

图 16.49　查看服务

网卡等信息的显示和 Network List Service 服务有关，这个服务是列举现有的网络，显示目前的连接状态，若关闭它会导致网络不正常。

在“Network List Service 的属性(本地计算机)”对话框中，双击“依存关系”，查看该服务的依存关系，如图 16.50 所示，Network Location Awareness 服务是需要正常运行的。

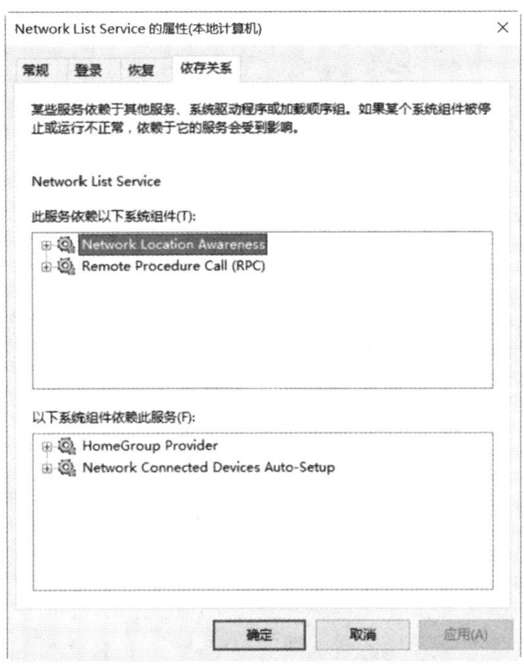

图 16.50　服务依存关系

16.2.3　C 盘空间占满

当 Windows 系统使用较长一段时间后，可能会出现 C 盘空间不足甚至占满的情况，此时可以查看哪些文件占用空间较大，还可以查看是否有比较大的隐藏文件及其他文件。

1. 查看隐藏文件

打开“本地磁盘(C:)”，点击“查看”，勾选“隐藏的项目”，如图 16.51 所示。

图 16.51　点击“查看”

然后点击“选项”，在文件夹选项窗口中点选“显示隐藏的文件、文件夹和驱动器”，去掉勾选“隐藏受保护的操作系统文件(推荐)”，最后点击“确定”，如图 16.52 所示。

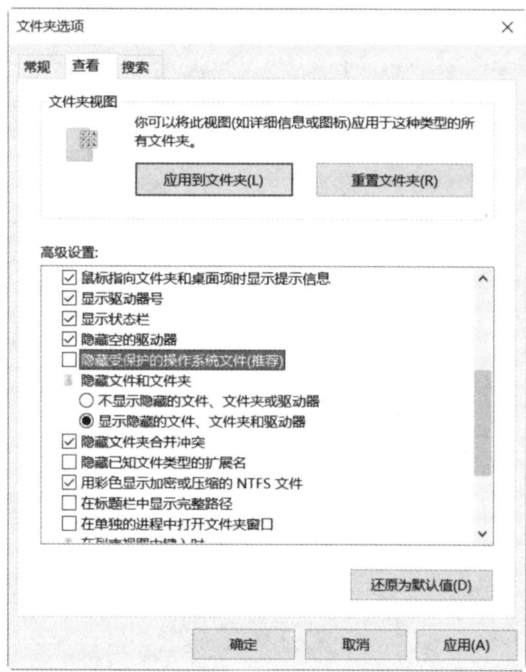

图 16.52　文件夹选项

此时，就能看到隐藏的文件了，例如 pagefile.sys，如图 16.53 所示。

图 16.53　查看到隐藏文件

2. 利用工具查看空间占用情况

可以利用一个小工具比如 windirstat 方便查看所有文件与文件夹的空间占用情况，从网站“https://windirstat.net/”下载安装 windirstat，运行后的效果如图 16.54 所示。

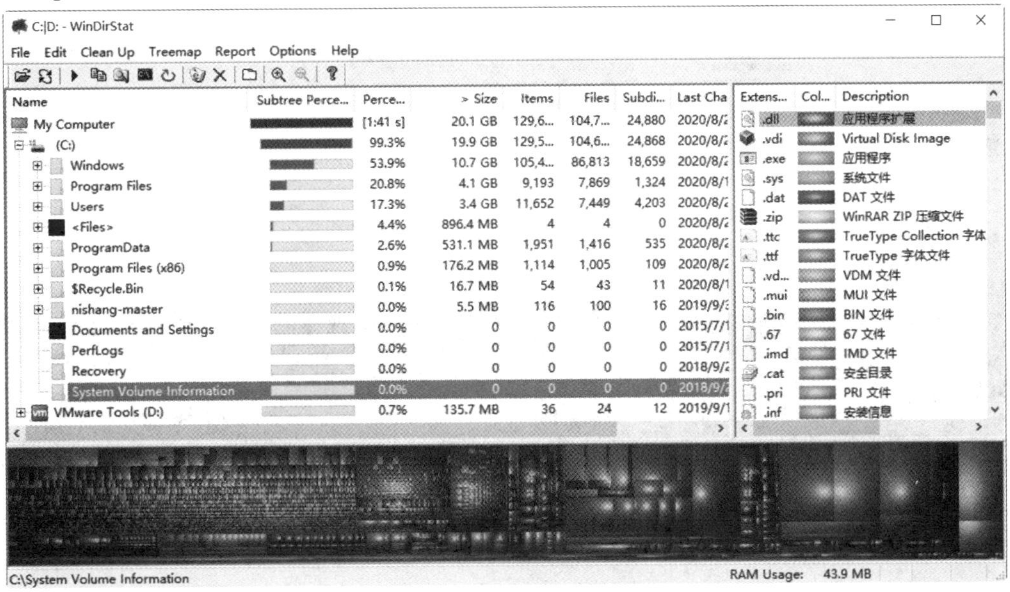

图 16.54　windirstat 工具

3. 查看其他文件夹

默认情况下，系统管理员对于“System VolumeInformation”这个文件夹没有权限访问，所以该文件夹的大小为 0。

以 Administrator 登录，并打开“命令提示符(管理员)”，运行以下命令：

```
takeown /f "C:\system volume information" /r /a
icacls "c:\system volume information" /grant builtin\administrators:F
```

结果是赋予管理员完全控制权限，如图 16.55 所示。

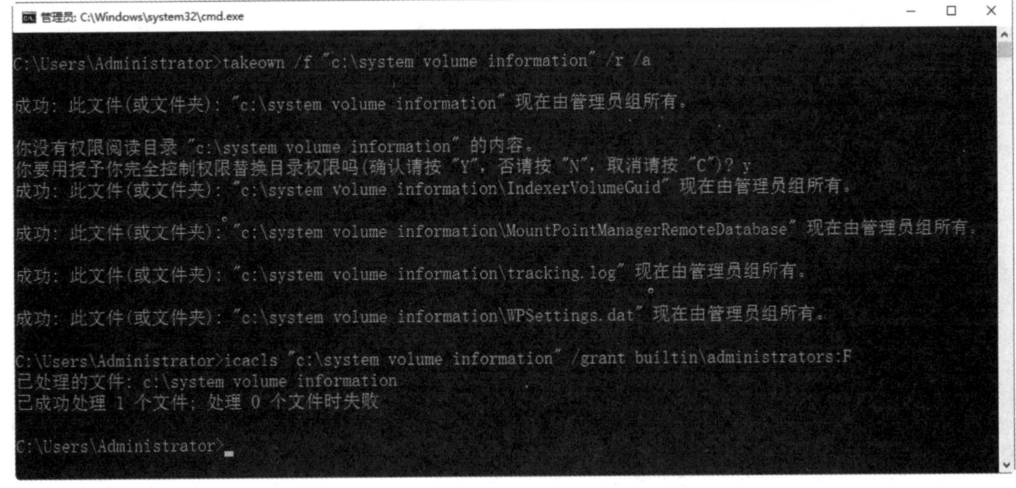

图 16.55　运行命令

然后可以再次使用 windirstat 查看所有文件与文件夹的空间占用情况，如图 16.56 所示。

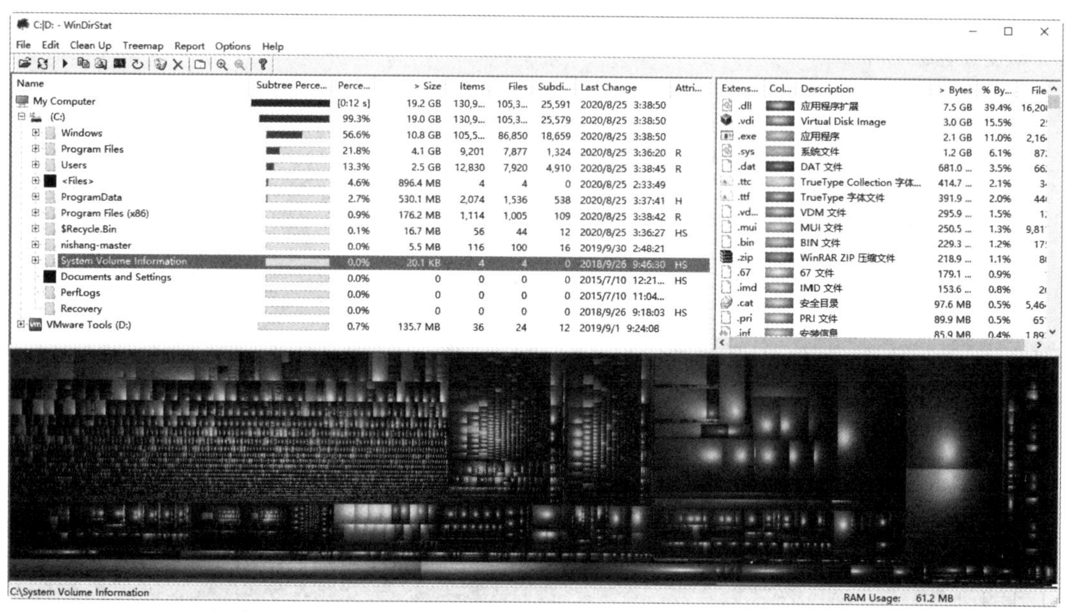

图 16.56　windirstat 查看空间占用

16.2.4　FTP 服务器搭建故障

使用 FileZilla Server 搭建 FTP 服务器时，在选择共享文件夹路径的时候无法保存，如图 16.57 所示。

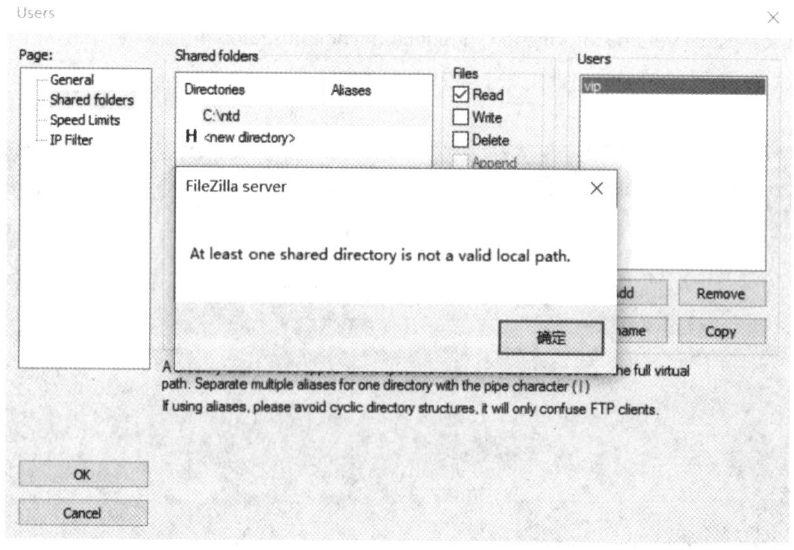

图 16.57　不能保存共享文件夹路径

出现这种情况是因为第一次点击“add”的时候没有选择文件夹就退出了，会留下一个垃圾文件，选中后点击“Remove”即可，如图 16.58 所示。

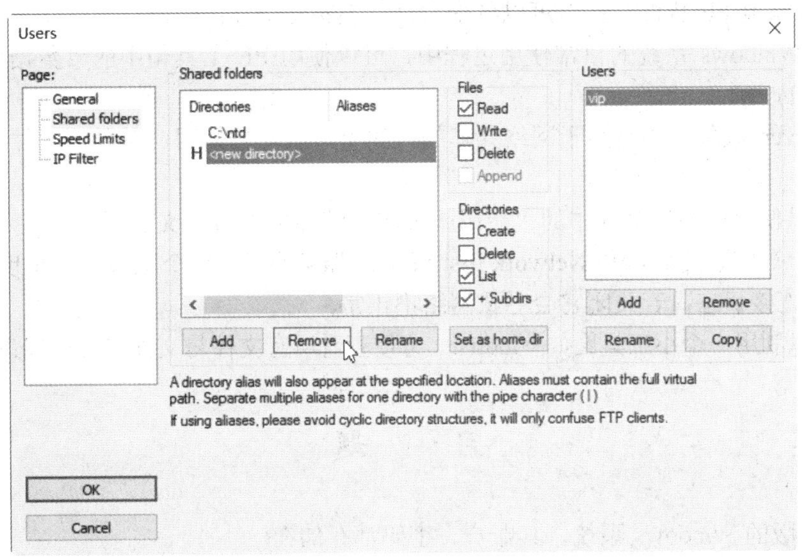

图 16.58　删除垃圾文件

然后就可以保存共享文件夹路径了，如图 16.59 所示。

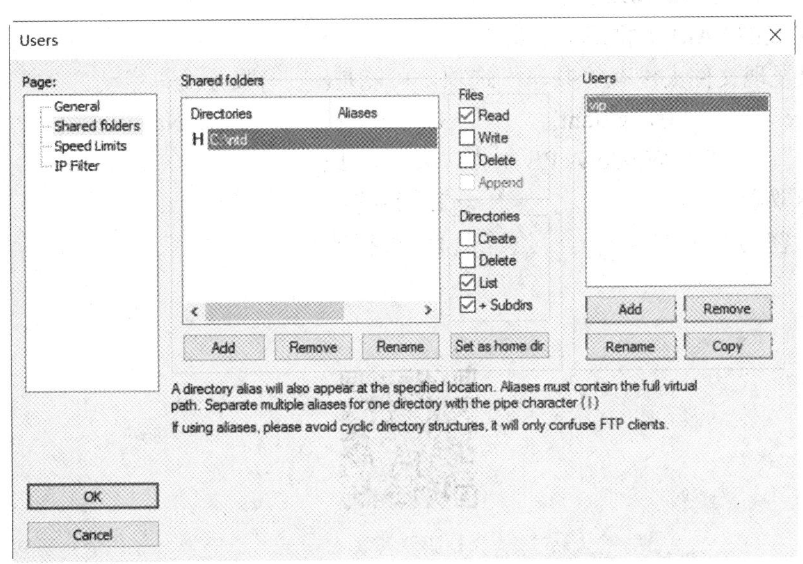

图 16.59　保存共享文件夹路径

本 章 总 结

(1) PE 工具箱基于 Windows PE 制作，可以保存在 U 盘或光盘中，常见的 PE 工具箱有大白菜、老毛桃、U 深度等。

(2) 当忘记 Windows 管理员密码时，可以使用 PE 工具箱先清除，再修改管理员密码。

(3) PE 工具箱桌面上的“傲梅分区助手”可以无损调整分区大小。

(4) “U 深度 PE 装机工具”可以备份与恢复 Windows 系统。

(5) 在 Windows 系统的日常使用过程中，可以使用 PE 工具箱中的“数据恢复工具”恢复误删除的文件。

(6) Server 服务主要是用于网络共享的，如果该服务被禁用，会导致文件夹没有“共享”选项。

(7) 可以使用任务栏属性中的“启用或关闭系统图标”自定义小图标的显示。

(8) 网卡等信息的显示和 Network List Service 服务有关，这个服务是列举现有的网络，显示目前的连接状态，若关闭它会导致网络不正常。

(9) 可以利用一个小工具比如 windirstat 方便查看所有文件与文件夹的空间占用情况。

习　　题

1. 单机版的 Windows 系统，其账户、密码都存储在(　　)。

A. SAM 数据库中

B. 本地硬盘上的 SAM 文件中

C. 本地硬盘上的 config 文件中

D. 网络上的 SAM 数据库中

2. 如果发现文件夹没有“共享”选项，可能是(　　)服务没有启动。

A. Share　　B. Client　　C. Server　　D. Netsvcs

3. PE 工具箱基于 Windows PE 制作，具有以下(　　)功能。

A. 分区调整　　B. 系统备份和还原

C. 修改密码　　D. 数据恢复

扫码看答案